DIE 7 AUSREDEN DER UNTERNEHMEN

Ingrid Gerstbach studierte Wirtschaftspsychologie in Hamburg sowie Betriebswirtschaft und Erziehungswissenschaft in Wien. 2010 gründete sie mit ihrem Mann Peter eine Unternehmensberatung für Design Thinking und Business-Analyse. Zu ihren Kunden zählen große Unternehmen aus Deutschland und Österreich wie AIDA, Rewe, Bofrost, Datev, dm, Merck, Raiffeisen-Banken, Pfizer u.v.m. Sie veröffentlichte mehrere Bücher und hat mit ihrem Mann den erfolgreichsten deutschsprachigen Podcast zum Thema Design Thinking.

INGRID GERSTBACH

DIE 7 AUSREDEN DER UNTERNEHMEN

Kunden wirklich verstehen
und erfolgreich bleiben

Campus Verlag
Frankfurt/New York

ISBN 978-3-593-51860-2 Print
ISBN 978-3-593-45693-5 E-Book (PDF)
ISBN 978-3-593-45692-8 E-Book (EPUB)

Umschlaggestaltung: Zeichenpool, München
Illustrationen: © Peter Gerstbach, Klosterneuburg
Umschlagmotiv: © shutterstock/udaya fire
Satz: Publikations Atelier, Weiterstadt
Gesetzt aus: Scala Pro, Rogliano und Neue Kabel
Druck und Bindung: Beltz Grafische Betriebe GmbH, Bad Langensalza
Beltz Grafische Betriebe ist ein klimaneutrales Unternehmen (ID 15985-2104-1001).
Printed in Germany

www.campus.de

Inhalt

Vorwort

»Was ist Ihre Motivation?« »Wissen Sie, ich bin nur ein einfacher Straßenkehrer, und ich weiß, dass meine Straße am nächsten Tag vermutlich wieder genauso dreckig sein wird. Aber ich weiß auch, dass, wenn ich diese Arbeit nicht machen würde, dann wären die Straßen immer verdreckt, und Wien wäre nicht so lebenswert. Die Menschen würden sich nicht wohlfühlen, und ich bin stolz darauf, dass ich etwas dazu beitragen kann, dass die Menschen, die hier entlanggehen, glücklich sind, hier zu sein.«

Das Gespräch, aus dem diese Szene stammt, fand vor ein paar Jahren zwischen meinem Mann und einem Mitarbeiter der Stadt Wien statt. Wir hatten damals den Auftrag herauszufinden, was Menschen motiviert, wann sie zufrieden und glücklich bei ihrer Arbeit sind. Wann immer mein Mann diese Geschichte erzählt, fügt er hinzu, dass er arrogant davon ausgegangen sei, dass er bei diesem Gespräch nichts Neues erfahren würde. Wie sehr er sich getäuscht hatte! Dieses Gespräch hat für immer seine Perspektive auf Arbeit und auch auf Menschen geändert. *Das* ist die Macht von empathischen Gesprächen. Das ist der Grund, warum wir täglich für Unternehmen und in Unternehmen mit Menschen sprechen.

Mein Mann und ich sind mit Leib und Seele Unternehmensberater. Unser Ziel ist es, die Menschen in Unternehmen dabei zu unterstützen, sich mit der Realität anzufreunden. Die Realität ist, dass die Welt voller Menschen ist, die anders sind als Sie. Und als jemand, der Lösungen in Form von Produkten und Services für andere entwirft, ist es Ihre Aufgabe, die Perspektiven, Bedürfnisse und Wünsche dieser Menschen in deren realem Kontext zu verstehen.

Sich selbst und seine Arbeit dem zu öffnen, was völlig Fremde zu sagen haben, kann beängstigend sein und Ihre gesamte Weltanschauung infrage stellen. Es kann dazu führen, dass Sie festgefahrene Überzeugungen überdenken müssen. Und es kann sogar dazu führen, dass Sie die Art und Weise ändern müssen, wie Sie sich selbst durch diese Welt bewegen. Für Ihre Arbeit – Lösungen für Menschen entwickeln, Dinge erfinden, anpassen und verbessern – ist es absolut notwendig, dass Sie direkt mit Ihren Kunden sprechen. Nur so können Sie sie wirklich verstehen und ihre Perspektive einnehmen. Doch aus unserer langjährigen Erfahrung wissen wir, dass Unternehmen dazu tendieren, nicht mit ihren Kunden zu sprechen und sich in ihrer sicheren Komfortzone zu verschanzen. In diesem Buch werden wir uns ansehen, hinter welchen Ausreden sich Unternehmen dabei gerne verstecken. Wir werden diskutieren, warum es so wichtig ist, dass Sie sich trotzdem herauswagen und sich dem Abenteuer stellen.

Wenn Sie jemand sind, der für andere Menschen Lösungen erarbeitet, dann sind Sie vermutlich jemand, der das Abenteuer mag. Bei Ihrer Arbeit geht es darum, sich ins Unbekannte zu wagen, aus ständig wechselnden Informationen Neues zu erschaffen, sich täglich Kritik und Scheitern auszusetzen. Es ist ein bisschen wie Sandmalen im Sturm, nur dass buddhistische Mönche wahrscheinlich nicht herausfinden müssen, wie sie neue Schnittstellen in ihre Mandalas integrieren können.

Ich werde Ihnen Lösungen an die Hand geben, damit diese Abenteuer zwar spannend und lehrreich bleiben, aber weniger beängstigend sind, weil Sie Methoden zu ihrer Bewältigung haben und wissen, dass Sie nicht allein sind. Die Methoden, die ich Ihnen hier anbiete, sind wie ein Fernrohr, das Ihnen eine bessere Sicht auf Ihre Umgebung bietet. Sie sind sehr wirkungsvoll, wenn Sie sie mit Bedacht anwenden. Anstatt die Kosten in die Höhe zu treiben, ersparen sie Ihnen und dem Rest Ihres Teams eine Menge Zeit und Mühe.

Sie können die von mir beschriebenen Techniken und Methoden verwenden, um:

- festzustellen, ob Sie am richtigen Problem arbeiten;
- zu erfahren, wie Sie Ihre Kunden davon überzeugen können, sich für Ihr Unternehmen und Ihr Angebot zu interessieren;
- zu sehen, wo Sie Ihre blinden Flecken und Vorurteile behindern;
- herauszufinden, wer in einer Organisation Ihr Projekt voraussichtlich unterstützen wird;
- Ihre besten Wettbewerbsvorteile zu entdecken;
- kleine Veränderungen zu identifizieren, die einen großen Einfluss haben könnten;
- zu erkennen, dass Sie bereits sehr gute Arbeit leisten.

Am Ende dieses Buches werden Sie genug Wissen besitzen, um tatsächlich gefährlich zu sein. Denn sobald Sie anfangen, Antworten zu finden, werden Sie auch immer mehr Spaß daran haben, die Dinge bewusst zu hinterfragen. Und diese Einstellung ist wertvoller als jede Methode.

Die Kapitel dieses Buches folgen einem bestimmten Aufbau: Zu Beginn steht eine reale Fallstudie, die die jeweilige Ausrede verdeutlichen soll. Manche Ausreden kommen geschickt verkleidet daher, während andere einfach zu entlarven sind. Die Ursachen, die hinter der jeweiligen Ausrede stecken, sind allerdings immer dieselben. Es sind gängige Denkfehler und unsere blinden Vorannahmen, die ich Ihnen genau vorstellen werde. Am Ende des jeweiligen Kapitels werden Sie wissen, wie Sie ihnen entgehen können. Die Methoden basieren hauptsächlich auf der Innovationsmethode Design Thinking. Diese Disziplin bietet viele Anwendungen. Die Kernpraktiken sowie grundlegende Ideen und Techniken lernen Sie im Laufe der Lektüre kennen.

Gemeinsam mit meinem Ehemann führe ich eine Unternehmensberatungsagentur, die auf Design Thinking und Business-Analyse spezialisiert ist. Alle Fallbeispiele in diesem Buch stammen aus diesem Umfeld und wurden mit den Methoden erfolgreich gelöst. Ich bin fest davon überzeugt, dass es eine gute Sache ist, mit Menschen zu sprechen, um herauszufinden, wie die Welt für sie aussieht, klingt und sich anfühlt – was sie für sie bedeutet. Und ich bin fest davon überzeugt, dass es Ihr Standardvorgehen sein sollte.

Hinweis

In diesem Buch wurden sämtliche Fallstudien sorgfältig anonymisiert und verfremdet, um die Privatsphäre und Vertraulichkeit real existierender Organisationen und Personen zu wahren.

Weil Innovation kein Zufall ist

Seit jeher sind die Menschen fasziniert von Mythen über Innovation und Geschichten über magische Aha-Erlebnisse. Aber wenn Sie hinter die Fassaden schauen, wenn Sie einzelne Innovationen auch nur kurz aus der Nähe betrachten, werden Sie erkennen, dass keine davon Einzelarbeit oder ein Zufallsprodukt war. Um wirklich zu verstehen, wie Innovation funktioniert, braucht es eine praktischere Sichtweise.

Als ich vor vielen Jahren begann, mich mit dem Thema »Innovation in Unternehmen und Kundenbedürfnisse« ernsthaft auseinanderzusetzen, war Design Thinking die Methode meiner Wahl. Damals gab es im deutschsprachigen Raum noch keinen richtigen Leitfaden zu Design Thinking, der erklärte, was genau zu tun ist, wie die Zusammenhänge sind, wie man die Ergebnisse kommuniziert oder verschiedene Forschungsaktivitäten ausprobiert. Dabei war die Idee von Design Thinking gar nicht neu, sie entstand bereits in den 1980er Jahren in Stanford und hat Techniken aus vielen anderen Bereichen übernommen.

Kein Unternehmen hat unendlich viel Zeit oder Geld, um einfach irgendwelche Ideen auszuprobieren. Daher gilt es, Probleme schnell zu identifizieren, Verbindungen herzustellen und umsetzbare Erkenntnisse und Lösungen zu liefern. Etwas auf den Markt zu bringen, das scheitert, ist ein Luxus, den sich kein Unternehmen leisten kann. Die Spannung zwischen dem Raum zum Lernen und der Zuversicht voranzukommen macht diesen Wachstumsprozess, den Design Thinking anbietet, für mich äußerst interessant. Ich möchte Ihnen daher in diesem Kapitel einen kurzen Einblick in die

Welt des Design Thinkings und die zugrunde liegende Denkweise geben.[1, 2]

Design Thinking

Eine einheitliche Definition von Design Thinking gibt es nicht. Für mich umfasst es eine Denkweise und verschiedene Aktivitäten, die vor allem die Zusammenarbeit fördern, die wiederum nötig ist, um Probleme auf menschenzentrierte Weise zu lösen.

Der Begriff Design Thinking setzt sich zusammen aus den Worten *design*, was vom lateinischen Verb *designare* für »zeichnen oder bezeichnen« abgeleitet ist, und *thinking, to think*, das für »überlegen und berücksichtigen« steht. Design Thinking ist also eine Art zu denken: Durch die Befolgung einzelner Schritte werden Probleme nachhaltig gelöst.

Die Besonderheiten von Design Thinking, gerade in Abgrenzung zu anderen Methoden, sind folgende:

- Design Thinking nutzt Kreativität und analytisches Denken in iterativen Schleifen.
- Design Thinking behandelt Probleme jeglicher Größenordnung.
- Design Thinking hat menschliche Bedürfnisse und Verhaltensweisen im Fokus.
- Design Thinking untersucht zunächst das Problemumfeld und stellt dann die Frage nach dem zu lösenden Problem.

Der Design-Thinking-Prozess

In der Literatur gibt es verschiedene Ansätze, den Design-Thinking-Prozess in Phasen zu unterteilen. Manches Mal werden Ihnen sieben Phasen begegnen, ein anderes Mal sind es nur fünf oder auch sechs Phasen. In der Praxis hat es sich für mich als unerheblich erwiesen, wie viele Phasen tatsächlich verwendet werden, denn allen Phasen ist gemein, dass sie nebeneinander existieren und iterativ – je nach Bedarf und Natur des Projektes – angewendet werden können. Sie können ein Projekt damit beginnen, dass Sie einen Prototyp entwerfen und danach erst die Welt des Nutzers erkunden. Oder Sie machen es genau umgekehrt. Jedes Projekt hat seinen eigenen Zyklus und seine eigene Geschwindigkeit.

Ich verwende in der Praxis vier Phasen:

1. Einfühlen,
2. Definieren,
3. Ideen generieren,
4. Experimentieren.

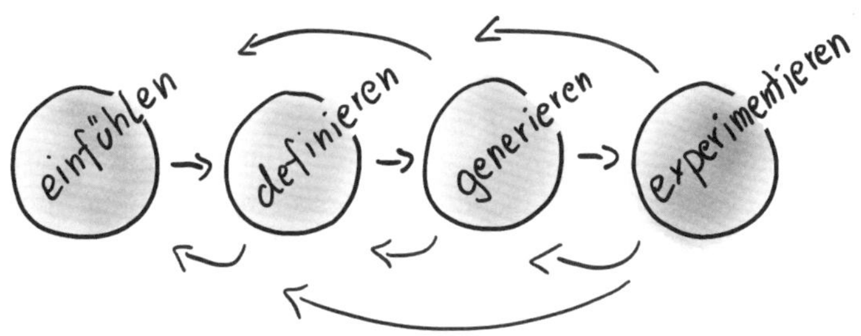

Abbildung 1: Der Design-Thinking-Prozess

Phase 1: Einfühlen

Die erste Phase gleicht oft dem Startschuss zu einem spannenden Abenteuer: Ein Problem taucht auf und fordert von Ihnen eine gründliche Erforschung und Analyse aus verschiedenen Perspektiven. Ihr Ziel hierbei ist es, tief in die Welt des Nutzers einzutauchen, für den Sie eine Lösung entwickeln möchten, um zu verstehen, in welchem Kontext er sich befindet. In diesem Stadium liegt der Schwerpunkt darauf, das Umfeld Ihrer Fragestellung zu erforschen und die Schlüsselakteure darin zu identifizieren. Hier beginnt Ihre Reise in das Unbekannte, auf der Sie die Rätsel Ihrer Herausforderung Stück für Stück lösen werden.

Phase 2: Definieren

In dieser Phase vertiefen Sie Ihre Analyse der Antworten aus der ersten Phase, in der Sie sich bereits intensiv mit Ihrer Zielgruppe auseinandergesetzt und neue Erkenntnisse gewonnen haben, um das eigentliche Problem besser zu begreifen. Das Hauptziel der Definieren-Phase besteht darin, allen Teammitgliedern ein einheitliches Verständnis des Problems zu vermitteln. Das geschieht durch Diskussion und Zusammenfassung der bereits gesammelten Daten und Informationen. Das Ergebnis dieser Phase nennt sich »Design Challenge«. Dabei wird eine gemeinsame Fragestellung erarbeitet, die den Fokus auf den Kern des Problems legt und vor allem die drei Schlüsselelemente – den Kunden, den Bedarf und die Erkenntnisse – zusammenführt.

Phase 3: Ideen generieren

Willkommen in der dritten Phase, wo die Devise lautet: Bringen Sie so viele Lösungen und Ideen wie nur möglich hervor, um dann die Diamanten aus dem Rohmaterial zu schleifen und schließlich eine herausragende Lösung in einen Prototyp zu verwandeln. Im Design Thinking hat sich ein Prinzip bewährt: Fünf Köpfe, die einen ganzen Tag lang gemeinsam an einem Problem arbeiten, bringen meist weitaus brillantere Antworten hervor als eine Person, die fünf Tage lang isoliert an der Herausforderung tüftelt.

Bisher haben Sie unermüdlich Informationen gesammelt, diese visuell dargestellt, geclustert, diskutiert und analysiert. Jetzt ist die Zeit gekommen, kreative Gedanken im Team zu schmieden und zu ordnen. In der ersten Hälfte dieser Phase steht die schiere Masse an Ideen im Vordergrund. Hier zählt nicht die Qualität, sondern die Quantität. Erst in der zweiten Hälfte dieser Phase werden die unterschiedlichen Ideen sorgfältig ausgesiebt und Sie beginnen zu überlegen, welche von ihnen am besten geeignet ist, um Ihr Problem zu lösen. Dieser aufregende Prozess stellt die Weichen für Ihren Prototyp.

Phase 4: Experimentieren
Prototyping verleiht Ihren Ideen Gestalt und vereinfacht die Kommunikation erheblich. Obwohl es oft als letzte Etappe im Design Thinking angesehen wird, ist es wie schon gesagt keineswegs ungewöhnlich, ein Projekt mit einem Prototyp zu beginnen. In dieser Phase geht es darum, Ihre Lösungen so zu visualisieren, dass Sie Antworten auf Fragen erhalten, die Sie bisher noch nicht einmal gestellt haben. Hier nähern Sie sich Ihrer Lösung, indem Sie einen Prototyp entwickeln, der grob skizziert, wie Sie Ihr Problem bewältigen werden.

Während dieser Phase werden Sie wahrscheinlich einige Male von vorn beginnen, um sicherzustellen, wirklich die passende Lösung zu finden. Es ist auch nicht unüblich, in die erste Phase zurückzukehren, um das Umfeld und das eigentliche Problem erneut zu analysieren, da der Prototyp neue Erkenntnisse geliefert hat. Doch jetzt kommt die Herausforderung: Sie müssen Ihrem inneren Perfektionisten in dieser Phase unbedingt den Zutritt verwehren! Hier zählt Geschwindigkeit und Anpassungsfähigkeit, nicht Perfektion und Design.

Erst wenn Sie die richtige Antwort gefunden und diese mit Ihrem Zielkunden getestet haben, kommt Ihre Lösung in die Umsetzung.

Was Design Thinking nicht ist

Manchmal ist es hilfreich, sich bewusst zu machen, was Design Thinking nicht ist.

Design Thinking ersetzt keine Strategie. Der Begriff Strategie wird von Menschen unterschiedlich eingesetzt. Für mich bedeutet Strategie, auf einer hohen Ebene Probleme anzugehen, ohne unbedingt eine konkrete Richtung für ein Produkt oder eine Dienstleistung vorzugeben. Bei einer Strategie liegt der Schwerpunkt darauf, den Weg nach vorn zu ebnen, ohne sich dabei zu sehr auf das Verständnis eines Problems oder gar dessen Details zu konzentrieren. Design Thinking erfordert allerdings Planung und einen Blick nach vorn. Es hilft Ihnen dabei, Ihr Problem zu verstehen, den Kontext zu sehen und Lösungsansätze zu visualisieren, um dann konkret in die Umsetzung zu gehen.

Design Thinking ist nicht Brainstorming. Eine der häufigsten Annahmen, denen ich begegne, ist, dass es sich bei Design Thinking um eine Anhäufung von kreativen Techniken handle, die alle gemeinsam das Ziel haben, Ideen zu generieren. Aber Design Thinking bedeutet mehr als nur Brainstorming: Es geht um Recherche und Planung, Analyse und Abstimmung. Neue Ideen zu generieren, ist tatsächlich Teil des Design-Thinking-Prozesses, aber darauf liegt nicht der Fokus.

Design Thinking ist keine Methodik. Im Design Thinking wechseln sich analytische mit kreativen Methoden ab, die wir je nachdem, was das Team braucht, um das Ziel zu erreichen, einsetzen. Design Thinking erfordert daher viel Erfahrungswissen. Diese Entwicklungspraktiken bevorzugen ein inkrementelles Vorgehen, sehr kleine Zeiteinheiten und wenig Formalität. Kreativität gedeiht dann, wenn man ihr die Möglichkeit gibt, sich zu entfalten. Die Probleme, die wir damit lösen, sind für jemanden wichtig. Und diese Menschen verdienen unsere besten Ideen.

Design Thinking ist am ehesten ein Kompromiss, eine Möglichkeit, das, was wir über Kreativität wissen, in das zu integrieren, was wir in der Wirtschaft brauchen. Es handelt sich nicht um eine vorgeschriebene Methodik, sondern um einen Rahmen, um eine Lernmentalität in die bestehenden Prozesse zu integrieren.

Häufige Schwierigkeiten bei der Anwendung von Design Thinking

Der erste Schritt in jedem Prozess ist schwierig. Das ist bei Design Thinking nicht anders. Die Lernmentalität anzunehmen, bedeutet, sich in eine verletzliche Lage zu begeben. Sie geben aktiv zu, dass Sie nicht genug wissen, um das Problem allein zu lösen. Das stellt für jeden Menschen eine Herausforderung dar. Da Sie aber zunächst oft nicht wissen, was Sie eigentlich nicht wissen, konzentrieren Sie sich möglicherweise auf unwichtige Details oder verfolgen zunächst die falsche Fragestellung. Es ist daher leicht, sich zu verlaufen.

Dogmatische Haltung

Design Thinking verwendet unterschiedliche Techniken und Methoden. Es ist branchenunabhängig und bietet unterschiedliche Möglichkeiten, sich einem Problem zu nähern. Aber: Kein Werkzeug ist für jede Situation oder Umgebung immer das richtige. Manches Mal gibt es einen besseren Ansatz oder eine wirkungsvollere Methodik, um ein Problem zu lösen. Sie haben vermutlich wenig beziehungsweise gar keine Kontrolle darüber, wie Ihr Unternehmen funktioniert, und Probleme passen nicht immer zu den in Büchern beschriebenen Modellen, die den Anspruch erheben, Ihnen den »richtigen« Weg zu zeigen.

Mit dem Ideengenerieren einfach loslegen

Design Thinking ist mehr als eine wilde Sammlung von Anforderungen. Ein Teil des Prozesses besteht darin, bewusst Ihr Wissen zu erweitern: den Nutzer und seine Umgebung zu verstehen und verschiedene Anforderungen auch in diesem Licht zu interpretieren. Dadurch werden Anforderungen von einer langen Liste an Wünschen, was die Lösung sein sollte, in eine zusammenhängende Vision umgewandelt, die das Team letztlich umsetzen kann.

Den Kontext nicht beachten

So wie ein Teil des Design-Thinking-Prozesses darin besteht, Anforderungen im Kontext zu verstehen, ist ein anderer Teil die Erkundung von unterschiedlichen Lösungen, um diese Anforderungen zu erfüllen. Durch die Spannung zwischen dem Versuch, das Problem zu verstehen, und dem Versuch, das Problem zu lösen, erhält das Team eine klare Vorstellung von der Richtung.

Wir sind fertig

Wenn Sie in einer typischen Geschäftsumgebung arbeiten, ist Design Thinking vermutlich als ein Projekt angelegt – mit einem Start und einem Ende. Meilensteine sind für die Führungskräfte von Projekten und die Budgetplanung nützlich, daher müssen Sie möglicherweise Zugeständnisse machen. Allerdings ist Design Thinking nie »fertig«, Ihr Unternehmen aber auch nicht. Sie können jederzeit mehr über ein Problem erfahren, neue Lösungen erkunden oder Ihre Pläne verfeinern.

Den Einfühlen-Teil auslassen

In manchen Unternehmen herrscht die Befürchtung, Zeit und Ressourcen zu verschwenden, wenn man sich zu viel Zeit mit dem Erforschen des Problems lässt. Das führt dazu, dass dieser Teil gleich ganz ausgelassen und in den Lösungsteil gesprungen wird. Diese Entscheidung lässt sich leicht rationalisieren: Man kennt die Kunden schon seit Jahren, es ist ein einfaches Produkt oder es gibt keine externen Stakeholder. Vielleicht hat das Unternehmen auch das Gefühl, dass es nichts zu lernen hat. Das ist nie richtig – und selbst wenn es so wäre, bedarf es der Problemerforschung, um das Team zu einer einheitlichen Vision dessen zu führen, was es eigentlich lösen soll. Sich in solchen Situationen wiederzufinden, kann eine Herausforderung sein. Selbst wenn Sie alles aus diesem Buch ignorieren oder vergessen, denken Sie bitte zumindest daran: Alles ist eine Einstellung.

Nicht als Einheit arbeiten

Bei Design Thinking geht es um Vieles: Es geht darum, zu verstehen, zu recherchieren, zu entscheiden, Ideen zu generieren und auszuprobieren. Sie müssen zusammen mit dem Rest des Teams von Anfang an gut verwoben sein – niemand ist dabei entbehrlich. Oft ist das ein Problem, weil die Ressourcen knapp sind und in den meisten Unternehmen die Menschen in unterschiedlichen Projekten eingesetzt sind. Sie haben aber einen Joker: Investieren Sie jetzt Zeit, dann können Sie spätere Rückschritte vermeiden. Aber es gibt noch ein wichtigeres Argument: Sie und Ihr Team werden durch das gemeinsame Lernen und Verstehen wachsen und zu besseren Mitarbeitern werden.

Auf Diversität verzichten

Unterschiedliche Perspektiven helfen Ihrem Team, neue Ideen zu erkunden, die richtigen Prioritäten zu setzen und das Problem auf unterschiedliche Weise zu betrachten. Laden Sie unterschiedliche Personen ein, die sich am Prozess beteiligen, erforschen und analysieren Sie gemeinsam Ideen und entdecken Sie den Mehrwert von unterschiedlichen Zielen und Prioritäten. Gesunde Konflikte sind für gute Lösungen von entscheidender Bedeutung. Durch die gemeinsame Durcharbeitung der Details werden Ihre Kommunikationsfähigkeiten und das Endprodukt gestärkt. Sie erfahren dadurch auch, was Ihren Kollegen am Herzen liegt und wie Sie am besten zusammenarbeiten.

In den Analyse-Paralyse-Wahnsinn verfallen

Wenn Sie sich auf die Reise begeben, kann es passieren, dass Sie in die Analyse-Paralyse verfallen: Sie beschäftigen sich dann zu sehr mit den gesammelten Informationen, wollen noch weitere Gespräche und Beobachtungen durchführen und hören nicht auf, Prototypen zu bauen. Für all das gibt es eine passende Zeit und einen passenden Ort. Aber es gibt auch eine Zeit, um konkrete Schritte zu unternehmen. Nutzen Sie einen einfachen Test: Hilft Ihnen Ihre momentane Tätigkeit dabei, bessere Entscheidungen zu treffen? Die Ergebnisse Ihrer Bemühungen sind Werkzeuge für den weiteren Prozess. Wenn Ihre Arbeit nicht zu besseren Werkzeugen führt, ist es an der Zeit weiterzugehen.

Keine gemeinsame Sprache entwickeln

Im Design Thinking beschäftigen wir uns mit komplexen Problemen. Manches Mal müssen wir uns für eine Lösung auf abstraktes und philosophisches Terrain begeben. Umso wichtiger ist die Definition der Begriffe. Nicht selten stellen wir zu Beginn eines Projektes fest, dass verschiedene Mitglieder des Teams die Stakeholder unterschiedlich identifizieren. Design Thinking gibt

Ihrem Team nicht nur die Möglichkeit, verschiedene Perspektiven kennen zu lernen, Lösungswege zu erkunden und etwaige Probleme zu lösen, sondern es hilft vor allem, dass das Team ein gemeinsames Wording und Gefühl für das Ergebnis und den Prozess entwickelt.

Das Experimentieren auslassen

Im Design-Thinking-Prozess gibt es immer eine Phase, die sich mit dem Experimentieren der neuen Ideen und verschiedenen Möglichkeiten auseinandersetzt. Es geht darum, neue Ansätze auf die verschiedenen Probleme anzuwenden oder umgekehrt. Diese Experimente können für Außenstehende manchmal etwas überzogen wirken, so wie Gedankenübungen, die nirgendwohin führen. Dabei ist es wirklich essentiell und wichtig, Ihre Gedanken auf die Probe zu stellen: Sie eliminieren auf diese Weise Konzepte, die nicht funktionieren, und stärken gleichzeitig das Vertrauen des Teams, dass Sie den richtigen Ansatz gewählt haben.

Verharren

Abschließend ist es wichtig, dass Sie sich bewusst machen, dass Sie jederzeit den Weg oder Ihre Meinung ändern können. Der Design-Thinking-Prozess gibt Ihnen eine Richtung vor, aber es ist kein definierter Pfad. Sie können jederzeit über Ihre Entscheidungen oder Annahmen nachdenken und bei Bedarf weitere Informationen sammeln. Es geht um Lernen und Entdecken, deswegen ist Design Thinking auch ein iteratives Vorgehen. Je mehr Sie lernen, desto sicherer finden Sie die Lösung.

Der ständige Informationsfluss im Design Thinking erhöht das Verständnis im gesamten Team. Wenn Sie etwas Neues lernen, müssen Sie entscheiden, ob es relevant ist und wie es sich auf die Erarbeitung Ihrer Lösung auswirkt. Sie benötigen jede dieser einzelnen Phasen, um einen sinnvollen Ausgangspunkt für Ihre spätere Lösung zu schaffen. Und Sie brauchen die richtige Einstellung, um diesen Ansatz anzunehmen.

Wie dieses Hin und Her für Ihr Projekt oder Vorgehen aussieht, hängt von verschiedenen Faktoren ab:

- Welche Aktivitäten passen in Ihren Projektplan?
- Was brauchen Sie, um voranzukommen?
- Wo haben Sie blinde Flecken, die Sie dabei behindern, Ideen auszuloten?
- Wie viel Zeit haben Sie, um Informationen zu sammeln?

Die kommenden Kapitel sollen Ihnen bei der Beantwortung dieser Fragen helfen und Sie vor Denkfehlern bewahren, die Ihre Projekte gefährden.

Ausrede Nr. 1: Wir kennen unsere Kunden in- und auswendig

Warum es eine neue Sicht auf den Wert von Kundenbedürfnissen braucht

»Die wichtigste Fähigkeit im zwischenmenschlichen Bereich ist es, die Welt durch die Augen des anderen zu sehen.«

– Henry Ford

Falls Sie auch zu den Menschen gehören, die, wie ich, in Büchern gerne mal das Vorwort auslassen, bitte ich Sie, diesmal eine Ausnahme zu machen. Und weil es in diesem Buch um Ausreden geht: Meine Ausrede, warum ich Vorworte überspringe, lautet, dass in einem Vorwort oft nichts Interessantes steht. Das ist natürlich wie alle Ausreden nur ein Vorwand – und in diesem Buch ist es nicht anders. Also blättern Sie bitte ein paar Seiten zurück, und lesen Sie den ersten Absatz des Vorworts. Jetzt!

Haben Sie die Episode über den Wiener Straßenkehrer gelesen? Sie hat die Art und Weise, wie mein Mann über Gespräche mit Fremden denkt, für immer verändert. Wenn wir Unternehmen dabei helfen, die Bedürfnisse ihrer Kunden besser zu verstehen, dann sind mein Mann Peter und ich immer selbst ganz vorn mit dabei. Denn nirgends lernen Sie so viel Neues und bekommen so interessante Einblicke von neuen Perspektiven wie bei der Befragung potenzieller Kunden auf der Straße. Eine Befragung ist aber immer ein Teamsport, deswegen müssen sich bei uns die Mitarbeitenden der Unternehmen selbst aufs Feld wagen. Es reicht nicht, sich zurückzulehnen und eine Agentur diese Arbeit machen zu lassen. Um wirklich Verständnis für Kunden aufzubauen, um wirklich zu verstehen, wie die Menschen ticken und was sie bewegt, muss jeder selbst Erfahrungen machen. Dazu müssen wir aber zunächst die Teilnehmer unserer Workshops motivieren und überzeugen, den Sprung ins kalte Wasser zu wagen und Gespräche mit Fremden zu führen. Denn vielen Menschen ist es unangenehm, solche Gespräche zu suchen. Das sind dann die Momente, in denen wir die Ausreden dieses Buchs hören, beispielsweise »Ich muss doch niemanden fragen. Wir kennen unsere Kunden in- und auswendig«. Damit die Teilnehmer ein wenig demütiger werden, erzählt Peter dann die Geschichte des Straßenkehrers aus Wien, der ihn gelehrt hat, was Motivation bei der Arbeit für jemand anderen bedeuten kann. (Sie erinnern sich? Sie finden die Geschichte im Vorwort.)

Vor kurzem hat er mir ein Geheimnis verraten: Obwohl er selbst ein großer Verfechter dieser Methode ist, obwohl er erfolgreich die Teilnehmer unserer Workshops dazu bringt, über ihren Schatten zu springen, obwohl er diese Kundengespräche immer wieder selbst führt – hat er jedes Mal am Anfang ein ungutes Gefühl dabei und muss sich selbst dazu zwingen, es zu tun. Wenn wir dann aber unsere Erlebnisse und Erkenntnisse aus den Gesprächen teilen und er mir von neuen Einblicken in die Welt der Kunden erzählt, sehe ich es an seinen glänzenden Augen, dass es sich wie damals beim Straßenkehrer wieder einmal gelohnt hat. Die glänzenden Augen unserer Workshopteilnehmer sind einer der schönsten Aspekte meiner Arbeit. Und von so einem Erlebnis möchte ich Ihnen erzählen, in der Hoffnung, dass es Sie motiviert, selbst die Sache in die Hand zu nehmen und in die Welt einer fremden Person einzutreten.

Viele Ausreden

Bei diesem Auftrag ging es um die Mobilität der Zukunft einer Metropolregion. Sie brauchen nur einen kurzen Blick in die Tageszeitungen oder die sozialen Medien zu werfen, um das große Potenzial für Konflikte zu erahnen, was dieses Thema bietet: Klimaaktivisten fordern eine umweltbewusste Mobilität für unser aller Zukunft, Autofahrer fühlen sich abgehängt und sehen die Zukunft der europäischen Industrie in Gefahr, LKW versus Bahn, Auto gegen Fahrrad, Menschen gegen Politik, Politiker gegen Aktivisten. Zu allem Überfluss wird dazu natürlich nicht mit Kritik, Übertreibung und Anfeindung gespart.

Kann man bei einer solch verfahrenen Situation mit einer Methode wie Design Thinking, die auf Empathie und Verständnis baut, erfolgreich sein? Gerade dort, wo Unverständnis herrscht, hilft Empathie ganz besonders. Wo Gegensätze aufgebaut werden, gibt es kein besseres Gegenmittel als zuhören und verstehen.

Wie sieht es nun mit Empathie und Verständnis in der Praxis aus? In unseren Projekten erklären wir am Anfang den Design-Thinking-Prozess, bei dem es zuerst einmal darum geht, das eigentliche Problem zu verstehen. Dazu befragen und beobachten wir in der ersten Phase, dem sogenannten Einfühlen, unsere Kunden und Stakeholder. Das Ziel ist, ein richtig nahes und authentisches Gefühl für die Menschen zu entwickeln, für die wir Lösungen erarbeiten.

Wenn wir beispielsweise einen Lebensmittelproduzenten bei einer Produkteinführung beraten, dann gehen wir in Lebensmittelmärkte und erheben dort die Bedürfnisse unserer Zielgruppe. Wenn wir die Dienstleistung einer Immobilienvermittlung verbessern, befragen wir Käufer und Verkäufer beziehungsweise Mieter und Vermieter in ihren Wohnungen und Häusern, was sie stört und was sie sich wünschen. Wenn wir ein Krankenhaus dabei unterstützen, die Gesundheitsleistungen zu verbessern, gehen wir zu den Patienten und Mitarbeitern in Gesundheitseinrichtungen, um herauszufinden, was am Status quo verbessert werden kann. In jedem Fall sprechen wir mit den Menschen, für die wir eine Lösung erarbeiten, und zwar auch direkt an dem Ort, wo die Probleme evident sind: in den Lebensmittelmärkten, den Wohnhäusern, den Krankenhäusern.

Bei unserem Auftrag rund um die Mobilität der Zukunft war dieser Ort die Stadt und insbesondere die Verkehrswege. Der Auftrag in der Einfühlen-Phase lautete daher, mit Menschen über Mobilität zu sprechen, die gerade nach einer stressigen Autofahrt einen Parkplatz ergattert hatten, die mit ihrem LKW in ihrer Tour schon in Verzug waren oder die gerade mit dem Fahrrad nur knapp einem Nahtod-Erlebnis entkommen waren.

All das erklärten wir den Teammitgliedern unseres Auftraggebers. Während sie uns zuhörten, wurden ihre Augen immer schmaler und ihre Haltung verriet Ablehnung. Wir konnten uns eines Lächelns nicht erwehren, denn wir kennen diese Situation nur zu gut. Es passiert wirklich jedes Mal, wenn wir die Leute in unseren Workshops hinaus auf die Straße schicken, um Gespräche mit den tatsächlichen Kunden beziehungsweise Stakeholdern zu führen. Noch bevor wir die Methode genau erklären können, bekommen wir bereits eine Menge Ausreden zu hören:

»Wir kennen unsere Stakeholder in- und auswendig, wir brauchen doch niemanden zu befragen!«

»Aber ich kann doch nicht wildfremde Menschen auf der Straße einfach so ansprechen!«

»Die Leute haben doch gar keine Zeit und Lust, meine Fragen zu beantworten!«

»Reicht es nicht, wenn ich einfach ein paar Freunde oder Kollegen befrage?«

In dieser Situation sind wir unerbittlich: Nein, ihr kennt die Bedürfnisse eurer Stakeholder nicht! Doch, es funktioniert ganz ausgezeichnet, wildfremde Menschen anzusprechen! Im Gegenteil, sie werden eure Fragen mit Begeisterung beantworten! Und nein, Freunde und Kollegen gelten nicht und bringen nicht die Ergebnisse, die wir benötigen.

Das Einzige, was meistens tatsächlich fehlt, sind lediglich ein paar Tipps und Tricks und natürlich das Wissen über Erhebungsmethoden. Und genau das präsentiere ich Ihnen in diesem Kapitel.

Sprechen Sie mit Ihren Kunden

Die meisten Unternehmen behaupten, sie würden ihre Kunden in- und auswendig kennen. Das Gute ist, dass es Ihnen, wenn Sie mit Ihren Kunden vertraut sind, bestimmt auch leichtfällt, jemanden zu finden, mit dem Sie sprechen können. Denn sofern Ihr Wissen über den Kunden nicht aus einer kürzlich durchgeführten Analyse stammt, die speziell dazu aufgesetzt wurde, um Ihre aktuelle Anfrage zu beantworten, ist ein frischer Blick immer hilfreich. Vertrautheit führt nämlich zu Annahmen und blinden Flecken.

Und wer ist in diesem Fall von »Wir kennen unsere Kunden in- und auswendig« eigentlich dieses »Wir«? Ohne eine gedankliche Verschmelzung werden die Erfahrungen des Unternehmens mit den Personen, die befragt werden, oder das eigentliche Problem nicht auf diejenigen übertragen, die letztlich an der Lösung arbeiten. Oft ist es die Marketing- oder Vertriebsabteilung, die das Wissen über den Kunden und Nutzer hat. Wenn Sie also nur mit jemandem sprechen, der die Forschung betrieben und die Kunden befragt hat, erfahren Sie lediglich, wie diese Person das Gesagte interpretiert. Sie bekommen eine gefilterte Sicht auf die Aussage. Was Sie aber brauchen, ist ein gemeinsames Verständnis innerhalb des Teams, das befragt und das später gemeinsam an einer Lösung arbeiten wird.

Bei einer Befragung in der realen Umgebung Ihrer Zielperson geht es im Grunde darum, sich mit der Realität anzufreunden. Und die Realität ist, dass die Welt voller Menschen ist, die anders sind als Sie. Als jemand, der Produkte, Dienstleistungen, Services und Lösungen für Menschen entwickelt, ist es Ihre Aufgabe, deren Perspektiven, Bedürfnisse und Wünsche in deren realem Kontext zu verstehen. Natürlich kann es beängstigend sein, sich selbst und seine Arbeit dem zu öffnen, was völlig fremde Personen dazu zu sagen haben. Diese Aussagen können Ihre gesamte Weltanschauung infrage stellen. Sie können dazu führen, dass Sie festgefahrene Überzeugungen fallen lassen müssen. Und sie können sogar dafür sorgen, dass Sie die komplette Art und Weise ändern, wie Sie sich durch die Welt bewegen. Die Gespräche liefern auch immer nur einen Teil des Inputs. Eine fundierte, zielgerichtete Iteration ist der Schlüssel zu einem erfolgreichen Ergebnis. Das bedeutet, Sie brauchen mehr als nur ein einzelnes Gespräch, um wirklich etwas zu erfahren.

Ich bin fest davon überzeugt, dass es für Unternehmen und Organisationen eine sehr gute Sache ist, sich mit ihren Kunden, Nutzern und Stakeholdern wirklich mal zu unterhalten. Mit Menschen zu sprechen, um herauszufinden, wie die Welt für sie wirkt, aussieht und sich anfühlt – was die Welt für genau diese Menschen bedeutet –, sollte Ihr Standardvorgehen sein. Auf Fragen und Einwände reagieren zu müssen, noch bevor man mit der eigentlichen Arbeit beginnt, mag sich anfangs wie Zeitverschwendung anfühlen. Es ist aber die Basis für erfolgreiche Lösungen. Anders gesagt: Für Ihre Arbeit, in der Sie für andere Menschen Produkte, Services oder auch Dienste entwickeln, in der Sie neue Ideen erfinden, bestehende Prozesse anpassen und veraltete verbessern, führt kein Weg an einer direkten Befragung vorbei.

Das, was Sie entwickeln, wird also stellvertretend für Sie mit den Menschen sprechen und arbeiten, daher ist es nur fair, dass Sie zunächst stellvertretend für Ihre Lösung mit den späteren Kunden sprechen. Nur so können Sie genau verstehen, was die Menschen wirklich brauchen, was sie bewegt, was sie interessiert – und ob Sie sie mit Ihrer Lösung überhaupt erreichen können. In vielen Köpfen herrscht nach wie vor die Vorstellung des geborenen Genies, das alles weiß und niemals falschliegt. Wieso sollte man also bei unbekannten Personen nachfragen, wenn das womöglich noch als Zeichen von Schwäche oder mangelndem Selbstvertrauen empfunden wird?

Leider gibt es weder dieses Wunderwesen, noch ist die Bitte um Hilfe ein Zugeständnis der eigenen Unfähigkeit. Im Gegenteil, das Stellen von Fragen ist vielleicht furchterregend, es ist aber vor allem ein Zeichen von Mut und Intelligenz. Bedenken Sie: Je schneller sich herausstellt, dass Sie mit Ihrer Annahme womöglich falschliegen, desto weniger Zeit werden Sie damit verbringen, an der falschen Lösung zu arbeiten.

Das Team erklärte sich bereit, unserem Vorschlag zu folgen und einer Befragung zumindest eine Chance zu geben. Aber zunächst mussten wir noch einige Sorgen aus dem Weg räumen. Was würde zum Beispiel geschehen, wenn eines der Teammitglieder während des Gesprächs etwas Falsches sagt? »Dann müssten doch alle denken, wie dumm ich sei oder wie dumm das Unternehmen sei, mich überhaupt einzustellen. Das wäre ja für alle superpeinlich.« Diese Sorge ist vollkommen unbegründet.

Der Spotlight-Effekt: Achtet wirklich jeder auf Sie?

Vielleicht kennen Sie dieses Gefühl, dass Sie in einen Raum kommen und alle Augen nur auf Sie gerichtet sind. Dieses psychologische Phänomen, dass wir überschätzen, wie sehr wir auffallen, wird Spotlight-Effekt genannt und kann zu Befangenheit und Angstzuständen führen. Während wir in sozialen Situationen oft das Gefühl haben, im Rampenlicht zu stehen, haben etliche Studien nachgewiesen, dass andere Menschen dem, was wir tun, tatsächlich viel weniger Aufmerksamkeit schenken, als wir denken. Wir neigen dazu zu überschätzen, wie sehr Menschen die kleinen Details wahrnehmen, die wir unverhältnismäßig groß in unseren Köpfen aufbauen. Unser Gehirn greift auf diese kognitive Verzerrung zurück, da der einzige Standpunkt, zu dem wir direkten Zugang haben, unser eigener ist. Das bedeutet, dass unsere Interpretation einer Situation zunächst durch unsere eigenen Erfahrungen, Gedanken und Gefühle gefiltert wird. Es ist eigentlich nicht verwunderlich, dass wir manchmal vergessen, dass wir nicht im Mittelpunkt der Realität aller anderen stehen.

In den späten 1990er Jahren führte der Psychologe Thomas Gilovich folgendes Experiment durch: Fünf Studenten saßen in einem Raum, während ein sechster Student in einem anderen Raum gebeten wurde, eines von drei T-Shirts auswählen, jedes mit dem Gesicht einer anderen Kultfigur: Bob Marley, Jerry Seinfeld oder Martin Luther King Jr. Nachdem er sich das T-Shirt angezogen hatte, wurde er in die Gruppe mit den anderen Studenten geführt. Kurz nachdem der Student mit dem T-Shirt das Zimmer betrat, wurde er mittels einer fadenscheinigen Ausrede auch schon wieder aus dem Raum geführt. Anschließend wurden alle Studenten gebeten, einen kurzen Fragebogen auszufüllen, der Gilovichs Frage beantworten sollte, ob der Student, der sich freute, vor der Gruppe ein neues, cooles T-Shirt zu tragen, überschätzte, wie viele Leute es bemerkten. Die Antwort lautete: Eindeutig ja. Nur durchschnittlich zwei von fünf Studenten bemerkten das T-Shirt, das der Proband ausgewählt hatte. Der Student, der das T-Shirt ausgewählt hatte, schätzte wiederum, dass sich mindestens vier Personen an seine Wahl erinnern würden. Mit anderen Worten: Die Probanden überschätzten die Aufmerksamkeit ihrer Kollegen um das Doppelte[I].

Betrachten wir den Spotlight-Effekt durch die Linse des Problemlösers beziehungsweise des Design Thinkers. Als Design Thinker ist es unsere Aufgabe, Stunden und manchmal sogar Tage damit zu verbringen, für unsere Kunden nachhaltige Lösungen zu finden. Dazu müssen wir als Erstes direkt dorthin, wo unsere potenziellen Kunden sind, um mit ihnen direkt zu reden. Was uns in diesen Momenten oft nicht bewusst ist, ist, dass die Mehrheit der Menschen, die wir dabei ansprechen, nicht über uns nachdenkt oder uns, unser Verhalten oder Aussehen in irgendeiner Weise bewertet. Die Wahrheit sieht also so aus, dass andere Menschen sich nicht annähernd so sehr um uns kümmern, wie wir denken. Manchmal reicht es aus, sich nur an diese Tatsache zu erinnern, um dem Spotlight-Effekt entgegenzuwirken. Wenn das aber nicht reicht, probieren Sie einen der folgenden Tricks aus.

Tauschen Sie in Gedanken die Rolle. Wenn Sie sich vor einer Befragung lange Gedanken machen, ob irgendetwas, das Sie sagen, Sie bei Ihrem Gegenüber in einem schlechten Licht erscheinen lässt, nehmen Sie sich einen kurzen Moment Zeit und überlegen Sie, wie Sie sich fühlen würden, wenn Sie auf der anderen Seite dieser Interaktion wären. Mit Sicherheit waren Sie selbst schon oft in einem Meeting, in dem einer der Kollegen einen Fehler gemacht hat. Ganz sicher haben Sie diese Episoden aber auch ganz schnell wieder vergessen. Dasselbe gilt genauso für Ihre jetzige Situation: Auch wenn es sich für Sie vielleicht wie das Ende der Welt anfühlen mag – die anderen denken vermutlich nicht einmal darüber nach.

Versuchen Sie es mit einer kognitiven Umstrukturierung. Suchen Sie nach Beweisen, die Ihre Gedanken unterstützen, dass andere

Sie tatsächlich beurteilen. Danach suchen Sie nach Gegenbeweisen, die Ihre Angst nicht stützen. Wenn Sie für beide Seiten Argumente gefunden haben, überlegen Sie sich ein »Mittelding«: Wenn Sie zum Beispiel zu jemandem etwas Unüberlegtes sagen, könnte der Spotlight-Effekt Sie dazu bringen zu denken: »Jetzt müssen alle glauben, dass ich dumm sei.« Ein Mittelding-Gedanke könnte lauten: »Vielleicht haben die anderen meinen Fehler bemerkt, aber selbst wenn, haben sie sich sicher nicht viel dabei gedacht.«

Bitten Sie andere um deren Meinung. Um einen Tunnelblick zu vermeiden, ist es hilfreich, mit anderen zusammenzuarbeiten. Es kann eine erfrischende Abwechslung sein, Erkenntnisse von jemandem zu erhalten, der nicht so stark in ein Projekt involviert ist wie Sie. Ihre Ideen und Konzepte mit anderen zu teilen, um aus der Zone der Selbstzweifel herauszukommen, ist immer eine gute Idee.

Es ist natürlich in Ordnung, sich zu überlegen, wie Sie jemanden ansprechen, und sich auf ein Gespräch vorzubereiten. Aber wenn Sie sich zu sehr damit beschäftigen und die Dinge verkomplizieren, wird irgendwann der langsame Untergang Ihres Unternehmens im Rampenlicht stehen. Arbeiten Sie daran, den gedanklichen Lärm auszublenden und zu ignorieren, dann wird es Ihnen leichter fallen, die negativen Auswirkungen des Rampenlichts zu vermeiden.

Das Unternehmen war nicht um Ausreden verlegen. Kaum hatten wir geklärt, dass es keinen Grund gebe, sich bei der Befragung davor zu fürchten, im Mittelpunkt zu stehen, kam als Nächstes der Einwand, dass die Befragten gar keine Zeit und Lust hätten, Fragen zu beantworten. Wie ließe sich das ändern? Als Erstes kam die Idee auf, den Befragten Geld im Tausch gegen ihre Zeit anzubieten. Unserer Erfahrung nach ist das keine gute Idee – und auch nicht notwendig.

Die extrinsische Anreiz-Verzerrung: Warum wir glauben, dass andere nur des Geldes wegen helfen

Die extrinsische Anreiz-Verzerrung ist die Tendenz, die Motive anderer Menschen eher auf extrinsische Anreize wie Geld als auf intrinsische Anreize wie das Erlernen neuer Dinge zurückzuführen. Wir gehen bei anderen Menschen selten von den edelsten Beweggründen aus. Wir glauben vielmehr, dass Menschen, die in einer Bank arbeiten, von Geldgier getrieben sind, dass alle Politiker von Macht besessen sind und dass die Menschen in den sozialen Medien nur auf Likes aus sind.

Wenn man jedoch die Menschen nach ihren wahren Beweggründen fragt, zeichnen ihre Antworten ein anderes Bild auf als die extrinsischen Anreize, die viele als primären Faktor vermuten. So sagen viele Banker, dass sie vom Markt fasziniert seien, die Politiker wollen oft etwas bewegen und Menschen auf Facebook freuen sich, über diesen Kanal mit Menschen, die weit weg wohnen, in Kontakt zu bleiben und Erinnerungen auszutauschen.

Es gibt keine eindeutige kognitive Erklärung für unsere extrinsische Anreiz-Verzerrung. Eine Theorie besagt, dass wir generell unseren eigenen Charakter im Vergleich zu dem anderer als positiv einschätzen. Außerdem bewerten wir explizit geldmotiviertes Verhalten per se negativ. Die meisten Menschen distanzieren sich von dieser Bewertung, wenden sie aber gleichzeitig auf andere Menschen an. Für eine Umfrage wurden etwa 500 Jurastudenten nach den Beweggründen für ihre juristische Laufbahn befragt. 64 Prozent der Befragten antworteten mit dem intellektuellen Reiz des Fachs. Andererseits glaubten nur 12 Prozent, dass ihre Kollegen dieselbe Motivation teilten, während 62 Prozent annahmen, dass »die anderen« hauptsächlich vom Geld angetrieben seien.[2, 3] Eine weitere Erklärung für die extrinsische Anreiz-Verzerrung besteht darin, dass wir dazu neigen, einfache Erklärungen zu bevorzugen. Bei der Zuschreibung der Beweggründe der Jurastudenten hat unser Gehirn keinen Zugang zu den unzähligen möglichen Faktoren, welche unterschiedlichen Motive jeder einzelne Student haben könnte. Eine sehr leicht zugängliche Erklärung ist jedoch die finanzielle Aussicht, die bekanntermaßen mit einer juristischen Karriere einhergeht.

Um den extrinsischen Anreiz bei anderen Personen richtig einzuschätzen, ist es auch bei dieser kognitiven Denkfalle am besten, sich in die Lage einer anderen Person zu versetzen. Es existieren unzählige Varianten und Möglichkeiten. Ohne explizites Nachfragen können wir nie wissen, welche Vorlieben und Verhaltensweisen tatsächlich auf welche Anreize zurückzuführen sind (in den meisten Fällen handelt es sich wahrscheinlich um eine Mischung aus intrinsischen und extrinsischen Belohnungen). Diese Unklarheit anzuerkennen und sich in die Motive anderer hineinzuversetzen, hilft bereits. Unsere Erfahrung bei Befragungen ist die, dass Menschen gerne helfen und Fragen beantworten, vor allem wenn es sich um Fragen rund um ihre eigene Person handelt. Ein paar Tipps dazu, wie Sie Fremde dazu bekommen, dass sie Ihnen gerne helfen, finden Sie im Abschnitt »Das empathische Gespräch« in diesem Kapitel.

Eine Herausforderung bei Befragungen ist zu wissen, wo Sie die passende Zielgruppe überhaupt finden (wie und wo Sie die Personen finden, besprechen wir in Kapitel »Ausrede Nr. 3«). Das ist natürlich abhängig von dem Thema, über das Sie forschen. Nun gibt es Themen, die viele Menschen betreffen – wie es zum Beispiel bei der Mobilität der Fall ist. Liegt es da nicht nahe, gleich die eigenen Kollegen zu fragen? Dafür müsste man gar nicht so weit gehen, und die eigenen Kollegen wissen ja Bescheid. Stopp! Auch wenn die Verlockung sehr groß ist, bitte ich Sie, noch kurz innezuhalten. Die eigenen Kollegen, Freunde oder Verwandte zu fragen, ist ein No-Go im Design Thinking und wirklich nie eine gute Idee. Lassen Sie mich dafür kurz ausholen.

Wer nicht für eine Befragung geeignet ist

Freunde, Bekannte und Verwandte als Befragungspartner zu wählen, ist leider weit verbreitet. Vor allem bei kleineren Unternehmen, die kein Budget für Forschung haben. Allerdings ist es auch eine Praxis, die dem Ergebnis Ihrer Befragung letztlich mehr schadet als nützt. Bekannte nach ihrer Meinung zu einem Produkt oder Projekt zu fragen, ist schwierig, denn in den wenigsten Fällen werden Sie Antworten bekommen, die ihre Erfahrungen vollkommen ehrlich wiedergeben. Es gibt unzählige Beispiele von Produkten, die bei Familie und Freunden großen Erfolg hatten, aber brutal abstürzten, sobald sie auf den Markt kamen.

Der Grund ist einfach: Es ist sehr schwierig für jemanden, der eine persönliche Beziehung oder Verbindung zu der Person hat, die für das Produkt verantwortlich ist (und auch zum Forscher), unvoreingenommenes Feedback zu geben. Wahrscheinlicher ist, dass alles, was diese Befragten sehen, großartig ist und perfekt zu sein scheint. In vielen Fällen lernen diese Menschen das Produkt oder Projekt sogar schon vorher kennen oder sind selbst Teil des Unternehmens, das es entwickelt hat. Können Sie sich vorstellen, dass Mitarbeiter ein negatives Feedback zu einem Produkt ihres Unternehmens abgeben? Es wird nie passieren, oder zumindest wird es nicht so oft passieren, wie es sollte.

Sie sollten auch immer im Auge behalten, wer Ihre Ansprechpartner sind. Sind es potenzielle oder tatsächliche Nutzer des Produkts? Oder sind Sie mit jedem einverstanden, der seine Meinung äußern kann, auch wenn er nicht weiß, worum es bei dem Produkt geht, oder es vielleicht noch nicht einmal verwendet? Im letzteren Fall könnte es sogar dazu führen, dass wir darauf basierend falsche Entscheidungen treffen. Es geht aber nicht nur um private Kontakte, auch bei beruflichen Kontakten ist es schwierig. Selbst wenn Personen keine sehr enge Beziehung zu uns haben, reicht es schon, wenn sie aus einer ähnlichen Berufswelt kommen.

Ebenso wie Sie bei Ihrer Befragung keine Nutzer einbeziehen sollten, die nicht zur potenziellen Zielgruppe des Produkts gehören, sollten Sie auch keine Experten einbeziehen. Die Art und Weise, wie solche Menschen Ihr Produkt sehen und erleben, unterscheidet sich bei weitem von der des Endnutzers. Es sei denn, Ihre Forschung richtet sich speziell an Profis. Die Qualität der Teilnehmer ist einer der Schlüssel zum Erfolg der Forschung und damit einer der Aspekte, auf die Sie unbedingt achten sollten. Glücklicherweise gibt es immer viele Möglichkeiten, die passenden Teilnehmer für Ihre Forschung zu finden, sodass es nicht notwendig ist, Freunde oder Familie miteinzubeziehen.

Eigen- und Fremdgruppe

Der Mensch hält sich selbst für ein rational agierendes, vernünftiges Wesen. Die meisten von uns sind davon überzeugt, dass sie (im Gegensatz zu anderen) keinerlei Vorurteile haben und die Art und Weise, wie sie andere Menschen sehen und behandeln, vollkommen gerecht ist. Die Forschung beweist allerdings, dass Gruppenzugehörigkeit unsere Wahrnehmung extrem beeinflusst – selbst wenn die Gruppen auf der Grundlage völlig bedeutungsloser Kriterien zusammengestellt wurden.

Eine Studie, die die Stärke dieser Voreingenommenheit veranschaulicht, stammt von dem Psychologen Henri Tajfel.[4] In seinem Experiment wurden die Probanden gebeten, zunächst zwei Gemälde zu betrachten und danach zu sagen, welches ihnen am besten gefalle. Einigen der Teilnehmer wurde mitgeteilt, dass sie aufgrund ihrer Auswahl einer bestimmten Gruppe zugeordnet worden seien, während andere lediglich durch einen Münzwurf zufällig einer Gruppe zugeteilt wurden. Danach wurde den Teilnehmern einzeln gesagt, dass sie den anderen Probanden Geld schenken könnten – sie müssten es nur in einer Broschüre vermerken. Zwar waren alle Teilnehmer anonym, allerdings wurde die Codenummer bekanntgegeben, die auch einen Hinweis darauf lieferte, welcher der beiden Gruppen sie jeweils zugeordnet worden waren. Um mögliche Ursachen für gruppeninterne Voreingenommenheit herauszufinden, wurde bei diesem Experiment ebenfalls untersucht, ob die Teilnehmer noch immer großzügiger gegenüber ihren Gruppenmitgliedern wären, selbst wenn ihnen gesagt wurde, dass die Gruppen zufällig ausgewählt wurden. Oder würde dieser Effekt nur dann auftreten, wenn sie wüssten, dass die Gruppen auf der Grundlage ihrer Malervorliebe gebildet würden? Denn dadurch hätten die Probanden immerhin das Gefühl, sie hätten mit ihren Gruppenkameraden etwas gemeinsam. Die Ergebnisse zeigten, dass die Teilnehmer den Mitgliedern ihrer Eigengruppe mehr Geld gaben – vollkommen unabhängig davon, warum diese Gruppe überhaupt gegründet wurde. Selbst wenn sie durch Münzwurf zugewiesen wurden, wurde die eigene Gruppe bevorzugt. Auch folgende Experimente, die demselben Grundprinzip folgten, zeigten, dass die Bevorzugung, die Menschen ihrer eigenen Gruppe entgegenbringen, auf keiner sinnvollen Grundlage basieren muss.

Aber die Voreingenommenheit innerhalb der eigenen Gruppe geht über Freundlichkeit hinaus. Sie kann auch zu einem Schaden für die Fremdgruppe führen. Für eine weitere Studie wurden 22 elfjährige Jungen zu einem simulierten Sommercamp gebracht und in zwei Teams aufgeteilt, die Eagles und die Rattlers. Die Teams wurden getrennt und kamen nur miteinander in Berührung, wenn sie an verschiedenen Aktivitäten teilnahmen. Die beiden Teams zeigten eine zunehmende Feindseligkeit gegenüber den jeweils anderen, die schließlich zu Gewalt eskalierte.[5] Bereits Kinder im Alter von drei Jahren bevorzugen ihre eigene Gruppe. Untersuchungen an älteren Kindern (im Alter von fünf bis acht Jahren) ergaben, dass Kinder genau wie Erwachsene diese Voreingenommenheit auch teilen, unabhängig davon, ob die Gruppe zufällig oder basierend auf etwas Sinnvollem zugewiesen wurde.

Nun gibt es natürlich einige Theorien darüber, warum es zu gruppeninterner Voreingenommenheit kommt. Eine der bekanntesten ist die Theorie der sozialen Identität.[6] Dieser Ansatz basiert darauf, dass Menschen es lieben, Dinge zu kategorisieren – auch vor uns selbst machen wir da nicht Halt. Unsere Vorstellungen von unserer eigenen Identität basieren teilweise auf den sozialen Kategorien, denen wir angehören. Diese Kategorien umfassen so ziemlich jedes Attribut wie Geschlecht, Kultur, Nationalität und politische oder religiöse Zugehörigkeit. Das alles sind Kategorien, denen wir uns selbst zuordnen. Auch wenn nicht alle dieser Kategorien gleich wichtig für uns sind, tragen sie aber alle zu unserer Vorstellung bei, wer wir sind und welche Rolle wir in der Gesellschaft spielen. Kategorisierungsprozesse zwingen uns auch dazu, Menschen in die eine oder andere Gruppe einzuteilen.

Eine andere Theorie führt über das menschliche Bedürfnis, ein positives Selbstwertgefühl zu haben. Wir sind häufig sehr optimistisch, was die Außergewöhnlichkeit unserer Persönlichkeit im Vergleich zu anderen Menschen angeht. Prozesse der Selbstverbesserung leiten unsere Kategorisierung von uns selbst und anderen und führen dazu, dass wir uns auf Stereotype verlassen, die andere Personen herabwürdigen und uns beziehungsweise auch unsere Eigengruppe begünstigen. Kurz gesagt, weil unsere Identität so stark von den Gruppen abhängt, denen wir angehören, besteht eine einfache Möglichkeit, unser Bild von uns selbst zu verbessern, darin, unserer Eigengruppe einen glänzenden Anstrich zu verleihen – und für unsere Außengruppe das Gegenteil zu tun.

Viele Untersuchungen der Theorie der sozialen Identität zeigen, dass vor allem für Menschen mit geringem Selbstwertgefühl die Gruppenzugehörigkeit ein zentraler Bestandteil ihrer Identität ist. Einige Forscher sagen allerdings, dass diese ganzen Theorien einen Fehler hätten: Sie würden die Norm der Gegenseitigkeit nicht berücksichtigen. Und diese verlangt, dass wir anderen gegenüber ihre Freundlichkeiten erwidern.

Auswirkungen der Voreingenommenheit

Wie alle kognitiven Vorurteile entstehen Vorurteile innerhalb einer Gruppe, ohne dass wir uns dessen bewusst sind. Auch wenn wir glauben, dass wir andere fair und vernünftig beurteilen, zeigt die gruppeninterne Voreingenommenheit, dass wir im Umgang mit Mitgliedern einer Fremdgruppe möglicherweise nicht so großzügig sind wie mit anderen.

Die Voreingenommenheit innerhalb der Gruppe kann auch dazu führen, dass wir gegenüber Mitgliedern der Eigengruppe, die etwas falsch gemacht haben, nachsichtiger sind, als wir es unbedingt sein sollten. Wie die oben erwähnte Studie von Tajfel zeigt, kann die Voreingenommenheit innerhalb der Gruppe uns daran hindern, Mitglieder innerhalb der Gruppe für ihr eigenes Verhalten zur Verantwortung zu ziehen. Diese Voreingenommenheit hat auch Auswirkungen auf unsere eigene Entscheidungsfindung, einschließlich Entscheidungen über moralisches Verhalten. Untersuchungen haben ergeben, dass Menschen eher dazu bereit sind, zu lügen oder zu betrügen, um ihrer eigenen Gruppe zu nützen, manchmal sogar dann, wenn sie selbst nichts von dieser Unehrlichkeit haben. Dies kann natürlich zu einigen schlechten Entscheidungen führen, insbesondere bei Menschen, denen es an Selbstwertgefühl mangelt und die besonders verzweifelt nach der Zustimmung ihrer Teammitglieder streben.

Im eigenen Unternehmen zu befragen, Ihre Lösungen zu testen und Ideen zu erforschen, ist daher keine gute Idee, weil die meisten Menschen einfach unbewusst voreingenommen sind. Und damit schaden Sie nicht nur sich selbst, sondern auch der Chance, neue Perspektiven und Möglichkeiten zu erkunden, die entstehen, wenn Sie raus auf die Straße zum Befragen gehen.

Es ist Zeit für einen Mutausbruch

Damit ein Produkt, ein Service oder ein Prozess erfolgreich ist, müssen sie den tatsächlichen Bedürfnissen und Wünschen der Menschen entsprechen. Seltsamerweise reicht es nicht aus, einfach ein Mensch zu sein, um die meisten unserer Mitmenschen zu verstehen. Es ist notwendig, dass wir uns vertrauten Personen und Dingen so nähern, als ob sie uns vollkommen unbekannt wären. Erst dann können wir sie sehen. Die richtigen Fragen zu stellen und zu wissen, wie man die richtigen Antworten findet, ist entscheidend für den späteren Erfolg. Wenn Sie herausfinden, wie und warum sich Menschen verhalten, wie sie es tun, und welche Chancen sich daraus für Ihr Unternehmen ergeben, können Sie innovativere und passendere Lösungen finden. Das funktioniert weit besser, als wenn Sie nur fragen, wie sich jemand fühlt, oder aktuelle Lösungen aufgrund von Analysen optimieren. Wenn Sie schwierige Fragen stellen, wird Ihre Arbeit letztlich viel einfacher werden. Sie erhalten dadurch stärkere Argumente, eine klare Zielsetzung und den Mut zur Kreativität, der nur dann entsteht, wenn Sie Ihre Einschränkungen wirklich kennen und hinterfragen. Wenn Sie die Menschen, für die Sie letzten Endes eine Lösung entwickeln, nicht wirklich oder nicht gut genug kennen, entgehen Ihnen nicht nur die Möglichkeiten, verschiedene Perspektiven der Welt zu erkunden. Es entgehen dem Unternehmen in der Regel viele Möglichkeiten, die in den meisten Fällen viel Geld und Erfolg gebracht hätten.

Es ist also an der Zeit, Ihren Mut zusammenzunehmen und endlich raus zu Ihrem Kunden oder Nutzer zu gehen, um dessen Welt zu entdecken. Dazu brauchen Sie neben einem Team die passenden Methoden. Aber bevor wir damit starten, lassen Sie mich Ihnen noch kurz einen Hinweis mit auf dem Weg geben: Wenn Sie Ihr Team zusammenstellen, mit dem Sie in die Befragung gehen, kann es sein, dass einige der Personen ihren Unmut und ihre Zweifel laut äußern werden. Auch tun sich einige bei der Interaktion mit Fremden leichter als andere. Beschreiben Sie diesen Menschen Ihre Ziele und erläutern Sie Ihnen das unglaubliche Potenzial dieser Gespräche. Auf diese Weise helfen Sie nicht nur ihnen dabei, ihre Zweifel abzulegen, sondern Sie selbst fokussieren sich ebenfalls und können schließlich deutlicher artikulieren, was Sie genau herausfinden möchten.

Mit Fremden spricht man doch!

Haben Sie von Ihren Eltern auch immer die warnenden Worte gehört »Sprich nicht mit Fremden!«? So sinnvoll der Rat für kleine Kinder ist, so wenig brauchbar ist er, wenn Kinder irgendwann in die Erwachsenenwelt eintreten. Denn kaum werden wir älter und ziehen hinaus in die Welt, ist jeder, dem wir begegnen, zunächst ein Fremder. Soziale Interaktionen sind grundlegend, um sich mit anderen Menschen zu verbinden. Die Technologie macht es immer einfacher, den direkten Austausch mit anderen zu vermeiden. Dadurch wird es allerdings auch immer schwieriger, unsere sozialen

Fähigkeiten zu entwickeln. Stellen Sie sich vor, was wäre, wenn wir nicht miteinander interagieren würden! Es gäbe keine große menschliche Leistung, bei der Menschen zusammengekommen sind und sich gegenseitig inspiriert, miteinander debattiert und Gemeinsamkeiten gefunden haben. Die meisten fühlen sich unbehaglich, wenn sie mit Menschen sprechen, die sie nicht kennen. Doch die meisten Menschen überschätzen einfach, wie unbehaglich sie sich tatsächlich in Gesprächen mit Fremden fühlen. Das zeigen auch Studien.[7]

Zugegeben, auf Fremde zuzugehen, kann einschüchternd und nervenaufreibend sein. Aber mit ein wenig Übung und ein paar Tipps treffen Sie auf Schritt und Tritt lauter potenzielle Nutzer und Kunden, die Sie dabei unterstützen, Lösungen zu entwickeln, die wirklich funktionieren. Der Mensch ist von Natur aus ein soziales Wesen. Wie bei vielen anderen Lebewesen ist Sozialverhalten überlebenswichtig: Die Zusammenarbeit mit anderen Menschen, der Austausch von Erfahrungen, Wissen und Gefühlen sowie das gemeinsame Verbringen von Zeit sind für uns lebensnotwendig. Menschen, die einsam oder sozial isoliert sind, haben ein höheres Risiko, einen verfrühten Herztod, Demenz oder Depressionen zu erleiden. Schlechtere – und weniger – soziale Bindungen sind auch mit einer Beeinträchtigung unser Immunfunktion verbunden, was belegt, dass unsere sozialen Netzwerke ein grundlegendes menschliches Bedürfnis erfüllen. Was also in der Kindheit eine Sicherheitsvorkehrung war, muss im Erwachsenenalter umgelernt werden – nicht nur, wenn es darum geht, mit (potenziellen) Kunden und Nutzern zu sprechen. Wenn wir einander fremd fühlen, glauben wir, dass wir in keinerlei Beziehung zueinander stehen, aber das stimmt so nicht ganz. Studien zeigen, dass bereits ein kurzes Lächeln verbindet – denken Sie bitte auch an den Eigengruppen-Effekt. Bereits ein Lächeln kann unser Zusammengehörigkeitsgefühl stärken. Sie zeigen damit, dass Sie den anderen wahrgenommen haben und ihn als Mensch erkennen. Wenn Sie allerdings starr durch jemanden hindurchblicken, dann hinterlässt das nachweislich einen schmerzhaften Stich beim anderen. Nun gibt es unterschiedliche Stufen von Fremdheit: Zunächst gibt es die Fremden, die **tatsächlich fremd** sind, weil Sie ihnen normalerweise nur einmal kurz im Leben begegnen – sei es auf der Straße oder in einem Geschäft.

Die nächste Stufe an Fremdheit betrifft die Menschen, die Sie regelmäßig treffen, die Sie aber persönlich nicht kennen: die Angestellte im Supermarkt oder der Kellner im Café, die Postbotin oder der Rezeptionist. In der Forschung fallen diese Personen unter den Begriff der **konsequenten Fremden**. Sie sind deswegen konsequent, weil Sie sie in Ihrem Alltag brauchen. Mit ihnen können Sie eine Verbindung aufbauen, indem Sie sie beispielsweise nach ihrem Namen fragen. Der Name eines Menschen ist die größte Verbindung zur eigenen Identität und Individualität (manche sagen sogar, dass es für uns das wichtigste Wort der Welt ist).

Dann gibt es noch ein **loses Netzwerk**, in dem sich Menschen wie Ihre Nachbarn und Kollegen befinden. Meistens grüßen wir diese Personen im Vorbeigehen. Man kennt sich eben, aber diese Beziehung geht nicht in die Tiefe. Sie können diese Beziehung stärken, indem Sie ein kleines Fest organisieren oder diesen Menschen bei einer Tätigkeit helfen.

In diesem Buch geht es um Gespräche mit Fremden, denen Sie auf der Straße begegnen und denen Sie in den meisten Fällen auch nicht mehr über den Weg laufen werden. Sehen wir uns deswegen an, wie Sie mit dieser Personengruppe am einfachsten ein Gespräch beginnen können, bei dem Sie ihnen sämtliche Geheimnisse entlocken können.

Wie Sie mit jedem über alles reden können

Das Gespräch mit Fremden beginnt immer bei Ihnen selbst – und zwar mit Ihrer Einstellung. Sie müssen als Erstes Ihre Komfortzone verlassen und bereit sein, mehr über eine neue, einzigartige Person erfahren zu wollen. Wenn Sie bereit sind, ein wenig Unbehagen in Kauf zu nehmen, sind die potenziellen Vorteile des Gesprächs mit Fremden enorm:

- Sie verbessern Ihre Kommunikationsfähigkeit.
- Sie stärken Ihr Selbstvertrauen durch das Verlassen Ihrer Komfortzone.
- Sie entwickeln Ihre Empathiefähigkeit.
- Sie stärken Ihre Problemlösungskompetenz.
- Sie lernen, flexibel zu denken und Lösungen für verschiedene Situationen zu finden.
- Sie lernen, mit Ablehnung umzugehen.
- Sie erweitern Ihr Branchenverständnis.

Bevor wir uns genau damit befassen, wie man mit Fremden spricht, hilft es, sich ein wenig mit den drei Ws des Gesprächs mit Fremden vertraut zu machen: Warum, wo und wann sollten Sie sich an jemanden wenden, den Sie nicht kennen?

Warum? Gute Gründe, ein Gespräch zu suchen

Das Warum ist in diesem Fall ganz einfach:

- Sie wollen verstehen, warum sich Menschen verhalten, wie sie sich verhalten.
- Sie wollen verstehen, wann und wie Kunden mit Ihrem Unternehmen in Kontakt kommen.
- Sie wollen verstehen, wie Kunden zu Ihrem Unternehmen oder Ihrer aktuellen Lösung stehen.
- Sie wollen verstehen, was nicht funktioniert.
- Sie wollen verstehen, was besser funktionieren könnte.
- Sie wollen verstehen, welches Bedürfnis Ihre Kunden haben und wie Sie es erfüllen können.

Das sind alles gute Gründe, ein Gespräch mit Menschen zu beginnen, die Sie nicht kennen. Und die Liste ist noch längst nicht zu Ende. Aber das Wichtige ist, dass Ihre Motivation sich zwangsläufig auf die Richtung auswirken wird, die Sie bei jeder Interaktion einschlagen.

Wo? Die richtigen Orte, um Kunden zu treffen

Statistisch gesehen ist es unwahrscheinlich, dass Sie ein sehr erkenntnisreiches Gespräch mit dem Pizzalieferanten an Ihrer Haustür führen. Stattdessen müssen Sie hinausgehen, um nach Leuten Ausschau zu halten, die offen sind, um mit Ihnen über ihre Herausforderungen und Probleme, aber auch über ihren Alltag zu sprechen. Dafür braucht es einerseits einen Ort, wo das möglich ist (zwischen Tür und Angel ist selten ein guter Ort), und andererseits auch genügend Zeit, um auf die Fragen einzugehen. Dazu eignen sich Einkaufszentren, Fußgängerzonen oder Veranstaltungen, wo Sie auch gleich eine Vielzahl von Menschen erreichen. Wir befragen sehr gerne bei Messeveranstaltungen, weil wir dort auf Menschen treffen, die sich augenscheinlich bereits für das Thema interessieren.

Manche Orte und Szenarien eignen sich grundsätzlich nicht gut für Gespräche mit Fremden, etwa Umkleideräume, ruhige Orte wie Bibliotheken oder Büros, in denen sich die Menschen auf ihre Arbeit konzentrieren.

Wann? Die Körpersprache für den richtigen Zeitpunkt nutzen

Denken Sie an eine Situation, in der jemand unbeholfen auf Sie zukam. Warum hatten Sie ein komisches Gefühl dabei? War diese Person vornübergebeugt? Hat sie nach unten geschaut? Hat sie die Arme verschränkt? Oder war es lediglich ein unangenehmer Ort oder ein ungünstiger Moment, um ein Gespräch zu beginnen? Körpersprachliche Hinweise zu entschlüsseln, ist eine wichtige Fähigkeit für jede soziale Interaktion. Und sie ist vor allem unerlässlich, wenn Sie sich Fremden nähern, um mehr über sie zu erfahren. Die wichtigsten Anzeichen dafür, dass jemand mit Ihnen interagieren möchte, sind folgende: Die Person

- erwidert Ihren Blickkontakt,
- lächelt,

- hält ihre Arme und Handflächen offen,
- nimmt eine entspannte Haltung ein,
- richtet ihren Oberkörper oder ihre Füße in Ihre Richtung,
- lässt sich nicht von anderen Aufgaben oder Gesprächen ablenken.

Wenn jemand nicht reden möchte, kann er Sie anhand dieser körpersprachlichen Hinweise darauf aufmerksam machen:

- Der Augenkontakt wird vermieden.
- Die Arme sind verschränkt.
- Kiefer und Schulter sind angespannt.
- Die Stirn liegt in Falten.
- Die Brauen sind hochgezogen.
- Der Hals ist gestrafft.
- Die Kopfhörer sind in den Ohren.
- Er oder sie nimmt das Handy oder ein Buch und beginnt – auf Ihren Versuch hin, ein Gespräch zu beginnen –, sich ganz offensichtlich damit zu beschäftigen.
- Der Oberkörper zeigt von Ihnen weg.

Ablehnung gehört zum Gespräch mit Fremden dazu, und es ist wichtig, diese nicht persönlich zu nehmen. Zu lernen, die Körpersprache anderer zu lesen und die eigene zu modifizieren, ist das Geheimnis, um auf Fremde zuzugehen, ohne wie ein Verrückter auszusehen oder sich wie ein Spinner zu fühlen.

Das Unternehmensteam aus unserem Beispiel war allerdings der Überzeugung, dass die Menschen auf der Straße ihnen nicht gerne weiterhelfen würden. Wie sollten sie um Hilfe bitten? Wie würden die Menschen reagieren? Das waren einige der Fragen, mit denen wir uns beschäftigten, bevor es raus auf die Straße ging. Fremde um Hilfe zu bitten, ist wirklich nicht schwer, wenn Sie die Horrorszenarien in Ihrem Kopf in den Griff kriegen.

Die Angst, um Hilfe zu bitten

Nur wenige von uns bitten gerne um Hilfe. Wie Forschungen in den Neurowissenschaften und der Psychologie zeigen, aktivieren die damit verbundenen sozialen Bedrohungen – Unsicherheit, das Risiko der Ablehnung, die Möglichkeit einer Statusminderung und der inhärente Verzicht auf Autonomie – dieselben Gehirnregionen wie körperlicher Schmerz.[8] Und am Arbeitsplatz, wo wir in der Regel darauf bedacht sind, so viel Fachwissen, Kompetenz und Selbstvertrauen wie möglich unter Beweis zu stellen, kann es sich besonders unangenehm anfühlen, solche Anfragen zu stellen. Allerdings ist es praktisch unmöglich, in modernen Organisationen ohne die Hilfe anderer Menschen irgendetwas zu erreichen. Funktionsübergreifende Teams, agile Projektmanagementtechniken, Matrix- oder Hierarchieminimierungsstrukturen und zunehmend kollaborative Bürokulturen erfordern, dass Sie ständig auf die Zusammenarbeit und Unterstützung Ihrer Kollegen angewiesen sind. Ihre Leistung und auch Ihre persönliche Entwicklung hängen im Grunde davon ab, dass Sie die Unterstützung, Empfehlungen und Ressourcen einholen und auch bekommen, die Sie brauchen.

Wie können Sie effektiv um Hilfe bitten?

Der erste und schwierigste Schritt besteht im Grunde darin, dass Sie Ihre Zurückhaltung, um Hilfe zu bitten, überwinden. Der zweite – nicht minder schwierige – Schritt ist, die gängigsten und meistens sogar intuitiven Methoden, um Hilfe zu bitten, fallen zu lassen. Denn diese sind letztendlich unproduktiv, weil sie die Wahrscheinlichkeit verringern, dass Menschen Ihnen gerne helfen. Und drittens müssen Sie verstehen, welche subtilen Hinweise es braucht, damit Menschen Sie gerne unterstützen.

Sehen wir uns im Detail die einzelnen Schritte an: Der vielleicht einfachste Weg, Ihre Zurückhaltung zu überwinden und um Hilfe zu bitten, besteht darin, selbst die Erfahrung zu machen, dass die meisten Menschen überraschend hilfsbereit sind. Studien deuten darauf hin, dass wir unterschätzen, wie viel Aufwand diejenigen betreiben werden, die sich bereit erklären zu helfen. Das liegt zum Teil daran, dass Nein zu sagen oder nur halbherzig zu helfen, mit psychologischen Kosten verbunden ist, die wir bei der Überlegung außer Acht lassen. Aber es liegt auch daran, dass die meisten Helfer – wenn auch nur unterbewusst – wissen, dass es emotionale Vorteile hat, wenn sie gerne und von sich aus geben.

Der Schlüssel, um Erfolg bei einer Bitte zu haben, liegt darin, den Fokus auf diese Vorteile zu richten. Achten Sie darauf, dass Sie den Menschen das Gefühl geben, dass sie Ihnen gerne helfen – weil sie es wollen, und nicht, weil sie es müssen. Die Helfer müssen auch das Gefühl haben, dass sie diese Entscheidung von sich aus getroffen haben und sie jederzeit die Kontrolle darüber haben.

Konkret bedeutet das, dass Sie nichts sagen sollten, das darauf hindeutet, Sie würden jemanden direkt zur Hilfe auffordern. Sagen Sie nichts, das dem anderen das Gefühl gibt, er muss helfen – weil er keine andere Wahl hat, als zu helfen.

Sehen wir uns die Top-4-Liste der schlechtesten Bitten an:

1. Auf Rang 1 steht der Satz »Darf ich Sie um einen *kleinen* Gefallen bitten?«. Solche Aussagen geben Ihrem Gegenüber sofort das Gefühl, dass es keine andere Wahl hat, als Ihnen zu helfen. Das schlechte Gefühl rührt daher, dass, wenn der andere Ihnen nicht helfen würde, er damit zeigt, dass er kein hilfsbereiter Mensch ist. Und das will niemand sein.
2. Gleich danach folgt die Bitte »Ich fühle mich schrecklich, Sie darum bitten zu müssen, aber könnten Sie vielleicht ...«. Wenn eine Bitte schon so negativ beginnt, führt das nur dazu, dass sich Ihr Gegenüber bereits schlecht fühlt, noch bevor Sie Ihre Bitte überhaupt ausgesprochen haben.
3. Auch die Betonung der Gegenseitigkeit – »Ich helfe dir, wenn du mir hilfst« – ist eine Bitte, die schnell nach hinten losgeht. Kein Mensch lässt sich freiwillig auf einen transaktionalen Austausch ein oder schuldet gerne jemandem etwas.

4. Ihr Bedürfnis herunterzuspielen – »Normalerweise bitte ich nicht um Hilfe« oder »Es ist nur eine Kleinigkeit« –, ist ebenso unproduktiv, weil es suggeriert, dass die Hilfe trivial oder sogar unnötig ist.

Bitten Sie andere auf eine Art und Weise um Hilfe, die diese Fallstricke vermeidet und dem Anderen stattdessen Entscheidungsfreiheit bei seinen Antworten gibt, sodass auch gleich die angenehmen Effekte erlebbar werden, die mit dem Helfen einhergehen. Das geschieht durch die Verwendung von sogenannten Verstärkungen oder Bestätigungen. Eine Bestätigung, die Sie einem potenziellen Helfer geben können, ist die Zusicherung, dass Sie zu seinem Team gehören und das Team wichtig ist. Das greift das angeborene menschliche Bedürfnis auf, zu unterstützenden sozialen Kreisen zu gehören und das Wohlergehen aller Mitglieder in dieser Gruppe sicherzustellen. Dafür gibt es mehrere Möglichkeiten: Untersuchungen zeigen beispielsweise, dass bereits das bloße Aussprechen des Wortes *zusammen* eine Wirkung hat.[9] Als den Teilnehmenden, die allein an Rätseln arbeiteten, mitgeteilt wurde, dass sie dies zusammen mit Personen tun würden, die ähnliche Aufgaben in anderen Räumen erledigten, und dass sie später Tipps austauschen könnten, arbeiteten sie 48 Prozent länger, lösten mehr Probleme und gaben an, dass sie durch die Aufgabe weniger erschöpft seien als diejenigen, die vollkommen unabhängig von anderen arbeiteten.

- Der beste Weg, ein starkes Zusammengehörigkeitsgefühl innerhalb einer Gruppe zu schaffen, besteht darin, gemeinsame Erfahrungen, Wahrnehmungen, Gedanken und Gefühle hervorzuheben. Wenn in einem Team beispielsweise nur zwei Frauen sind, sagen Sie nicht einfach: »Wir sind die einzigen zwei Frauen im Team« (und betonen damit diese Eigenschaft). Sagen Sie stattdessen: »Ist Ihnen aufgefallen, dass wir ständig unterbrochen werden?« (geteilte Erfahrung).
- Ein zweiter Verstärker für potenzielle Helfer besteht darin, in ihnen die Erkenntnis zu stärken, dass sie (aufgrund ihrer Eigen-

schaften oder ihrer Rolle) in der einzigartigen Lage sind, Hilfe zu leisten, und dass sie nicht nur Ihnen helfen können, sondern dass sie generell hilfsbereite Menschen sind, die routinemäßig anderen helfen. Studien[10] haben gezeigt, dass Menschen mehr für wohltätige Zwecke spenden, wenn sie gefragt werden, ob sie »ein großzügiger Spender sein« (statt »ob sie spenden«) möchten, und dass Kinder im Alter von drei Jahren motivierter sind, Aufgaben wie das Aufräumen von Blöcken zu erledigen, wenn ihnen gesagt wird, dass sie »ein Helfer sein können« (im Gegensatz zu »sie können dabei helfen«). Denken Sie jedoch daran, dass nicht alle Menschen die gleiche Vorstellung von einer positiven Identität haben. Passen Sie Ihre Botschaft daher, so gut es geht, immer individuell an Ihr Gegenüber an.

- Dankbarkeit ist ein weiterer wirkungsvoller Weg, die positive Identität eines Helfers zu stärken. Eine Studie, die 350 000 E-Mails analysierte, ergab, dass »Danke im Voraus« und »Danke« durchschnittliche Antwortraten von 63 bis 66 Prozent ergaben. Im Gegensatz dazu erhielten andere beliebte Optionen wie »Liebe Grüße« und »Cheers« nur 51 bis 54 Prozent.[11] Auch wenn Dankbarkeit präventiv ausgedrückt wird, kann sie dafür sorgen, dass sich andere mehr für die Bitte interessieren und sich dafür einsetzen, Ihnen zu helfen, solange Sie sich mehr auf ihre Großzügigkeit und Selbstlosigkeit konzentrieren als darauf, wie Sie von der Hilfe profitieren.
- Menschen möchten die Wirkung der von ihnen geleisteten Hilfe sehen oder davon erfahren. Das ist keine Ego-Sache. Viele Psychologen glauben, dass das Wissen, dass die eigenen Handlungen zu den gewünschten Ergebnissen geführt haben, die grundlegende menschliche Motivation ist: Es ist das, was uns letztlich alle wirklich bewegt und unserem Leben einen Sinn gibt. Das wurde eindrucksvoll in einer Studie untersucht: Die Mitarbeiter wussten, dass die Einnahmen, die sie generierten, Arbeitsplätze in einer anderen Abteilung unterstützten, mit der sie zuvor keinen Kontakt hatten. Nachdem einer der Nutznießer die Spender besucht und mit ihnen über ihre Auswirkungen auf seinen und die Arbeitsplätze anderer gesprochen hatte, verdoppelten sich Umsatz und Ertrag.[12]

- Um sicherzustellen, dass Ihre potenziellen Helfer wissen, dass ihre Hilfe wichtig ist, sollten Sie sich darüber im Klaren sein, was Sie eigentlich genau benötigen und welche voraussichtlichen Auswirkungen die Hilfe haben wird. Wenn Sie beispielsweise einen Kollegen bitten, ein Kundenangebot zu prüfen, könnten Sie sagen: »Würden Sie das bitte prüfen, bevor ich es an XYZ sende? Ihr Beitrag hat meinem vorherigen Pitch bei ABC wirklich zum Erfolg verholfen.« Versprechen Sie, danach Feedback zu geben und zu sagen, was rausgekommen ist – und tun Sie das auch. Wenn möglich, überlassen Sie den Menschen auch die Entscheidung, wie sie Ihnen helfen möchten, und seien Sie bereit, Alternativen zu Ihrer ursprünglichen Anfrage zu akzeptieren. Sie möchten, dass die Helfer geben, was sie können. Aber vor allem geht es darum, was ihnen das Gefühl gibt, am wirkungsvollsten zu agieren.

Wann Menschen gerne helfen

Lassen Sie uns kurz zusammenfassen, wie Sie andere am besten um Hilfe bitten sollten:

- Der Helfer muss erkennen, dass Sie auch tatsächlich Hilfe benötigen. Der Mensch ist in der Regel mit seinen eigenen Angelegenheiten beschäftigt. Je negativer die Stimmung ist, in der sich die andere Person aktuell befindet, oder je mehr Macht sie über andere hat, desto mehr ist sie mit den eigenen Angelegenheiten beschäftigt. Der erste Schritt besteht also darin, die Person auf Ihr Problem aufmerksam zu machen.
- Der Helfer muss glauben, dass Sie die Hilfe auch tatsächlich wollen und brauchen. Manchmal bieten Menschen von sich aus keine Hilfe an nicht weil sie die Notwendigkeit nicht sehen, sondern weil sie befürchten, dass sie die Situation falsch eingeschätzt haben oder dass Sie Ihr Problem lieber allein lösen möchten. Sie erwarten, dass Sie zu ihnen kommen, und vergessen dabei, wie zurückhaltend die meisten von uns sind, um Hilfe zu bitten.

- Der Helfer muss die Verantwortung für das Helfen übernehmen. Eines der größten Hindernisse beim Helfen ist, dass sich niemand verantwortlich fühlt. So besteht ein klassischer Fehler darin, via eine Gruppen-Aussendung um Hilfe zu bitten. Investieren Sie stattdessen die Zeit, potenzielle Helfer direkt und mit einzigartigen Appellen zu fragen.
- Der Helfer muss in der Lage sein, Ihnen auch das zu bieten, was Sie brauchen. Die Menschen sind beschäftigt und nicht alle verfügen über die Fähigkeiten oder Ressourcen, um Ihnen zu helfen. Aber Sie können jede Bitte von Anfang an leichter erscheinen lassen, indem Sie klar und detailliert darlegen, worum genau Sie eigentlich bitten, die Anfrage angemessen halten und offen dafür sind, Hilfe zu erhalten, die sich eventuell von der von Ihnen gewünschten unterscheidet.

Es ist wahrlich nicht einfach, andere Menschen um Hilfe zu bitten. Wir fühlen uns alle ein wenig unwohl dabei – und verletzlich. Aber die Realität der modernen Arbeits- und Lebenswelt ist, dass es niemand allein schafft. Niemand hat in einem Vakuum Erfolg. Mehr denn je sind wir auf andere angewiesen, denn für den Erfolg brauchen wir Unterstützung und Kooperation von anderen. Und vergessen Sie nicht, dass die Menschen viel häufiger bereit sind, Hilfe zu leisten, als Sie vielleicht denken. Auch gibt es keinen besseren Weg, jemandem ein gutes Gefühl zu vermitteln, als um etwas zu bitten. Es bringt das Beste – und die besten Gefühle – in uns allen zum Vorschein. Nachdem wir besprochen haben, wie Sie andere am besten um Hilfe bitten und warum Sie das unbedingt machen sollten, folgen nun die Methoden, mit denen Sie den befragten Personen Informationen entlocken können und die Sie in eine Welt voller spannender neuer Erkenntnisse und Perspektiven führen werden.

Das empathische Gespräch

Bevor wir mit der wichtigsten Methode starten, ein kleiner Hinweis: Machen Sie sich bitte keine Sorgen, dass Sie nicht alles richtig machen könnten. Wenn Sie etwas nicht wissen, gehen Sie von Ihrer besten Vermutung aus. Bei den Gesprächen geht es nur darum, neue Informationen zu bekommen. Sie werden immer auf neue Situationen und unvorhersehbare Umstände stoßen. Freunden Sie sich von vornherein mit dem Unerwarteten an und bereiten Sie sich darauf vor, dass Sie Ihre Pläne ändern müssen. Sie planen vielleicht 30 Minuten für ein Gespräch, haben aber bereits nach 10 Minuten alle Informationen, die Sie brauchen. Oder Sie stellen fest, dass bei mehreren Stakeholdern immer wieder ein bestimmter Konkurrent erwähnt wird, und beginnen dort nachzubohren.

Überlegen Sie sich verschiedene Szenarien, wenn Sie zum Beispiel unerwartet Termine verschieben müssen oder doch nur weniger Personen für ein Gespräch finden. Neben der Beantwortung Ihrer Fragen erfahren Sie in einem solchen Gespräch so viel mehr – jedes einzelne Gespräch wird Sie intelligenter und effizienter machen. Und jedes einzelne Gespräch ist immer ein großer Gewinn. Es ist entscheidend für den Erfolg Ihres Produkts oder Ihrer Dienstleistung, die Dinge aus der Sicht Ihrer Kunden zu verstehen, damit Sie wissen, wie Ihr Unternehmen möglicherweise umdenken und neue Möglichkeiten oder Lücken erkennen muss, die es zu schließen gilt.

In jedem unserer Projekte setzen mein Mann und ich auf eine Methode, die wir selbst weiterentwickelt haben und die immer als Fixstarter dabei ist. Ohne diese Methode geht bei uns nichts. Das sogenannte empathische Gespräch hilft Unternehmen dabei, die Bedürfnisse und vor allem die Verhaltensweisen der Menschen wirklich zu verstehen und darauf basierend wettbewerbsfähige Produkte und Dienstleistungen zu entwickeln. Dabei geht es darum, sich in Ihren Nutzer oder potenziellen Kunden einzufühlen – zu verstehen, wie und warum er bestimmte Entscheidungen trifft und wie sich diese auf Ihre Marke, Ihr Produkt oder Ihre Dienstleistung auswirken. Es sind Gespräche von Angesicht zu Angesicht, bei denen Sie aktiv zuhören und aufmerksam hinterfragen müssen, um die teilweise latent versteckten Gefühle und Verhaltensweisen aufzudecken. Für diese Gespräche schlüpfen Sie in die Rolle von Sherlock Holmes und beginnen die unsichtbaren Dinge sichtbar zu machen.

Auch wenn es in diesem Kapitel darum geht, Ihren Kunden besser zu verstehen, ist es dennoch hilfreich, sich zunächst den Unterschied zwischen einem empathischen Gespräch und einem Feedbackgespräch bewusst zu machen. Beide Gesprächs-»Arten« haben ihre Berechtigung und ihr Einsatzgebiet, sie sind allerdings sehr unterschiedlich. Wenn Sie ein Gespräch im Sinne eines Feedbacks durchführen, stellen Sie in der Regel sehr spezifische Fragen, um Ihre Marke, Ihr Produkt oder Ihre Dienstleistung auszuprobieren und herauszufinden, welche Funktionen gut oder weniger gut funktionieren. Bei einem empathischen Gespräch liegt der Fokus auf Ihrem Gegenüber – und nur dort. Es geht darum, einen umfassenden Einblick in dessen Leben zu erhalten, um zu verstehen, wie diese Person Entscheidungen trifft und worin ihre Probleme und Motivationen liegen. Es gilt, den anderen zu verstehen und besser zu erfassen, was er fühlt, was er braucht und denkt und wie er handelt.

Das beinhaltet aber keineswegs eine »Der Kunde hat immer Recht«-Mentalität. Vielmehr wollen Sie erkennen, wie einzigartig Ihr Kunde ist und welche einzigartigen Emotionen und Wünsche er erlebt, wenn er mit Problemen konfrontiert wird, die er allein nicht lösen kann. Diese Probleme können ganz harmloser Natur sein wie beispielsweise Langeweile. Durch das Erforschen des dahinterliegenden Bedürfnisses wie Spaß beim Zeitvertreib zu haben, entstehen dann Lösungen wie Handyspiele.

Wenn die Probleme allerdings komplexerer Natur sind, erfordert das auch differenzierte Lösungen. Was steckt hinter der Entwicklung von Apps für Online-Banking, die den Service einer Filiale nachbilden? Das hängt davon ab, was Ihre Kunden brauchen. Einige mögen vielleicht Zeit sparen und die Wartezeiten in der Schlange minimieren, während andere sich vor der lästigen Finanzdokumentation drücken möchten. Um zu erfahren, was der Kunde wirklich will, erfordert es ein einfühlsames Verständnis für mehrere unterschiedliche Kundenerlebnisse. In jedem Fall führen empathische Gespräche dazu, mehr über die Kunden und die Probleme, mit denen sie konfrontiert sind, zu erfahren, um so über mögliche Lösungen nachdenken zu können – noch bevor Sie zu viel in den Aufbau einer bestimmten Lösung investieren.

Nun erfordert es aber etwas Übung, um die tatsächlichen Emotionen einer Person in einem solchen Gespräch an die Oberfläche zu bringen. Die Gesprächspartner müssen lernen, die richtigen Fragen zur richtigen Zeit zu stellen, um wichtige Informationen zu erhalten. Das beginnt mit einer Mentalität, die auf »Empathie« und »Gespräch« statt auf »Interview« und »Abfragen« setzt. Kunden sollten sich nicht fühlen, als würden sie auf der Polizeistation unter einer Lampe schwitzen. Vielmehr sollen sie das Gefühl haben, mit neugierigen Freunden abzuhängen. Denn das Ziel ist, dass Sie ihnen helfen, ein Problem zu lösen. Dafür müssen Sie aber zuerst Vertrauen herstellen, denn wenn sie Ihnen nicht vertrauen, werden sie Ihnen nicht die Informationen geben, die Sie aber brauchen, um gute Lösungen zu entwickeln.

Planen Sie Ihr empathisches Gespräch

Denken Sie darüber nach, wen Sie befragen können. Überlegen Sie, wo Sie Ihre Kunden oder potenzielle Kunden antreffen können. Vermeiden Sie es aber wie gesagt, Freunde oder Familie zu fragen, weil diese Ihnen in den meisten Fällen keine hilfreichen Informationen geben werden. Vielleicht treffen Sie Ihre Kunden auf einer Konferenz oder einer Messe. Die Gespräche mit Fremden sind nicht so einschüchternd, wie es im ersten Moment scheinen mag. Solange Sie freundlich sind und erklären, was Sie vorhaben, werden die Leute Ihnen weiterhelfen. Menschen teilen gerne ihre Meinungen.

Haben Sie einen groben Plan … aber seien Sie vor allem bereit, vom Drehbuch abzuweichen

Es gibt keine festgelegte Liste von Fragen, die in einem empathischen Gespräch gestellt werden müssen. Es ist ein explorativer Prozess, der von Ihrem Gesprächspartner und dessen Gedankenverlauf bestimmt wird. Beginnen Sie damit, sich zu überlegen, welche Ziele Sie mit dem Gespräch erreichen wollen. Was versuchen Sie herauszubekommen und warum? Wie werden Sie ihre Antworten bewerten, um zu wissen, ob Sie das haben, was Sie brauchen?

Denken Sie jedoch daran, dass es im Gespräch wichtiger ist, dem Gespräch zu folgen, als sich an das Drehbuch zu halten. Ihr Gesprächspartner sagt vielleicht etwas Unerwartetes, aber Interessantes, und das wollen Sie dann näher untersuchen. Als Produktmanager möchten Sie vielleicht erfahren, wie Ihre Kunden Ihr Produkt nutzen, damit Sie besser verstehen, welche Dinge Sie verbessern können oder wo es noch Probleme bei der Anwendung gibt.

Fragen Sie vor allem nach vergangenen Verhaltensweisen

Wie beschrieben, versuchen Sie in einem empathischen Gespräch, die Bedürfnisse und die Gefühle von Menschen zu erkunden. Sie möchten herausfinden, wie sich die Menschen tatsächlich verhalten, nicht, wie sie sich selbst sehen oder wie sie über sich selbst sprechen. Das beeinflusst, wie Sie in Ihrem Gespräch Fragen stellen. Versuchen Sie daher, dass Ihre Gesprächspartner vor allem bestehendes oder vergangenes Verhalten beschreiben und nicht zukünftiges Verhalten. Ohne es zu wollen, sind Menschen in Bezug auf die Zukunft oft ungenau und unehrlich, weil sie versuchen zu projizieren, wie sie sein wollen. Zum Beispiel ist es einfach zu sagen »Ja, ich würde dieses Produkt kaufen, wenn ich vorher ein Webinar sehen würde«, aber diese Aussage ist nicht wirklich ein Indikator dafür, ob sie dann auch tatsächlich das Produkt buchen. Es ist viel besser herauszufinden, ob und warum sie in den letzten Monaten ein ähnliches Produkt gekauft haben. Stellen Sie vor allem offene Fragen, um die Antworten nicht in eine bestimmte Richtung zu steuern. Ansonsten kann auch hier passieren, dass Sie in dem Gespräch mehr über sich erzählen, als über das Verhalten der Kunden zu erfahren. Wenn Sie zum Beispiel fragen »Würden Sie dieses Produkt kaufen, wenn ich Ihnen 10 Prozent Rabatt anbieten würde?«, werden Sie viel weniger relevante Informationen erhalten, als wenn Sie fragen »Wie wichtig ist XYZ für Sie? Wie lösen Sie generell ein Problem?«. Folgende Phrasen haben sich diesbezüglich bei uns als hilfreich erwiesen: »Erzählen Sie mir etwas über …« und »Wie war es, als …«.

Haben Sie keine Angst!

Eines der häufigsten Bedenken, die ich über empathische Gespräche höre, ist, dass es beängstigend ist. Das ergibt durchaus Sinn, denn in den meisten Fällen kennen Sie die Personen nicht, die Sie befragen werden, und Sie wissen nicht, wie sie reagieren werden. Sie fragen schließlich nach etwas, in das Sie bereits Stunden harter Arbeit und Leidenschaft gesteckt haben, und da ist die Angst der Ablehnung einfach gegeben. Aber letztendlich geht es genau darum. Dieser Einblick wird Ihnen enorm helfen, Produkte oder Dienstleistungen herzustellen oder zu verbessern, die nützlicher oder besser gestaltet sein werden. Das wiederum wird Ihnen Zeit und Geld sparen und Ihre Chancen auf zukünftige Verkäufe maßgeblich erhöhen.

Bauen Sie während des Gesprächs eine Beziehung auf

Ihr Gesprächspartner ist wahrscheinlich nervös, und wenn er Sie nicht kennt, ist er vielleicht etwas unsicher. Es gibt ein paar einfache Dinge, die Sie tun können, um schnell Vertrauen aufzubauen und die Unsicherheit zu verringern. Seien Sie vor allem freundlich und persönlich. Teilen Sie zuerst etwas über sich selbst mit, damit sich die andere Person verbundener mit Ihnen fühlt. Geben Sie auch unbedingt den Kontext bekannt: Wer sind Sie, was tun Sie und warum? Anfangs gibt es viele Unbekannte, die die Leute nervös machen können. Sagen Sie ihnen, wie lange das Gespräch dauern wird und was Sie mit den Informationen am Ende machen werden. Das mag alles offensichtlich klingen, aber es kann in dem Moment, in dem Sie sich so auf die Befragung konzentrieren, leicht vergessen werden.

Seien Sie neugierig und offen für neue Sichtweisen

Lassen Sie sich nicht abschrecken, wenn bei Ihren Gesprächen etwas Unerwartetes herauskommt. Graben Sie tiefer, um zu sehen, ob es eine neue Möglichkeit ergeben könnte, die erkundet werden will.

Kein Drehbuch für gute Gespräche

Keine zwei empathischen Gespräche sind gleich. Das ist auch das Besondere und Schöne an dieser Methode. Es gibt keine Formel und kein Drehbuch, dem Sie folgen können. Das Beste, was Sie tun können, ist, mit echter Neugier an das Gespräch heranzugehen, aufmerksam zuzuhören, offen zu bleiben und um Klarheit zu bitten, wenn Sie sich nicht sicher sind, ob Sie etwas richtig verstanden haben. Dieses Herangehen wird Ihnen nicht nur bei den nächsten Innovationsvorhaben helfen, sondern auch überall, wo es um Lösungen für Menschen geht.

Das Ziel der Gespräche mit Kunden und Nutzern ist, alles zu erfahren, was Einfluss darauf haben könnte, wie sie das verwenden, was Sie entwickeln. Gute Gespräche zu führen, ist eine Fähigkeit, die Sie nur durch Übung entwickeln. Es gibt einen Mythos, der besagt, dass man für gute Gespräche ein guter Redner sein muss. Bei einem guten empathischen Gespräch geht es vielmehr darum, den Mund zu halten.

Vergessen Sie nicht: Die Menschen, die Sie befragen, wollen gemocht werden und sie wollen ihre Intelligenz unter Beweis stellen. Wenn Sie jemanden Neues befragen, beginnen Sie bei null. Sie wissen nichts. Sie lernen ein völlig neues und faszinierendes Thema kennen: diese Person.

Achten Sie auf Sicherheit. Stellen Sie sicher, dass die Menschen, die befragt oder offen beobachtet werden, im Voraus wissen, was von ihnen erwartet wird. Es ist wichtig, dass sie sich wohlfühlen. Das bedeutet auch, dass Sie dafür sorgen sollten, dass keine Risiken oder Gefahren durch Sie entstehen. Wenn Sie beispielsweise jemanden dabei beobachten, wie er sich um kleine Kinder kümmert, achten Sie darauf, dass er durch Ihre Handlungen nicht auf eine Art und Weise abgelenkt wird, die die ordnungsgemäße Betreuung beeinträchtigen könnte. Aus Liebe zu den Menschen sollten Sie niemals, wirklich niemals, Telefoninterviews zustimmen, wenn einer der Beteiligten Auto fährt. Sobald Sie merken, dass jemand während der Fahrt telefoniert, beenden Sie das Gespräch und setzen Sie sich per E-Mail oder auf andere Weise mit dem Gesprächspartner in Verbindung, um bei Bedarf einen neuen Termin zu vereinbaren.

Seien Sie skeptisch. Ihre Hauptaufgabe, wenn Sie Menschen befragen und Informationen sammeln, ist, wachsam zu bleiben und zu bedenken, dass nicht alles, was online veröffentlicht wird, wahr ist oder der Realität entspricht. Gerade deshalb müssen Sie einfach viele Fragen stellen. Sie müssen Ihre eigenen Annahmen und auch die anderer hinterfragen und die Fakten überprüfen. Wenn Sie ständig nach potenziellen Fehlerquellen Ausschau halten, werden Sie und Ihre Produkte besser. Es ist wichtig, dass Sie sich bewusst sind, wie viel Sie eigentlich nicht wissen und was das bedeutet. Wenn Sie sich Ihrer eigenen Grenzen bewusst sind, können Sie innerhalb dieser Grenzen so effektiv wie möglich sein.

Seien Sie sich Ihrer eigenen Perspektive bewusst. Ich bin der Meinung, dass es in der Verantwortung jedes Forschers und jeder Forscherin liegt, sich der eigenen Erfahrungen und der eigenen Sichtweise bewusst zu sein. Manche Themen sind aber sehr »heikel«, in dem Sinn, dass es sein kann, dass die Befragten möglicherweise Scham dabei empfinden und sich schwertun, mit Ihnen in Kontakt zu treten. Nun ist es Ihre Pflicht, echte Empathie zu üben. Nur wenn wir offen für Verletzlichkeit sind, können wir eine Beziehung aufbauen und unserer Verantwortung gegenüber den Menschen, mit denen wir sprechen, gerecht werden.

Checkliste für empathische Gespräche

Wenn Sie vorhaben, nur mit ein paar Kunden über deren Vorlieben bezüglich Marmelade zu sprechen, kann es übertrieben erscheinen, die folgende Checkliste durchzugehen. Aber angesichts der Komplexität der Welt und des Alltags ist es leicht, sehr schnell in Grauzonen abzudriften, wenn man nicht aufmerksam ist. So kann sich herausstellen, dass die Frage nach der Lieblingssorte nicht weit weg ist von der Erzählung des intimen Alltags und der

Frage nach dem Zusammenleben. Daher ist es am besten, bewährte Praktiken von Anfang an zu befolgen, und zwar dann, wenn alles am einfachsten erscheint.

- Erklären Sie den Zweck Ihrer Forschung und Ihre Methoden in einer klaren, einfachen Sprache, die jeder versteht.
- Erklären Sie Vorteile der Teilnahme für den Einzelnen und für das Gemeinwohl (zum Beispiel »Sie helfen uns mit diesem Gespräch, ein besseres Produkt zu entwickeln.«).
- Achten Sie auf mögliche Risiken (soziale, physische, psychologische, finanzielle und so weiter).
- Erklären Sie, was mit den Daten passiert, wer Zugriff darauf hat, und sagen Sie, wie es nach dem Gespräch weitergeht. Versprechen Sie aber niemals mehr, als Sie auch einhalten können.
- Holen Sie bei Bedarf eine Einverständniserklärung zur Teilnahme ein.
- Überlegen Sie, wie Sie darauf reagieren wollen, wenn jemand eine Frage nicht beantworten möchte.
- Stellen Sie sicher, dass Sie immer im Sinne der Teilnehmer arbeiten.
- Die befragende Person kann die Ergebnisse beeinflussen. Es ist wichtig, dass die Person, die befragt wird, sich wohlfühlt, aufgeschlossen ist und sich traut, ihre Meinung zu äußern. Dabei kann das Alter ebenso eine Rolle spielen wie das Geschlecht des Interviewers. Wenn Sie beispielsweise 20- bis 25-Jährige rund um einen Kleinkredit befragen, ist es am besten, wenn die Interviewer ungefähr dasselbe Alter haben.
- Fragen Sie jeweils nur eine Sache.
- Formulieren Sie die Frage einfach, vermeiden Sie komplexe Formulierungen oder Wörter.
- Achten Sie darauf, dass die Fragen niemals suggestiv sind, also dass mögliche Antworten nicht Teil der Frage sind.
- Beschreiben Sie, wie das Gespräch ablaufen wird. Zum Beispiel: Einführung (Präsentieren Sie immer sich selbst und den Zweck des Gesprächs): »Ich arbeite für XYZ und wir arbeiten an einem Projekt zur Verbesserung unserer Dienstleistungen

im Zusammenhang mit ABC. Dazu führen wir einige Voruntersuchungen durch, um sicherzustellen, dass unser Projekt den Bedürfnissen und Erwartungen der Nutzer entspricht. Wir glauben, dass Sie in die Zielgruppe fallen würden und uns bei der Forschung enorm helfen könnten. Deswegen würde ich mich freuen, wenn ich Ihnen ein paar Fragen stellen darf. Das Ganze dauert nur wenige Minuten. Sind Sie mit der Teilnahme einverstanden? Wenn es okay ist, wäre es großartig, wenn wir das Gespräch aufzeichnen könnten. Das hilft uns bei der Analyse der gesammelten Informationen. Dürfen wir auch ein Foto von Ihnen machen? Das werden wir ausschließlich intern im Rahmen der Ergebnisanalyse verwenden. Das Gespräch wird vollkommen vertraulich behandelt. Alle Antworten werden niemals einer bestimmten Person zugeordnet, sondern werden aggregiert verwendet. *Haben Sie Fragen, bevor wir beginnen?«*

Das eigentliche Gespräch

Es ist am besten, wenn das Gespräch an sich nicht vorbereitet ist, sondern spontan und informell passiert. Wenn Sie Fragen vorbereitet haben, lesen Sie die Fragen nicht vor, sondern stellen Sie sie spontan.

- Beobachten Sie die befragte Person und notieren Sie einige Merkmale und eventuell auch Artefakte wie Kleidung, Verhalten, Gegenstände, die die Person trägt – alles, was für die Forschung relevant sein könnte.
- Der Zweck des Gesprächs besteht darin, dem Befragten zuzuhören und die Antworten zu verstehen. Wenn Sie nicht sicher sind, ob Sie die Antwort verstanden haben, bitten Sie um eine Erklärung. Wenn das Gespräch abbricht oder stockt, stellen Sie Warum-Fragen.
- Wählen Sie eine geeignete Art, Notizen zu machen. Oft ist es am besten, sich nur Schlüsselwörter zu notieren. Stellen Sie aber sicher, dass Sie die relevantesten oder auffälligsten Zitate vollständig aufschreiben.

Abschluss des Gesprächs
Bedanken Sie sich stets bei der befragten Person für ihren Beitrag und bieten Sie noch weitergehende Informationen an.

Haben Sie noch Fragen zu unserer Recherche oder zu diesem Gespräch?

Glauben Sie, dass es noch andere Punkte gibt, die für unsere Forschung wichtig wären, Punkte, die ich in den Fragen nicht angesprochen habe?

Möchten Sie über die Ergebnisse informiert werden? Wenn ja, wie können wir Sie am besten erreichen, um Ihnen diese Informationen zuzusenden?

Beobachtung

Um wirklich zu verstehen, welche Bedürfnisse die Menschen haben, reicht es nicht, sie nur danach zu fragen. Denn die meisten Menschen wissen oft nicht, warum sie sich auf eine bestimmte Weise verhalten, was sie wirklich brauchen, was sie in Zukunft tun könnten oder wie ein Produkt oder Service ihr Leben verbessern könnte. Um all das zu erfahren, müssen wir sie in ihrem Alltag beobachten. Erst die Beobachtung in Verbindung mit dem Gespräch liefert genaue Informationen über die Menschen, ihre Aufgaben, Gewohnheiten, ihre Bedürfnisse und Herausforderungen.

Aber was genau bedeutet Beobachtung, und was beinhaltet sie? Obwohl wir alle wissen, was das Wort »beobachten« bedeutet, und jeder weiß, wie man hinschaut und zuhört, geht es dabei um mehr, als nur den Blick in eine bestimmte Richtung zu lenken, zuzuhören und sich Notizen zu machen. Es geht darum, genau wahrzunehmen, sich auf Details zu konzentrieren. Die Beobachtung ist ein bewusster, aktiver Prozess, bei dem Sie genau, sorgfältig und aufmerksam wahrnehmen, wie sich eine bestimmte Person verhält. Das Ziel einer Beobachtung ist die Beantwortung spezifischer Fragen.

Besonderheiten verschiedener Beobachtungsformen

Es gibt verschiedene Arten der Beobachtung, die wir an dieser Stelle nur kurz anschneiden:

- Strukturierte und unstrukturierte Beobachtung: Bei strukturierten Beobachtungen wird dem Beobachter vorgeschrieben, was und wie er beobachten und protokollieren soll.
- Kontrollierte und nicht-kontrollierte Beobachtung: Eine kontrollierte Beobachtung verwendet standardisierte Prozesse.
- Labor- und Feldbeobachtung: Bei einer Laborbeobachtung findet die Beobachtung in einem künstlichen Rahmen statt, während bei der Feldbeobachtung natürliche Bedingungen herrschen.
- Teilnehmende und nicht-teilnehmend Beobachtung: Bei der teilnehmenden Beobachtung nimmt der Beobachter eine aktive oder passive Rolle ein, bei der nicht-teilnehmenden Beobachtung wird die Situation von außen beobachtet.
- Offene und verdeckte Beobachtung: Bei der offenen Beobachtung weiß der Beobachtete, dass er beobachtet wird. Bei der verdeckten Beobachtung ist dies nicht der Fall.

Die Beobachtung hilft uns, umfassende Informationen über Stimmung, Körpersprache, Interaktionsstil und Gewohnheiten herauszufinden, und verschafft uns einen besseren Überblick über die Perspektive des Nutzers. Wenn wir innerhalb von Unternehmen forschen, um das Verhalten der Mitarbeiter besser zu verstehen, nutzen wir die sogenannte Shadowing-Methode. Das ist eine teilnehmende Beobachtung, bei der sich der Forscher einer Person anschließt und an denselben Aktivitäten teilnimmt. Dabei beobachtet der Forscher die Teammitglieder und interagiert mit ihnen, während er dieselben Aktivitäten ausführt. So sind wir schon für ein paar Tage zu Callcenter-Mitarbeitern mutiert, durften Essen austragen, Verkäufer in unterschiedlichsten Set-ups sein, haben gekellnert, gekocht und Beratungsgespräche durchgeführt. Es geht dabei darum, die Arbeit und die Erfahrungen dieser Mitarbeiter besser zu verstehen.

Werfen wir kurz einen Blick auf die Unterschiede in den Beobachtungsformen.

Ort der Beobachtung

Bei den meisten Forschungsmethoden besucht der Forscher die Teilnehmer in ihrer natürlichen Umgebung, um ihr natürliches Verhalten zu beobachten. Die Ausnahme bilden Usability-Tests (mehr dazu in Kapitel »Ausrede Nr. 4«), die meistens an einem bestimmten Testort stattfinden. Da bei Usability-Tests alle Teilnehmer dieselben Aufgaben ausführen, die vorab definiert wurden, ist die Durchführung von Tests in ihrer natürlichen Umgebung nicht so wichtig.

Umfang der Interaktion mit den Teilnehmern

Bei einer Feldbeobachtung oder einer verdeckten Beobachtung vermeiden die Forscher jegliche Interaktion mit Teilnehmern, um ihr Verhalten nicht zu beeinflussen. Der Vorteil, überhaupt nicht mit den Teilnehmern zu interagieren, besteht darin, dass Sie ihr natürliches Verhalten beobachten können. Der Nachteil besteht darin, dass Sie nicht die Beschreibungen ihrer Aktivitäten hören und auch keine Fragen stellen können. Daher kann es in manchen Situationen schwierig sein zu verstehen, was die Teilnehmer tun, da Sie sich auf Annahmen verlassen müssen – zumindest bis Sie ihnen später Fragen stellen können.

Bei anderen Beobachtungsformen, wie zum Beispiel der kontextbezogenen Beobachtung, ist es zwar viel einfacher zu verstehen, was Sie beobachten. Die Teilnehmer erzählen Ihnen, was sie tun, und Sie können ihnen direkt Fragen stellen. Der Nachteil besteht jedoch darin, dass diese Interaktion die Situation künstlich gestalten kann. Was Sie sehen, entspricht nicht unbedingt dem, was die Teilnehmer tun würden, wenn kein Forscher anwesend wäre.

Wissen der Teilnehmer über die Beobachtung

Bei der verdeckten Beobachtung wissen die Teilnehmer nicht, dass sie beobachtet werden. Dadurch werden jegliche negativen Auswirkungen Ihrer Anwesenheit auf das Verhalten der Teilnehmer vollständig ausgeschlossen. Bei allen anderen Methoden müssen die Teilnehmer der Beobachtung zustimmen – das hat allerdings wieder Auswirkungen auf ihr Verhalten.

Die Feldbeobachtung

Die Feldbeobachtung stammt aus der Anthropologie und wird auch in den Sozialwissenschaften sehr häufig eingesetzt, da die Forscher über einen langen Zeitraum unauffällig das natürliche Verhalten beobachten können. Während eines von Ihnen festgelegten Zeitfensters gehen Sie dorthin, wo sich Ihre potenziellen Kunden oder Nutzer befinden, und beobachten ihr Verhalten. Durch diese Beobachtung können Sie sehen, was über einen längeren Zeitraum geschieht, unabhängig davon, ob Sie eine Person oder eine Gruppe von Menschen beobachten. Sie können sehen, wie sich ein normaler Tag entwickelt, ohne dass Sie selbst Unterbrechungen einführen oder die Teilnehmer beeinflussen. Die Feldbeobachtung lässt sich am besten als Ergänzung zum empathischen Gespräch einsetzen.

Eine Beobachtung planen

Wie bereits erwähnt, geht es beim Beobachten um mehr als nur darum, irgendwohin zu gehen und passiv hinzuschauen und zuzuhören. Daher ist Planung notwendig, um die besten Ergebnisse zu erzielen. Beobachtung ist eine anstrengende Tätigkeit, die Aufmerksamkeit erfordert. Erstellen Sie daher einen Beobachtungsplan. Überlegen Sie, wie lange Sie für eine Beobachtung ungefähr brauchen werden (am besten in Zeitabschnitten zwischen 30 und 60 Minuten), und suchen Sie sich danach einen ruhigen Ort, wo Sie Ihre Notizen ergänzen und am besten in einen Computer eintippen können. Planen Sie auch kurze Pausen von mindestens 15 bis 30 Minuten ein.

Überlegen Sie sich die Ziele der Beobachtung

Entscheiden Sie zunächst, was Sie bei der Beobachtung eigentlich herausfinden möchten. Wenn Sie alle Zeit der Welt hätten, könnten Sie mit dem allgemeinen Ziel beginnen – einfach zu beobachten, was passiert. Wenn Sie jedoch innerhalb eines engen Zeitrahmens arbeiten, müssen Sie sich auf bestimmte Fragen konzentrieren, die Sie beantworten möchten. Das heißt nicht, dass Sie andere Details oder Beobachtungen ausblenden sollen. Sie sollten aber einen Fokus haben, den Sie bei Bedarf auch anpassen.

Was, wer, wo und wann möchten Sie beobachten?

Wenn Sie sich entschieden haben, welches Verhalten Sie beobachten möchten, finden Sie heraus, wo und wann Sie die betreffenden Personen antreffen. Wählen Sie einen Ort, der Ihnen die beste Aussicht bietet und gleichzeitig unauffällig bleibt. Je nachdem, was und wen Sie beobachten möchten, müssen Sie möglicherweise mehrere Standorte auswählen.

Führen Sie Hintergrundrecherchen durch

Da Sie während der Beobachtung keine Fragen stellen können, versuchen Sie, ein gutes Verständnis zu erlangen. Finden Sie heraus, was Sie beobachten werden, bevor Sie ins Feld gehen. Befragen Sie zunächst die Zielpersonen, und machen Sie sich mit allen vorhandenen Informationen aus früheren Studien und Umfragen vertraut. Erfahren Sie so viel wie möglich über die Personen, ihre Aufgaben, ihre Umgebung und den Geschäftsbereich. Dadurch können Sie leichter erkennen, auf welche Details Sie sich bei Beobachtungen konzentrieren sollten, und besser verstehen, was Sie sehen.

Durchführung der Beobachtung

Wenn Sie innerhalb eines Unternehmens beobachten, teilen Sie den Menschen mit, was Sie vorhaben. Dadurch fühlen sie sich bei Ihrer Anwesenheit wohler – und Ihnen selbst wird es ebenfalls weniger seltsam vorkommen, wenn Sie den ganzen Tag in der Ecke sitzen und ihnen zuschauen. Erklären Sie den Teilnehmern, was Sie tun und warum Sie sie beobachten. Lassen Sie sie Einverständniserklärungen unterzeichnen und bitten Sie sie um Erlaubnis,

Video- oder Audioaufnahmen machen zu dürfen. Erlauben Sie den Teilnehmern, Fragen zu stellen, versuchen Sie, eine angenehme Atmosphäre zu schaffen, und bitten Sie die Teilnehmer, ihren normalen Aktivitäten nachzugehen.

Versuchen Sie, unauffällig zu sein

Natürlich wissen die Teilnehmer, dass Sie sie beobachten, aber versuchen Sie, unauffällig zu bleiben. Normalerweise dauert es eine Weile, bis sich die Leute an Ihre Anwesenheit gewöhnt haben und das unangenehme Gefühl, beobachtet zu werden, überwinden. Das bedeutet jedoch nicht, dass Sie niemals mit den Teilnehmern sprechen können. Um die Spannung zu lösen, könnte ein Teilnehmer beispielsweise fragen: »Wie läuft es bisher?« Es ist in Ordnung, in solchen Momenten normale Gespräche zu führen. Aber danach kehren Sie zu Ihrem unaufdringlichen Beobachtungsmodus zurück. Beim Beobachten geht es darum, aufmerksam zuzusehen, zuzuhören und darüber nachzudenken, was man sieht und hört, damit man wichtige Details erkennen kann. Achten Sie auf die einzelnen Schritte, die jemand bei seiner Tätigkeit macht, auf die Arbeitsabläufe und Interaktionen zwischen den Menschen, auf mögliche Unterbrechungen, Werkzeuge, Technologie und andere Gegenstände, die die Teilnehmer verwenden, auf Probleme und auch auf Umweltfaktoren wie Verkehr, Orte, an denen sich Menschen versammeln, Temperatur, Lärmpegel und Beleuchtung.

Versuchen Sie, objektiv zu sein

Auch wenn Sie mit konkreten Zielen beginnen: Versuchen Sie, aufgeschlossen zu bleiben, und vermeiden Sie vorgefasste Meinungen. Zwar ist eine gewisse Voreingenommenheit unvermeidbar, da Forscher versuchen, die von ihnen aufgenommenen Informationen zu interpretieren. Beobachter können beispielsweise einem Bestätigungsfehler zum Opfer fallen, bei dem ihre Beobachtungen darauf ausgerichtet sind, das zu bestätigen, was sie erwartet haben.

Um solchen Vorurteilen entgegenzuwirken, notieren Sie unbedingt nur Ihre Beobachtungen und nicht Ihre Interpretationen dessen, was Sie beobachten. Oder notieren Sie Ihre Interpretationen zumindest an einer anderen Stelle oder getrennt von Ihren Beobachtungen. Beobachtungen sind Fakten über das, was Sie gesehen oder gehört haben – etwa das Stirnrunzeln des Teilnehmers. Interpretationen sind Ihre Annahmen darüber, was passiert ist, was Menschen denken oder fühlen oder warum Menschen bestimmte Handlungen ausgeführt haben. Beispielsweise war der Teilnehmer verwirrt und wütend. Ihre Interpretationen sind möglicherweise nicht korrekt, daher sollten Sie sie nicht als Tatsachen betrachten, es sei denn, Sie überprüfen sie später mit den Teilnehmern.

Machen Sie sich Notizen

Schreiben Sie mit der Hand mit und versuchen Sie erst gar nicht, jedes Detail in vollständigen Sätzen festzuhalten. Wenn Sie sich zu sehr auf das Notieren konzentrieren, lenken Sie Ihre Aufmerksamkeit von dem ab, was Sie beobachten. Stellen Sie jedoch sicher, dass Ihre Notizen so detailliert sind, dass Sie sie später verstehen können.

Setzen Sie sich am besten nach jeder Beobachtung an einen anderen Ort, um detailliertere Notizen einzugeben. Machen Sie das aber unbedingt, wenn Ihre Erinnerung noch frisch ist. Listen Sie Ihre Fragen separat auf, um die Teilnehmer später noch zu fragen.

Machen Sie Fotos

Machen Sie, wenn möglich, unauffällig Fotos mit einem Smartphone, aber holen Sie sich zu Beginn einer Beobachtung an einem nicht öffentlichen Ort die Erlaubnis der Teilnehmer ein.

Be Your Customer

Die Methode »Be Your Customer« ist eine weitere Methode, die dabei hilft, das Kundenerlebnis aus der Perspektive des Kunden besser zu verstehen. Indem Sie selbst in die Rolle des Kunden schlüpfen, können Sie viel besser die Bedürfnisse, Erwartungen und Herausforderungen Ihrer Kunden erkennen. Und Sie können Schwachstellen, Engpässe und Optimierungspotenziale identifizieren.

Durchführung

Zunächst erstellen Sie eine Kundenreise. Eine gute Methode dazu bietet die Customer Journey Map, die im Kapitel »Ausrede Nr. 2« noch detailliert besprochen wird. Eine Kundenreise ist der Prozess, den ein Kunde durchläuft, um ein Produkt oder eine Dienstleistung zu erwerben oder zu nutzen. Wichtig ist, dass Sie sich zuerst überlegen, welche genaue Phase Sie sich ansehen wollen, zum Beispiel die Recherche, den Kauf, die Nutzung oder den Kundendienst. In einem nächsten Schritt übernehmen Sie die Rolle des Kunden: Dazu schlüpfen Sie in seine Rolle und durchlaufen die definierten Phasen der Kundenreise. Sie sollten versuchen, die Erfahrung so authentisch wie möglich zu gestalten, um ein realistisches Bild davon zu bekommen, wie es ist, Kunde zu sein. Während Sie die Kundenreise durchlaufen, beobachten andere aus Ihrem Team genau, welche Schritte Sie unternehmen, welche Probleme oder Frustrationen auftreten und wie Sie sich dabei fühlen. Es ist wichtig, diese Beobachtungen und Erfahrungen detailliert zu dokumentieren, um sie später zu analysieren. Nach Abschluss dieser Phase werden die gesammelten Informationen ausgewertet und analysiert. Dabei ist es wichtig, dass Sie sich vor allem auf die identifizierten Stärken, Schwächen, Chancen und Herausforderungen des Kundenerlebnisses konzentrieren. Das ermöglicht Ihnen nämlich, ganz konkrete Maßnahmen abzuleiten, die das Kundenerlebnis verbessern werden.

Wichtige Punkte, die Sie bedenken sollten, wenn Sie die Methode »Be Your Customer« verwenden:

- Wenn Sie die Methode einsetzen, nehmen Sie sich vorab ein paar Minuten Zeit, um sich wirklich in den Kunden hineinzuversetzen. Das erfordert ein hohes Maß an Empathie, um die Bedürfnisse, Emotionen und Motivationen des Kunden zu erkennen.
- Je nach Zielgruppe und Kundensegment können sich die Bedürfnisse und Erwartungen der Kunden erheblich unterscheiden. Achten Sie deswegen darauf, dass Sie aus dem speziellen

Bereich jemanden mit im Team haben, der Ihnen dabei hilft, eine breitere Palette von Perspektiven abzudecken.

Gespräche in der Metropolregion

Zurück zu unserer Metropolregion, die Lösungen rund um das Thema der zukünftigen Mobilität gesucht hat. Sie erinnern sich? Die Teilnehmer waren anfangs nicht bereit, Fremde auf der Straße zu befragen, aber das Wissen über die vielfältigen Möglichkeiten, wie empathische Gespräche und tiefgehende Beobachtungen geführt werden können, haben dem Team dabei geholfen, es doch zu wagen.

Als Teil der Vorbereitung begannen wir damit, die Zielgruppe detailliert zu definieren. In diesem Fall richteten wir unser Augenmerk auf sämtliche Menschen, die sich innerhalb der betreffenden Stadt fortbewegten. Dadurch konnten wir eine vielfältige Gruppe von Personen befragen und beobachten – Pendler, Stadtbewohner, Auto-, LKW- und Radfahrer, sie alle waren Teil unserer Untersuchung.

Wir überlegten, wo die Menschen in einer möglichst realistischen Umgebung zu finden seien, die gleichzeitig auch genug Intimsphäre bieten würde, um wirklich gute Gespräche zu führen. Die ursprüngliche Skepsis war wie weggeblasen, als im Team immer kreativere Ideen für solche Umgebungen entstanden.

Hier finden Sie eine Auswahl der Umgebungen, die sich in diesem Projekt besonders bewährt haben:

- In öffentlichen Verkehrsmitteln gelang die »Akquise« von Teilnehmenden besonders gut. Und dabei machte es nicht einmal einen großen Unterschied, ob die Personen Kopfhörer trugen, auf ihren Smartphones wischten, in einem Buch lasen oder einfach nur in die Luft schauten. Eine freundliche und ernstgemeinte Frage stand am Anfang und führte zu ausführlichen Gesprächen mit großartigen Einsichten.
- Menschen, die zu Fuß, mit dem Fahrrad oder Roller unterwegs waren, konnten sehr gut in Cafés und Bars befragt werden. In diesem Fall stand das Verkehrsmittel draußen und es war ein Leichtes, einen Anknüpfungspunkt herzustellen. Die ursprüngliche Idee,

den Befragten auch mal einen Kaffee zu spendieren, kehrte sich um und bewies die Gültigkeit der »extrinsischen Anreiz-Verzerrung«: Nicht nur einmal wurde die Einladung abgelehnt und jemand aus unserem Team eingeladen, »weil das Gespräch so nett war«.

- Am schwierigsten waren Fahrer von LKWs und Kleinlastern zu erreichen. Einerseits gab es unter ihnen viele, die die deutsche Sprache nicht so gut beherrschten, und andererseits hatten sie alle einen ziemlich engen Zeitplan. Eine Teilnehmerin des Workshops kam aber auf die geniale Idee, das Gespräch während der Pausenzeit am Parkplatz des Supermarkts zu suchen.
- Ein anderer Teilnehmer hat sich einen Tag lang von drei unterschiedlichen Fahrern durch die Stadt fahren lassen, hat beim Austragen von Paketen geholfen und eine Menge großartiger Einsichten gewonnen. Hier war der Schlüssel, bei einem befreundeten Besitzer eines kleinen Logistikunternehmens um Unterstützung zu bitten: Gegen eine helfende Hand waren einige Fahrer sofort bereit, ihre Erfahrungen im Stadtverkehr zu teilen.

Diese Beispiele zeigen, mit welcher Kreativität und Energie die Teilnehmer unseres Workshops in die Befragungen und Beobachtungen gegangen sind. Und genau das ist das Erfolgsrezept: Echte Bedürfnisse von Menschen können nur aus echten Gesprächen gewonnen werden. Der Sprung ins kalte Wasser hat sich für das Team gelohnt und führte zu einer Menge an großartigen Einsichten und Ideen über die Mobilität der Zukunft.

Ausrede Nr. 2: Wir haben keine Zeit, unsere Kunden zu befragen

Wie Sie erkennen, dass Sie Ihren Kunden doch nicht so gut kennen

»Ich weiß zwar nicht, wo ich hinwill,
aber dafür bin ich schneller dort.«

– Helmut Qualtinger

In der aufregenden Welt der Beratungsbranche, wo Probleme wie Schnee auf den Alpen auftauchen und wieder verschwinden, gibt es immer eine neue heiße Methode, die als *der* ultimative Heilige Gral gehandelt wird. In dieser Branche kommen und gehen Trendbegriffe schneller als auf Instagram. Erinnern Sie sich noch an die gute alte Zeit, als »Agile« und »Scrum« die absoluten Musthaves waren? Wer damals nicht auf diesen Zug aufsprang, wurde mit einem mitleidigen Blick bedacht. IT-Abteilungen blieb gar nichts anderes übrig, als ihre Software-Entwicklung auf »agile« umzustellen, um überhaupt noch Mitarbeiter zu finden. Selbst der Hausmeister des Büros musste plötzlich Scrum-Meetings abhalten, bevor er Glühbirnen wechseln und Türen ölen durfte. Aber »Agile« war noch nicht das Ende der Fahnenstange. Nur kurz darauf betrat Design Thinking die Bühne und brachte eine Lawine von Personas und Empathy Maps und Methoden zur Ideenfindung mit sich. Alle, wirklich alle, mussten auf einmal kreativer sein als Picasso an einem Sonntagnachmittag. Aber seien wir ehrlich, wie oft wurde wirklich mit Kunden gesprochen? Wie oft wurden die üblichen Annahmen hinterfragt? Manchmal ging es mehr darum, eine Wand mit bunten Haftnotizen zu dekorieren, als echte Insights zu gewinnen. Das ist das Schöne an der Beratungsbranche: Jedes Jahr gibt es eine neue Sau, die durch das Dorf getrieben wird. Und diejenigen, die sich nicht daran beteiligen, gelten als hoffnungslose Dinosaurier.

In dieser Zeit hatten wir bei unseren Design-Thinking-Trainings bei Teilnehmenden sehr häufig die Erwartungshaltung, dass sie nach dem Besuch eines eintägigen Kurses die Methode hinterher in ihrem Unternehmen sofort einsetzen können. So einfach ist es aber in der Realität leider nicht. Design Thinking ist zwar keine Raketenwissenschaft, aber Sie benötigen trotzdem viel Erfahrung, um die Methode sinnvoll anzuwenden.

Vom Höhenflug zurück zur Erde

Das hatte auch der Geschäftsführer eines mittelständischen Softwarehauses verstanden, der uns nach dem Besuch unseres eintägigen Design-Thinking-Trainings beauftragt hat, ihn in einem Workshop mit der Design-Thinking-Methodik bei der strategischen Ausrichtung des Produktportfolios zu unterstützen. Das Unternehmen hatte für einen Kunden ein Kollaborationstool entwickelt, das die Kommunikation innerhalb der unterschiedlichen Abteilungen und über Abteilungsgrenzen hinaus vereinfachte. Es war ein großer Erfolg, der Kunde war zufrieden und das Softwarehaus überlegte, den Ansatz zu skalieren und aus der Einzellösung ein Produkt zu machen und dieses anderen Bestandskunden zu verkaufen.

Der Geschäftsführer erklärte uns die Geschichte wie folgt: Er hatte schon lange mit seinem Team das Gefühl, dass es bei den meisten größeren Unternehmen an der Kommunikation mangelt. Also konzipierten sie eine Software, die sie zuerst intern nutzten. Durch die interne Verwendung erhielt das gesamte Entwicklungsteam einen guten Einblick in die Anforderungen an eine generelle Kommunikationslösung. Diese Lösung wurde dann für ihren Pilotkunden angepasst, bis dieser zufrieden war. Das Projekt war ein großer Erfolg, und so fiel die Entscheidung leicht, die Lösung zu skalieren.

An dieser Stelle tritt der Fluch des Wissens auf die Bühne, mit dem wir uns später noch genauer beschäftigen werden. Diese kognitive Verzerrung tritt auf, wenn Menschen miteinander kommunizieren und dabei annehmen, dass die andere Person denselben Hintergrund hat und deshalb alles bis ins kleinste Detail nachvollziehen kann. Der Fluch des Wissens hängt sehr häufig mit dem Rückschaufehler zusammen.

Sobald man nämlich etwas weiß, wird es nahezu unmöglich, sich vorzustellen, dieses Wissen nicht mehr zu haben.

»Eigentlich war es von Anfang an klar, dass das Produkt ein Erfolg wird!«, erklärte uns der Geschäftsführer. »Wir hatten so viel Erfahrung mit den Kommunikationstools, dass wir sofort wussten, was der Kunde benötigte. Mit diesem ersten Auftrag haben wir den Grundstein für unser zukünftiges Produkt gelegt.« Was passierte als Nächstes? Das Softwarehaus programmierte unterschiedliche Funktionen in die Software, die seiner Meinung nach noch fehlten, schuf Möglichkeiten, die Software in der Cloud zu betreiben und mandantenfähig zu machen, und investierte einiges in Marketing und Öffentlichkeitsarbeit, um dann schließlich erfolgreich in den Vertrieb zu starten. Nur: Der Erfolg blieb aus. Das Unternehmen konnte zwar einige Kunden für sein Produkt finden, aber diese Unternehmen hatten immer irgendwelche Sonderwünsche, die nicht in das bisherige Konzept passten. Die Chefentwicklerin überarbeitete die Architektur der Software, um die gewünschten Änderungen umsetzen zu können, der Vertriebschef meinte, sie bräuchten andere Kunden, die weniger Ansprüche stellten, und der Geschäftsführer wurde zunehmend nervös, weil die Kosten aus dem Ruder liefen.

Was wollten diese Kunden eigentlich? Für das Unternehmen und den Geschäftsführer war klar: Die innovative Lösung passte perfekt auf ganz viele ihrer Kunden, es fehlten nur ein paar strategische Anpassungen, die wir in einem Workshop gemeinsam entwickeln sollten. Also starteten wir mit einem Design-Thinking-Workshop. Da der Geschäftsführer bereits in unserem eintägigen Training war, hatte er eine ziemlich genaue Vorstellung, wie der Workshop zu laufen habe. Erst sollten wir Personas der Kunden erstellen und dann Ideen generieren, wie das innovative Produkt ein Erfolg werden kann. Das war ein typischer Fall des Chauffeur-Wissens, wie wir später noch sehen werden. Unter dem Chauffeur-Wissen versteht man nämlich ein zur Schau gestelltes Fachwissen, das lediglich aus zweiter Hand, meistens durch Zuhören oder Lesen, erworben wurde.

Ich sah das allerdings ganz anders und wollte damit beginnen, bestehende Kunden zu befragen und herauszufinden, was deren Problem ist, das angeblich durch das Kommunikationstool gelöst wird.

Aber das wollte wiederum der Geschäftsführer nicht: »Wir haben keine Zeit, unsere Kunden zu befragen, wir wissen, was sie wollen!« Nach der Ausrede »Wir kennen unsere Kunden in- und auswendig« ist diese Ausrede vermutlich die zweithäufigste Ausrede, die wir hören, warum eine Kundenbefragung nicht notwendig sei.

Schauen wir uns exemplarisch an diesem Softwarehaus an, was hinter dieser Ausrede steckt. Unser Softwarehaus war voll des Lobs für seine Software und konnte zunächst auch etwas verkaufen, bis es zu folgenden Alarmsignalen kam, die typisch für diese Ausrede sind:

- **Fehlende Kundennachfrage:** Das Kollaborationstool erzielte weder den erhofften Absatz, noch wurde die erwartete Kundennachfrage erreicht. Der Grund ist, dass das Verständnis dafür fehlt, welche Produkteigenschaften und Funktionen die Kunden tatsächlich wünschen und benötigen.
- **Schlechte Kundenbewertungen:** Das Unternehmen erhielt negative Kundenbewertungen, sowohl über Online-Plattformen und soziale Medien als auch direktes Feedback. Die Kunden haben ihre Unzufriedenheit über verschiedene Aspekte wie Produktqualität, Benutzerfreundlichkeit oder Kundenservice geäußert. Diese negativen Bewertungen sind ein gutes Indiz dafür, dass ein Unternehmen nicht gut genug versteht, was die Kunden von seinen Produkten erwarten.
- **Verpasste Marktchancen:** Wenn Marktchancen verpasst werden oder – noch schlimmer – Wettbewerber mit ähnlichen Produkten erfolgreich sind, ist das ein guter Beweis dafür, dass das Unternehmen nicht ausreichend über die Kundenbedürfnisse und die Markttrends informiert ist und dadurch auch keine gezielten Produktentwicklungsstrategien entwickeln kann.
- **Mangelnde Kundenbindung:** Das Unternehmen verzeichnete eine geringe Kundenbindung und eine hohe Kundenabwanderung. Wenn Kunden wenig Loyalität gegenüber der Marke zeigen und zu Wettbewerbern wechseln, bedeutet das, dass ein Unternehmen die individuellen Vorlieben, Bedürfnisse und Erwartungen seiner Kunden nicht kennt oder nicht erfüllen kann.
- **Hohe Retourenquote:** Wenn es nicht nur Beschwerden gibt, sondern auch eine überdurchschnittlich hohe Retourenquote,

zeigt das mehr als deutlich, dass die Kunden mit den gekauften Produkten unzufrieden sind. Auch in diesem Fall ist der Grund, dass die Bedürfnisse und Erwartungshaltungen der Kunden zu wenig abgefragt wurden.

Nicht mit dem Kunden zu reden, ist der größte Fehler, den ein Unternehmen überhaupt machen kann. Fehlende Kundenbindung, mangelnde Loyalität, verpasste Marktchancen sind der Tod eines jeden Unternehmens. Dabei wäre all das leicht vermeidbar.

Bekämpfen Sie Ihre Voreingenommenheit

Wo es Fragen gibt, gibt es Voreingenommenheit. Ihre Perspektive wird durch Ihre Gewohnheiten, Überzeugungen und Einstellungen geprägt. Jede Forschung, die Sie betreiben, durchführen oder analysieren, ist immer – zumindest ein wenig – voreingenommen. Ihre Zielgruppe, die Sie befragen, wird nur unvollkommen repräsentativ sein. Ihre Datenerfassung wird verzerrt sein. Ihre Analyse wird durch selektive Interpretation gefärbt. Das ist normal! Lassen Sie sich davon nicht abschrecken. Sie können Ihre Voreingenommenheit niemals vollständig beseitigen, aber die bloße Feststellung potenzieller oder offensichtlicher Verzerrungen in Ihrem Forschungsprozess wird Ihnen bereits enorm helfen, Fragen anders zu stellen und die Ergebnisse entsprechend zu bewerten.

Sehen wir uns deswegen im Detail einige kognitive Verzerrungen an, die vor allem mit der Ausrede »Wir haben keine Zeit, unsere Kunden zu befragen« zusammenhängen.

Der Fluch des Wissens

Das Softwarehaus war Experte für sein eigenes Tool. Und das war auch schon der Grund für das Problem. Sie waren selbst so tief in die Abläufe und in der Verwendung des Tools involviert, dass sie gar nicht mehr gemerkt haben, was der Kunde eigentlich wirklich braucht. Das kann wirklich jedem passieren.

Sie kennen das bestimmt von sich selbst: Sie haben einen Ohrwurm, aber Ihnen will partout der Name des Liedes nicht einfallen. Voller Verzweiflung, weil Ihnen diese Melodie nicht mehr aus dem Kopf geht, bitten Sie einen Freund um Aufklärung. Voller Inbrunst summen Sie Ihrem verwirrt dreinblickenden Gegenüber Ton für Ton die Melodie genauso vor, wie Sie sie selbst gerade hören. Das Lied ist topaktuell und Sie sind sicher, dass Ihr Freund die Melodie sofort erkennen wird. Aber irgendwann geben Sie genervt auf. Durch Zufall wird das Lied plötzlich im Radio gespielt und Sie rufen begeistert »DAS ist es!«. Ihr Gegenüber blickt nun überrascht drein, denn von der Melodie, die Sie gesummt haben, und der, die im Radio abgespielt wird, stimmt seiner Meinung nach kein einziger Ton überein. Das ist der Fluch des Wissens: Sie nehmen an, dass die Person, mit der Sie kommunizieren, über dasselbe Hintergrundwissen verfügt, um gleich zu verstehen, was Sie meinen. Sie sind also so vertraut mit der Melodie in Ihrem Kopf, dass Sie nicht auf die Idee kommen, dass der andere keine Ahnung hat, was Sie meinen könnten. Das Prinzip »Fluch des Wissens«[1] wurde 1989 vom Verhaltensökonomen Colin Camerer entwickelt.

Gerade in der Kommunikation mit Kunden tritt der Fluch des Wissens besonders häufig auf: Viele Unternehmen sind so verstrickt in ihren eigenen Annahmen und ihr Wissen, dass sie aufhören zu kommunizieren, weil sie davon ausgehen, dass der Kunde bereits weiß, was gemeint ist. Die Kluft weitet sich aus, sodass es den Unternehmen mit der Zeit immer schwerer fällt, sich in die Lage des Kunden hineinzuversetzen. Viele vergessen einfach, wie es war, als sie selbst das Unternehmen und die Abläufe darin noch gar nicht gekannt haben. Fokussiert sich dann das Unternehmen zu sehr auf interne Kenntnisse und Expertise, wird die Kundenperspektive meist vollständig vernachlässigt, und es gerät in Vergessenheit, dass die tatsächlichen Wünsche und Bedürfnisse der

Kunden nicht immer das sind, was intern als richtig oder wichtig erachtet wird.

Auch unserem Softwarehouse ist genau das passiert: Zunächst wurde intern umfangreiche Forschung und Entwicklung für das neue Kollaborationstool betrieben. Das Produktteam war von den technischen Merkmalen und der Leistung absolut begeistert. Es hat auch viel Zeit und Ressourcen investiert, um sicherzustellen, dass das Tool auf dem Markt erfolgreich sein wird.

Als das Tool aber schließlich auf den Markt gekommen ist, war die Überraschung (und die Enttäuschung) des Unternehmens groß: Die Kunden waren nicht ansatzweise so begeistert wie erwartet. Es kam sogar noch schlimmer: Neben den geringen Verkäufen gab es als Zugabe noch massenweise negative Bewertungen.

Das ist der Fluch des Wissens: Hüten Sie sich davor, sich zu sehr auf die eigenen internen Annahmen und Expertise zu verlassen und die Perspektive der Kunden zu vergessen.

Der Rückschaufehler

Der Fluch des Wissens kommt wie gesagt oft in Partnerschaft mit einem anderen Denkfehler daher. So war in der eigenen Erinnerung das Tool bereits perfekt und bedurfte nur noch weniger Anpassungen. In Wahrheit trügt aber die Erinnerung. Unser Team dachte, dass das Produkt unweigerlich ein Erfolg werden müsse. Tatsächlich haben sie das Tool bei seinem ersten Einsatz in einem mühsamen Prozess angepasst, bis es für diesen einen Kunden (aber nicht auf andere) endlich gepasst hat.

Studien haben gezeigt, dass vor allem Unternehmer sehr anfällig für Rückschaufehler sind. In einer Studie befragten Forscher

705 Unternehmer aus gescheiterten Start-ups. Vor dem Scheitern glaubten 77,3 Prozent der Unternehmer, dass sich ihr Start-up zu einem erfolgreichen Unternehmen entwickeln würde. Nach dem Scheitern gaben jedoch nur 58 Prozent an, dass sie ursprünglich an einen Erfolg ihres Start-ups geglaubt hatten.[2] Mit anderen Worten: Unternehmer neigen dazu, ihren anfänglichen Optimismus herunterzuspielen und ihre Fähigkeit, die Zukunft vorherzusehen, zu überschätzen. Diese systematische Verzerrung der Vergangenheit hat wichtige Auswirkungen auf zukünftige Unternehmungen. Aufgrund der Voreingenommenheit im Nachhinein besteht für Unternehmer die Gefahr, dass sie ihre Erfolgsaussichten bei der Gründung ihres nächsten Start-ups überschätzen. Der Rückschaufehler ist die Tendenz, vergangene Ereignisse als vorhersehbarer wahrzunehmen, als sie tatsächlich waren. Aus diesem Grund denken die Menschen, dass ihr Urteilsvermögen besser ist, als es tatsächlich der Fall ist. Das kann dazu führen, dass sie unnötige Risiken eingehen oder andere zu hart beurteilen. Vergangene Ereignisse werden als vorhersehbar oder unausweichlich betrachtet, obwohl sie zum Zeitpunkt des Geschehens nicht vorhersehbar waren.

Unsere IT-Berater hatten sich dazu entschieden, nicht auf die Bedürfnisse und das Feedback der Kunden einzugehen, sondern stattdessen auf interne Annahmen oder die Meinung der Führungskräfte zu vertrauen. Die Entscheidung basierte auf der Überzeugung, dass die Kunden sowieso keine großen Veränderungen erwarten oder dass ihre Meinungen nicht von großer Bedeutung sind.

Jedoch stellte sich später heraus, dass die Kunden unzufrieden sind und das Unternehmen Kundenverluste und Umsatzrückgänge verzeichnet. Später kamen die Mitarbeiter zum Geschäftsführer und beschuldigten ihn, dass er hätte wissen müssen, dass diese Strategie nicht aufgehen könnte. »Die negativen Auswirkungen waren doch vorhersehbar.«

Es ist wichtig, den Rückschaufehler zu erkennen und aktiv Maßnahmen zu ergreifen, um eine kundenzentrierte Denkweise zu fördern und auf die Bedürfnisse der Kunden einzugehen, anstatt nur auf vergangene Ereignisse zu reagieren. Eine umfassende Analyse der Kundendaten, kontinuierliches Feedback von Kunden und eine offene Kommunikation im Unternehmen können helfen, den Rückschaufehler zu vermeiden und die Kundenzentrierung zu stärken.

Unabhängig davon, welches Szenario sich abspielt, sind die Menschen davon überzeugt, dass sie es »haben kommen sehen«. Rückschaufehler treten eher dann auf, wenn das Ergebnis eines Ereignisses negativ statt positiv ist. Das steht im Einklang mit der allgemeinen Tendenz, den negativen Folgen von Ereignissen mehr Aufmerksamkeit zu schenken, was als Negativitätsbias bezeichnet wird. Rückblickende Voreingenommenheit könnte beispielsweise dazu führen, dass wir glauben, wir »wussten«, dass sich der Kunde »genau so« entscheiden würde. Das liegt daran, dass wir aufgrund unseres aktuellen Wissens früheres Verhalten schnell als Zeichen von Problemen interpretieren können.

Warum kommt es zum Rückschaufehler?

Eine Verzerrung im Nachhinein entsteht, wenn wir uns bemühen, einem Ergebnis eine Bedeutung zu geben. Während dieses Prozesses schreiben wir die Geschichte im Wesentlichen neu, indem wir uns auf bestimmte Faktoren konzentrieren und andere außer Acht lassen.

Beim Rückschaufehler sind im Wesentlichen drei verschiedene Prozesse beteiligt (diese können unabhängig voneinander oder zusammen auftreten):

1. **Gedächtnisverzerrung:** Das ist die fehlerhafte Erinnerung an unsere früheren Urteile. Wir erinnern uns oft falsch an vergangene Ereignisse oder Informationen, sodass sie mit dem übereinstimmen, was wir bereits wissen. Mit anderen Worten: Wenn wir das Ergebnis kennen, ist es für uns leichter zugäng-

lich, was bedeutet, dass wir überschätzen, wie wahrscheinlich das Ergebnis überhaupt war.

2. **Unvermeidlichkeit:** Dazu gehören unsere eigenen Vorstellungen darüber, wie die Welt funktioniert und was ein Ereignis verursacht hat. Im Allgemeinen denken wir, dass die Welt ein geordneter Ort sei. Wir sind bestrebt, diese Vorstellung von Ordnung aufrechtzuerhalten, indem wir zur Erklärung von Ereignissen auf Ursache-Wirkung-Beziehungen zurückgreifen. Mit den Informationen, die wir derzeit haben, ist es leicht, ein Ereignis als vorherbestimmt oder unvermeidlich anzusehen, und das passt gut zu unserer Sicht auf die Welt.
3. **Vorhersehbarkeit:** Das geschieht, wenn wir im Nachhinein denken, dass wir das Endergebnis vorhersehen oder vorhersagen konnten (der »Ich wusste es die ganze Zeit«-Effekt). Es ist leicht, ein Ereignis im Nachhinein zu verstehen, wenn uns alle Informationen zur Verfügung stehen. Dieser Teil des Rückschaufehlers bezieht sich auf die Verfügbarkeitsheuristik.

Welche Auswirkungen hat der Rückschaufehler?

Rückblickende Voreingenommenheit führt dazu, dass Menschen denken, dass bestimmte (negative) Ergebnisse weitaus vorhersehbarer und vermeidbarer seien, als sie es in der Realität waren. Das kann sowohl negative als auch positive Folgen haben:

- Durch den Rückschaufehler neigen Führungskräfte dazu, vergangene Entscheidungen oder Geschäftsmodelle als erfolgreicher oder angemessener einzuschätzen, als sie es tatsächlich waren. Dadurch unterschätzen sie oft die aktuellen oder zukünftigen Bedürfnisse der Kunden und übersehen die Notwendigkeit einer Anpassung oder Veränderung.
- Wenn Entscheidungsträger glauben, dass sie vergangene Ereignisse und Reaktionen der Kunden vorhersehen oder erklären können, ignorieren sie oft aktuelles Kundenfeedback oder lehnen es ab. Sie meinen, bereits zu wissen, was die Kunden ei-

gentlich wollen, und dass es nicht notwendig sei, irgendwelche Veränderungen oder Anpassungen vornehmen zu müssen.

- Wenn wir von einem Ereignis nicht überrascht werden, können wir nicht daraus lernen. Wenn wir das Gefühl haben, dass »wir es die ganze Zeit wussten«, ist es unwahrscheinlich, dass wir uns die Zeit nehmen, darüber nachzudenken und zu verstehen, warum unsere damaligen Vorhersagen falsch waren.
- Rückblickende Voreingenommenheit wird wahrscheinlich dazu führen, dass wir andere unfair beurteilen, weil wir vergangene Ereignisse nicht vorhersehen konnten. Dies kann dazu führen, dass wir die Qualität der Entscheidungen anderer Menschen in der Vergangenheit kritisieren und dabei die Informationen nutzen, die uns derzeit zur Verfügung stehen.
- Allerdings kann eine Voreingenommenheit im Nachhinein auch zu unserem Vorteil funktionieren. Studien[3] haben gezeigt, dass derselbe Prozess der Sinneswahrnehmung, der im Nachhinein zu Vorurteilen führt, den Schmerz negativer emotionaler Ereignisse lindern kann. Mit anderen Worten: Wir können uns trösten, indem wir sagen: »Ich wusste, dass das passieren würde.«
- Einige Studien deuten darauf hin, dass wir möglicherweise aus Rückschaufehlern lernen, ohne uns dessen bewusst zu sein.[4] Nach dieser Ansicht ist der Rückschaufehler die Folge unserer Fähigkeit, bereits vorhandenes Wissen zu aktualisieren. Dies ist ein notwendiger Prozess, um eine Überlastung des Gedächtnisses zu verhindern und die Funktion unseres Gehirns zu ermöglichen. Durch die Aktualisierung können wir unser Wissen kohärenter halten und bessere Schlussfolgerungen ziehen.

Wie können Sie den Rückschaufehler reduzieren?

Der Rückschaufehler liegt in der Natur des Menschen, Sie können ihn aber dennoch reduzieren:

- Machen Sie sich bewusst, dass es menschlich ist, Vorurteile zu haben (warum, besprechen wir im Kapitel »Ausrede Nr. 7«).

Besonders wenn Sie über die Vergangenheit nachdenken, vergessen Sie nicht, dass Rückschaufehler mit ziemlicher Sicherheit Ihre Wahrnehmung beeinflussen.

- Verfolgen Sie Ihre Gedanken zu möglichen Ergebnissen. Sie können dazu eine Customer Journey Map erstellen (siehe Abschnitt »Customer Journey Map« in diesem Kapitel). Wenn Sie dokumentieren, was Sie erwarten, können Sie festhalten, was Sie zum Zeitpunkt Ihrer Entscheidung gedacht haben. Wenn Sie es anschließend überprüfen, sehen Sie sofort, wie genau Ihre Prognose war und ob beziehungsweise wo sie fehlerhaft war.

Chauffeur- und Expertenwissen

Nach dem Besuch eines eintägigen Kurses glauben viele Teilnehmer zu wissen, wie Design Thinking funktioniert. Sie können nach einem Tag Personas erstellen, das ist schon richtig, aber damit diese gut werden, müssen echte Kundenbefragungen durchgeführt werden. Der »Chauffeur« kann eine Persona erstellen, aber nur erfahrene Design-Thinking-Berater wissen, wann die Methode überhaupt zum Einsatz kommen sollte und wie man die Erhebung und die Methoden verbindet. Dieses Wissen entsteht durch Erfahrungen mit unterschiedlichen Menschen in verschiedenen Situationen.

Der Begriff »Chauffeur-Wissen« bezieht sich auf eine Art von Wissen, bei dem eine Person über Oberflächeninformationen oder ein oberflächliches Verständnis eines Themas verfügt, ohne ein tieferes Verständnis oder eine echte Fachkenntnis zu besitzen. Der Begriff entspringt einer Anekdote: In seinem Buch *Poor Charlie's Almanack*[5] erzählt Charlie Munger die Geschichte von Max Planck, dem Begründer der Quantenphysik. Nachdem Max Planck 1918 den Nobelpreis erhalten hatte, unternahm er eine Vortragsreise durch Deutschland. Er wollte seine bahnbrechenden Erkenntnisse über die Quantenphysik mit dem Rest der Bevölkerung teilen. Bei jedem Stopp hielt er denselben Vortrag vor einem Publikum aus Wissenschaftlern und Laien. Während seiner Reise wurde er von einem zuverlässigen und vor allem sehr aufmerksamen Chauffeur begleitet. Nachdem der Chauffeur den Vortrag von Max Planck immer wieder gehört hatte, schlug er ihm eines Tages scherzhaft vor: »Herr Professor Planck, ich habe Ihren Vortrag inzwischen so oft gehört, dass ich ihn auswendig kann. Lassen Sie mich doch einmal Ihren Platz einnehmen, und Sie können in der ersten Reihe sitzen und meine Chauffeur-Mütze tragen. Das würde uns beiden etwas Abwechslung bringen!« Max Planck fand den Vorschlag amüsant und willigte ein. Bei einem der nächsten Vorträge in München übernahm der Chauffeur tatsächlich den Platz von Max Planck auf der Bühne und begann, die Quantenphysik zu erklären. Das Publikum war zunächst überrascht, aber der Chauffeur schien erstaunlich gut informiert zu sein und sprach mit großem Selbstbewusstsein. Nach dem Vortrag meldete sich ein Zuhörer und stellte eine Frage zur Quantenphysik. Der Chauffeur, der nicht wirklich über das tiefgründige Verständnis von Max Planck verfügte, antwortete jedoch mutig und mit viel Enthusiasmus. Er sagte: »Ich hätte nicht erwartet, dass in einer so fortschrittlichen Stadt wie München eine so einfache Frage gestellt wird. Ich werde meinen Chauffeur, der in der ersten Reihe sitzt, bitten, die Frage zu beantworten.« Das Publikum war zunächst verwirrt, aber als Max Planck die Mütze abnahm und aufstand, um die Frage souverän und präzise zu beantworten, wurde klar, wer der wahre Experte war.

So amüsant diese Anekdote von Max Planck ist, so sehr veranschaulicht sie die Bedeutung von echtem Wissen gegenüber oberflächlichem »Chauffeur-Wissen«, das nur allzu oft vorkommt. Der Chauffeur mag den Vortrag auswendig gelernt haben, aber ihm fehlten das tiefe Verständnis und vor allem die jahrelange Forschungsarbeit, die Max Planck erst zu einem wahren Experten auf seinem Gebiet gemacht hatten. Oberflächliches Wissen ist nie mit echtem Fachwissen und praktischer Erfahrung gleichzusetzen. Wahre Expertise ist immer von oberflächlichem Anschein zu unterscheiden und allem vorzuziehen. Nun ist in der heutigen Informationsgesellschaft Wissen schnell und leicht verfügbar, aber das wenigste Wissen, das sich die Menschen so aneignen, geht in die Tiefe. Im Gegenteil, es führt dazu, dass die Menschen denken, dass sie über ausreichendes Wissen verfügen, obwohl ihr Verständnis oberflächlich ist. Das Chauffeur-Wissen verleitet oft zu Fehleinschätzungen. Sich schnell über ein Thema zu informieren und dieses Wissen dann als Grundlage für eine Meinung oder ein Urteil zu nehmen, liegt nahe. Und es ist verlockend, sich so von oberflächlichen oder irreführenden Informationen beeinflussen lassen, anstatt sich mit den Fakten und komplexeren Zusammenhängen auseinanderzusetzen.

Im Kontext unserer Fallstudie fiel der Geschäftsführer auf sein eigenes Chauffeur-Wissen herein. Er verließ sich darauf, dass eine Methode ganz einfach einzusetzen sei, ohne die Tiefgründigkeit und Praktikabilität für seinen eigenen Fall ausreichend zu hinterfragen oder zu überprüfen.

Achten Sie darauf, dass Sie nicht blind Ihrem eigenen »Chauffeur-Wissen« oder gar dem externen Berater folgen, sondern dass Sie die vorgeschlagenen Lösungen kritisch hinterfragen und in den Kontext Ihres eigenen Unternehmens und Ihrer spezifischen Herausforderungen stellen. Wie die Geschichte von Max Planck zeigt, kann das bloße Wiederholen von Informationen oder Ideen, ohne ein tiefes Verständnis und praktische Anwendung, zu Mängeln und Unzulänglichkeiten führen.

Im Grunde ist es leicht, echtes Wissen aufbauen: Sie müssen nur direkt mit den Nutzern und Kunden sprechen und Ihr Fachwissen intern weiterentwickeln, um dann auf Ihre eigenen Erfahrungen, Ressourcen und Werte zurückzugreifen. Durch diese Kombination von externen Impulsen und internem Fachwissen sind Sie in der Lage, wirklich innovative Lösungen zu entwickeln, die speziell auf Ihre Bedürfnisse zugeschnitten sind und langfristig erfolgreich umgesetzt werden können. Es ist ein Prozess, der Zeit und Mühe erfordert, sich aber lohnt, weil er Sie langfristig zu nachhaltigen und erfolgreichen Ergebnissen führen wird.

> Wenn Sie sich zu sehr auf das Wissen anderer verlassen, kann es schnell passieren, dass Sie sich selbst überschätzen und womöglich riskante Entscheidungen treffen. Dieses übertriebene Selbstvertrauen, das vielen von uns gemeinsam ist, wird als Selbstüberschätzung bezeichnet.

Lassen Sie uns nun tiefer eintauchen, um zu verstehen, wie dieses Phänomen unser Denken und Handeln beeinflusst und was das eigentlich mit unserer Ausrede »Wir haben keine Zeit, unsere Kunden zu befragen« zu tun hat.

Selbstüberschätzung mit System

Stellen Sie sich vor, Sie sind ein leidenschaftlicher Produktentwickler oder Marketer und haben eine geniale Idee im Kopf. Sie sind so überzeugt von dieser Idee, dass Sie glauben, sie sei die Antwort auf alle Probleme Ihrer Zielgruppe. Doch hier liegt das Dilemma: Ihr selbstbewusstes Vertrauen in Ihre Idee führt dazu, dass Sie vergessen, wirklich mit Ihrer Zielgruppe zu sprechen, um deren Bedürfnisse und Wünsche zu verstehen. Dieses Phänomen, das in der Welt der Produktentwicklung und des Marketings allzu häufig vorkommt, nennt man Selbstüberschätzung oder »Overconfidence Bias«. Es ist ein subtiler Fall von übertriebenem Selbstvertrauen, der dazu führen kann, dass die besten Ideen scheitern, weil sie nicht auf den echten Bedarf der Menschen zugeschnitten sind. So behaupten zum Beispiel 93 Prozent der Autofahrer, besser als die Mehrheit zu fahren[6] – eine statistische Unmöglichkeit. Dieses Phänomen ist ein Beispiel für das menschliche Urteilsvermögen, das anfällig für übertriebenes Selbstvertrauen ist und daher eine der häufigsten Arten von kognitiver Verzerrung darstellt. Wenn wir uns zu sehr auf unsere eigenen Fähigkeiten verlassen, wird es schwierig, die Tatsache zu erkennen, dass wir alle anfällig für Fehler und Vorurteile sind. Diese Verzerrung des Selbstvertrauens kann uns dazu bringen, unsere eigenen Grenzen zu übersehen und die Wirklichkeit zu verzerren.

Nun ist Selbstüberschätzung ein zweischneidiges Schwert: Einerseits führt übermäßiges Selbstvertrauen dazu, dass wir den objektiven Überblick über unsere Fähigkeiten oder unser Wissen verlieren. Das kann nicht nur unrealistische Erwartungen wecken, sondern es führt beispielsweise oft dazu, dass Unternehmen schlechte Entscheidungen treffen und sich für Produkte oder Prozesse entscheiden, die einfach nicht zu ihren Kunden passen. Übermäßiges Selbstvertrauen kann auch unser Lernen behindern, wenn wir die Lücke zwischen dem, was wir derzeit wissen, und dem, was wir wissen müssen, nicht richtig einschätzen. Andererseits muss es nicht nur zu schlechten Entscheidungen führen. Im Gegenteil. Je nach Kontext kann es manchmal die Quelle der richtigen Entscheidung sein. Übermütige Führungskräfte drängen beispielsweise häufiger auf Innovationen und sind besser darin, Investoren davon zu überzeugen, in risikoreichere Projekte zu investieren, die weiteres Wachstum ermöglichen können.

Unser Kunde hatte zum Beispiel die fixe Idee, wie das Tool angepasst werden müsse und welche Features unbedingt notwendig seien, um es skalierbar zu machen. Genau hier liegt das Problem versteckt: Die Software-Entwickler waren so überzeugt von ihrem Vorgehen, dass sie offensichtliche Dinge übersehen haben. Sie konnten sich beim besten Willen nicht vorstellen, dass es bei diesem Vorgehen irgendwelche Schwierigkeiten geben oder ihr Tool vielleicht doch nicht so einsetzbar sein könnte, wie sie dachten.

Selbst Experten sind gegen diesen Denkfehler nicht gefeit. Zum Beispiel können übermäßiges Selbstvertrauen und übertriebener Optimismus bei Geschäftsentscheidungen dazu führen, dass Unternehmer die Risiken bei der Markteinführung neuer Produkte oder beim Betreten neuer Märkte unterschätzen. In ihrer Überzeugung, dass ihr Produkt innovativ ist, blenden sie oft die Wettbewerbskräfte aus, die den Erfolg in einem neuen Markt bedrohen können. Was diesen Denkfehler so tückisch macht, ist die weitverbreitete Annahme, dass erfahrene Führungskräfte immun dagegen seien. Ironischerweise verstärken Erfahrung, Wissen und bisherige Erfolge oft die Tendenz zur Selbstüberschätzung, anstatt sie zu mindern.

Da Selbstüberschätzung auf einer unbewussten Ebene wirkt, ist es schwierig, sie vollständig zu beseitigen. Es gibt jedoch Maßnahmen, die Sie ergreifen können, um diesen Denkfehler zumindest besser unter Kontrolle zu halten:

- Bitten Sie um Feedback: Wenn Sie sich die Sichtweisen anderer Menschen anhören, seien es Kunden oder Kollegen, können Sie Bereiche identifizieren, in denen Sie möglicherweise Verbesserungen benötigen, und die Wahrscheinlichkeit verringern, dass Sie der Voreingenommenheit von Selbstüberschätzung verfallen.
- Sehen Sie Fehler als Lernchancen: Wenn ein Ergebnis nicht so ausfällt, wie Sie es sich erhofft haben, denken Sie darüber nach, was Sie hätten vermeiden können oder in welchen Bereichen Sie es besser machen können. Dies führt Sie zu fundierteren Entscheidungen und schützt Sie davor, in Zukunft zu optimistisch zu sein.

So merken Sie, ob Sie bereits genug über Ihre Kunden wissen

In der schnelllebigen Welt von heute ist die Ausrede, keine Zeit für Befragungen und Beobachtungen zu haben, eine sehr beliebte. Doch bevor Sie sich von der scheinbaren Zeitknappheit abschrecken lassen, lassen Sie uns einen Blick auf einige mächtige Werkzeuge werfen, die Ihnen dabei helfen können, Ihre Zeit optimal zu nutzen und gleichzeitig wertvolle Erkenntnisse zu gewinnen.

Diese Werkzeuge sind Ihre Geheimwaffen im Kampf gegen die Ausrede »Wir haben keine Zeit, unsere Kunden zu befragen«. Warum? Weil sie Ihre Zeit auf intelligente Weise nutzen und Ihnen tiefgreifende Einblicke in kürzester Zeit ermöglichen.

Empathy Maps und Personas sind Ihre Spione in der Welt Ihrer Zielgruppe. Sie ermöglichen es Ihnen, die Bedürfnisse, Wünsche und Probleme Ihrer Kunden in kürzester Zeit zu erkunden und zu verstehen, ohne endlose Umfragen durchzuführen.

Die Anwendung dieser Methoden führt einem immer wieder vor Augen, dass wahres Wissen oft erst entsteht, wenn man sich aktiv auf die Perspektive anderer einlässt. Diese Erkenntnis wirkt wie ein Turbo-Boost für Ihr Verständnis. Sie entblößt verborgene Wissenslücken und stellt sicher, dass Sie nicht in die Falle der Selbstüberschätzung tappen, was wertvolle Zeit verschwenden kann.

Mit diesen Geheimwaffen können Sie die Ausrede »Wir haben keine Zeit, unsere Kunden zu befragen« einfach umdrehen und sagen: »Wir haben keine Zeit, auf wertvolle Einblicke zu verzichten.« Lassen Sie uns also die Methoden besprechen und sehen, wie Sie Ihre Zeit effektiv nutzen können, um Ihr Unternehmen auf die nächste Stufe zu heben.

Empathy Map

Bei der Entwicklung von Produkten und Dienstleistungen neigen wir dazu, uns allzu sehr auf Zahlen, Daten und Fakten zu verlassen. Wir verschlingen 100-seitige Marktforschungsberichte, analysieren KPIs zur Produktleistung und erstellen aufwändige Verkaufsprognosen für unsere Zielmärkte – alles im Namen der Rationalität. Doch in diesem Zahlenmeer vernachlässigen wir oft die emotionalen Bedürfnisse und Wünsche unserer Kunden. Hier kommt die Empathy Map ins Spiel. Sie ist die ideale Antwort auf die Ausrede, keine Zeit für Kundenbefragungen zu haben. Die Empathy Map ermöglicht es Ihnen, sich schnell und dennoch gründlich in die Gedanken- und Gefühlswelt Ihrer Nutzer hineinzuversetzen. Mit ihr visualisieren Sie, was Ihre Zielgruppe sieht, hört, denkt und tut. Und das Beste daran? Eine Empathy Map ist in der Regel in gerade mal 20 bis 30 Minuten erstellt. Damit wird Ihr Verständnis für Ihre Kunden nicht zur Zeitfalle, sondern zur effizienten Quelle unschätzbarer Erkenntnisse.

Durchführung

Schauen wir uns eine Empathy Map anhand unserer IT-Berater an: Zunächst werden auf einer leeren Fläche wie einem Flipchart, einem großen Packpapier oder einem Whiteboard eine kleine Strichfigur und vier Quadranten drum herumgezeichnet (siehe Abbildung 2). Danach wird die Empathy Map mit den Informationen, die Sie vorher mittels der empathischen Gespräche gesammelt haben, befüllt. In jedem Quadranten wird nun die Frage aus der Sicht der Person beantwortet.

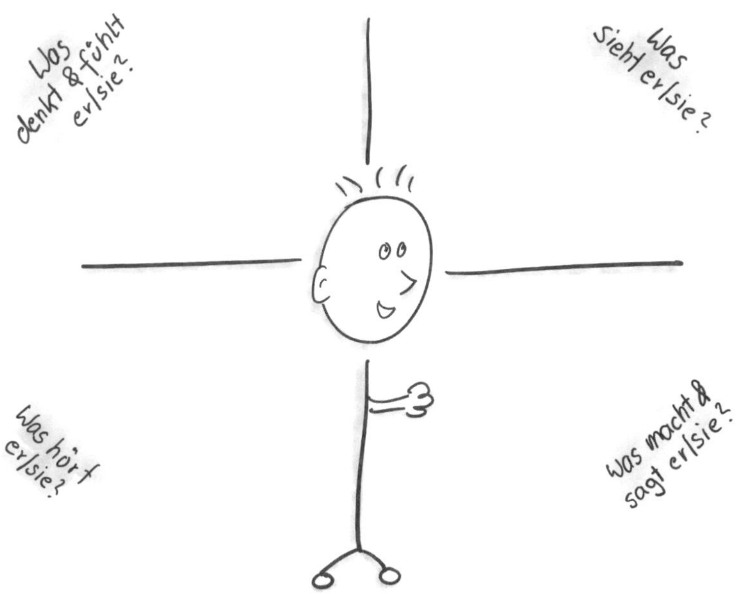

Abbildung 2: Aufbau einer Empathy Map[7]

1. **Was sieht der Kunde?**
   In diesem Quadranten notieren Sie, was der Kunde in seiner Umgebung sieht. In unserem Beispiel waren das:
   - Sieht die Benutzeroberfläche des Kollaborationstools mit verschiedenen Registerkarten, Gruppenchats und Dateifreigabeoptionen.

- Sieht Benachrichtigungen über neue Nachrichten oder Aktualisierungen von Teammitgliedern.
- Sieht gelegentlich Unordnung in Gruppenchats, wenn viele Nachrichten gleichzeitig eintreffen.

2. **Was hört der Kunde?**

   Hier geht es um die Informationen, Meinungen oder Empfehlungen, die die jeweilige Person hört:

   - Erhält Feedback von Kollegen über die Nützlichkeit des Tools bei der Zusammenarbeit an Projekten.
   - Hört vom Kollegen vom Nachbarschreibtisch Projektentwicklungen (die nicht im Tool niedergeschrieben wurden).
   - Hat von der IT-Abteilung erfahren, dass es demnächst ein Update für das Tool geben wird.

3. **Was denkt und fühlt der Kunde?**

   In diesem Quadranten geht es um die inneren Gedanken, Gefühle und Motivationen des Kunden:

   - Denkt, dass das Tool die Kommunikation im Team verbessert und Zeit spart.
   - Fühlt sich manchmal überwältigt von der Menge an Nachrichten und Informationen im Tool.
   - Möchte, dass das Tool benutzerfreundlicher und anpassbarer ist, um den eigenen Workflow besser zu unterstützen.

4. **Was sagt und tut der Kunde?**

   Dieser Quadrant konzentriert sich auf die Handlungen und Aktivitäten des Anwenders:

   - Verwendet das Kollaborationstool täglich für die Projektzusammenarbeit und den Austausch von Dokumenten.
   - Nutzt die Suchfunktion, um ältere Nachrichten oder Dateien leichter zu finden.
   - Hat kürzlich begonnen, benutzerdefinierte Benachrichtigungseinstellungen festzulegen, um weniger abgelenkt zu sein.

All diese Sachen schreiben Sie direkt auf das Board, auf das Packpapier oder das Flipchart. Durch das Ausfüllen der Empathy Map haben Sie ein viel besseres Verständnis für Ihre Kunden. Dadurch können Sie Ihre Strategien und Aktivitäten gezielt darauf abstimmen.

Die Empathy Map ist wie ein Fenster, das sich in die Welt Ihrer Kunden öffnet. Sie ermöglicht es Ihnen, tiefer in deren Gedanken, Gefühle und Bedürfnisse einzutauchen, ohne aufwändige Umfragen oder komplexe Analysen durchführen zu müssen. Mit diesem Instrument können Sie die Welt aus den Augen Ihrer Zielgruppe sehen, ihre Anliegen verstehen und die Herausforderungen, mit denen sie konfrontiert ist, nachvollziehen. Dieses tiefgreifende Verständnis ist der Schlüssel zu Produkten, Dienstleistungen und Strategien, die wirklich auf die Bedürfnisse Ihrer Kunden zugeschnitten sind. Es schafft eine Brücke zwischen Ihrem Unternehmen und Ihren Kunden, die zu einer besseren Kundenbindung, höherer Zufriedenheit und letztendlich langfristigem Erfolg führt.

Eine weitere Technik, die ich sehr gerne einsetze, ist die sogenannte Persona-Technik.

Persona

Stellen Sie sich vor, Sie stehen vor einem leeren Leinwandbild, das Ihre ideale Zielgruppe repräsentiert – die Menschen, für die Ihre Produkte oder Dienstleistungen gemacht sind. Aber anstatt in einer dunklen Kammer zu arbeiten, ist es so, als würden Sie in einem gut beleuchteten Raum stehen, in dem jedes Detail Ihrer Zielgruppe klar und scharf zu sehen ist. Genau das sind Personas – lebendige, detaillierte Porträts Ihrer potenziellen Kunden.

Warum sollten Sie Personas erstellen? Weil sie Ihr Navigationssystem in der Welt des Marketings und der Produktentwicklung sind. Sie helfen Ihnen dabei, Ihre Kunden in den Mittelpunkt Ihrer Bemühungen zu stellen, ihre Bedürfnisse und Wünsche zu verstehen und maßgeschneiderte Lösungen anzubieten.

Mit Personas sind Sie nicht im Dunkeln unterwegs, sondern haben klare Wegweiser für Ihre Entscheidungen. Sie machen Ihre Botschaften relevanter, Ihre Produkte effektiver und Ihre Kunden glücklicher. Kurz gesagt, Personas sind Ihr Schlüssel zu einer besseren Kundenbindung und einem erfolgreichen Geschäft.

Vorsicht: Fallen!

Der Mensch, mit seinen Gewohnheiten und seiner Kultur, ist ein faszinierendes, komplexes Geflecht. Das Erforschen dieses vielschichtigen Universums gleicht einer aufregenden Expedition in unbekannte Tiefen. Doch wie in jedem spannenden Abenteuer können Sie sich leicht in den Details und speziellen Techniken verlieren. Deshalb ist es hilfreich, einige wichtige Leitpunkte stets im Blick zu behalten.

Gehen Sie in die Tiefe

Um Empathie für Ihre Nutzer zu entwickeln, ist es entscheidend, nicht einfach oberflächliche Daten zu sammeln, sondern tief in deren Welt einzutauchen. Stellen Sie sich vor, Sie möchten das Leben von fünf Ihrer Nutzer wirklich verstehen, anstatt Tausende von Antworten zu bekommen, die kaum in die Tiefe gehen. Statt umfangreicher Umfragen setzen Sie auf persönliche Gespräche und Beobachtungen. Dabei geht es nicht nur um das, was die Nutzer sagen, sondern auch um das, was sie nicht sagen – die unausgesprochenen Bedürfnisse und Gefühle, die in ihren Handlungen und Reaktionen verborgen liegen. Tauchen Sie in ihre tägliche Routine ein, sehen Sie die Welt durch ihre Augen und versuchen Sie, sich in ihre Lage zu versetzen. Dieses tiefe Eintauchen in die Nutzerperspektive ermöglicht es Ihnen, Produkte und Dienstleistungen zu entwickeln, die wirklich auf ihre Bedürfnisse zugeschnitten sind.

Die Dinge passieren im Alltag

Es ist verlockend, sich in einem Kontrollraum zu verstecken und Idealszenarien zu entwerfen, in denen alles reibungslos abläuft. Doch das Leben folgt selten einem vorhersehbaren Drehbuch. Um ein echtes Verständnis für Ihre Nutzer zu entwickeln, müssen Sie aus Ihrer Komfortzone herauskommen und sich in das chaotische und unvorhersehbare Geschehen im Alltag begeben. Die interessantesten Entdeckungen machen Sie oft dann, wenn Sie vom vordefinierten Plan abweichen und sich in die tatsächliche Umgebung Ihrer Nutzer begeben. Seien Sie bereit, überrascht zu werden, und bleiben Sie offen für unerwartete Einsichten. Beobachten Sie, wie sich das Verhalten Ihrer Nutzer je nach Kontext und Umständen ändert, und lassen Sie sich davon leiten. Je näher Sie der Realität kommen, desto besser können Sie Lösungen entwickeln, die in der Praxis funktionieren.

Sammeln Sie nicht nur Daten, analysieren Sie sie auch

Das Sammeln von Informationen vor Ort ist nur der erste Schritt auf dem Weg zu einem echten Verständnis Ihrer Nutzer. Nachdem Sie all diese Beobachtungen und Erkenntnisse gesammelt haben, ist es entscheidend, sie gründlich zu analysieren. Hierbei geht es darum, die Puzzlestücke zusammenzusetzen und den wahren Kern zu verstehen. Welche Muster lassen sich erkennen? Welche Bedürfnisse und Schmerzpunkte wiederholen sich? Welche Chancen ergeben sich aus den gesammelten Informationen? Eine systematische Analyse ist der Schlüssel, um aus Daten tatsächliche Erkenntnisse zu gewinnen. Sie hilft dabei, die Spreu vom Weizen zu trennen und die relevanten Informationen zu identifizieren, die als Grundlage für die Entwicklung von Lösungen dienen.

Nutzen Sie die Macht der Geschichten

Geschichten sind ein mächtiges Werkzeug, um Ihre Forschungsergebnisse und Erkenntnisse zu vermitteln und zu teilen. Sie sind der Kitt, der Ihr Team zusammenhält und ein gemeinsames Verständnis schafft. Sie ermöglichen es Ihnen, reale Menschen in den Mittelpunkt Ihrer Arbeit zu stellen und deren Bedürfnisse, Wünsche und Herausforderungen greifbarer zu machen. Personen in Ihrem Team können sich leichter in die Lage Ihrer Nutzer versetzen, wenn sie deren Geschichten hören. Diese Geschichten sind keine Fiktion, sondern basieren auf der alltäglichen Realität echter Menschen. Personas sind das Ergebnis dieser Geschichten – fiktive Charaktere, die die wichtigsten Eigenschaften und Ziele Ihrer Nutzer repräsentieren. Sie sind ein wertvolles Werkzeug, um sicherzustellen, dass Ihre Lösungen tatsächlich auf die Bedürfnisse Ihrer Nutzer zugeschnitten sind. Personas erinnern Sie daran, dass Sie Lösungen für sie entwickeln, nicht für sich selbst oder für Ihren Chef. Sie sind Ihre konstanten Begleiter auf dieser Reise der Nutzerzentrierung.

Eine Persona erstellen

Eine Persona ist vor allem ein Werkzeug, um eine empathische Denkweise zu kultivieren, anstatt eine Lösung zu entwickeln, die bloß den Vorlieben Ihres Chefs oder Ihres Teams entspricht. Personas können sich als die wertvollsten und ertragreichsten Ergebnisse Ihrer Nutzerforschung erweisen. Jede Strategie und jede Abteilung in Ihrem Unternehmen kann auf ihre eigene Art von einer einzigen Persona profitieren. Eine Persona ist sozusagen ein erfundener Archetyp eines Nutzers. Im Wesentlichen ist sie ein konstruiertes Modell, das aus den Informationen entsteht, die Sie durch Gespräche und Beobachtungen echter Menschen gewonnen haben. Doch ihre Hauptfunktion besteht darin, eine Gruppe von Bedürfnissen und Verhaltensweisen zu repräsentieren. Da es keinen »durchschnittlichen« Nutzer gibt, steht die Persona für die Verhaltensmuster und Prioritäten realer Menschen. Sie fungiert als Anhaltspunkt für all Ihre Entscheidungen. Eine Persona sollte sich anfühlen wie das Profil einer echten Person und alle Eigenschaften und Verhaltensweisen umfassen, die für Ihre Entscheidungsfindung am relevantesten sind.

- Ihre Ziele, die auf die Bedürfnisse der Nutzer ausgerichtet sind, unterscheiden sich von herkömmlichen Marketingzielen. Es ist nicht möglich, Marktsegmente einfach in stereotype Archetypen zu übertragen.
- Eine wertvolle Persona entsteht durch gemeinsame Anstrengungen und basiert auf authentischen Gesprächen mit realen

Menschen. Wenn Sie auf externe Daten als Grundlage zurückgreifen, erstellen Sie im Wesentlichen eine Fantasiefigur, die selten für Ihren Prozess relevant ist.

- Um Ihre Persona lebendig wirken zu lassen, konzentrieren Sie sich auf einige wenige, entscheidende Details und Fähigkeiten. Vermeiden Sie den Aufwand komplexer Szenarien oder ausführlicher Lebensgeschichten bei jeder einzelnen Entscheidung.
- Denken Sie daran, dass die wertvollste Persona für Ihr Unternehmen nicht zwangsläufig die ist, die den größten Nutzen für Ihren spezifischen Prozess bietet. Wenn Sie eine Lösung für eine kleine Zielgruppe gestalten, können Sie oft auch die Bedürfnisse ähnlicher Nutzer ansprechen.

Die wahre Persönlichkeit einfangen

Personas sind wie der Schlüssel zu einem Geheimnis – sie sollten genau die richtige Menge an Details enthalten, um die spannendsten Facetten Ihrer Zielgruppe einzufangen. Diese Informationen sind nicht nur für Ihr Team äußerst nützlich, sondern sie können auch inspirierend sein, um den kreativen Funken zu entfachen. Denken Sie an Personas als magische Schlüssel, die die Tür zu den Gedanken und Anliegen Ihrer Nutzer öffnen und damit einen Schatz an Einblicken freisetzen, die sonst möglicherweise unbeachtet bleiben würden.

Authentizität und Repräsentation

Eine gute Persona ist wie ein Spiegel, der die Realität reflektiert. Sie sollte so authentisch und repräsentativ wie möglich sein. Vergessen Sie also die Idee, eine Superhelden-Persona zu erstellen, die nachts die Verbrecher jagt und tagsüber an einer Eliteuniversität studiert. Stattdessen sollten die Merkmale, die Sie auflisten, die echten Menschen widerspiegeln, mit denen Sie tatsächlich gesprochen haben.

Natürlich, bei der Rekrutierung von Nutzern läuft nicht immer alles reibungslos, und es könnten einige Details fehlen. Aber das sollte Sie nicht davon abhalten, eine fesselnde Persona zu schaffen. Ihr Wissen wird mit der Zeit wachsen und sich vertiefen. Stöbern

Sie online nach Personen, die zu den Verhaltensweisen und Rollenbeschreibungen passen, um Ihre Persona mit authentischem Leben zu füllen. Aber seien Sie schlau – vermeiden Sie es, einfach ein LinkedIn-Profil zu kopieren.

Visualisieren und teilen

Beginnen Sie Ihre Reise mit einem leeren Flipchart oder einem großen Stück Papier, und lassen Sie Ihrer Kreativität freien Lauf. Hier gestalten Sie nicht nur eine Persona, sondern eine lebendige Geschichte. Die Kunst besteht darin, alle relevanten Attribute visuell darzustellen und sie so für jedes Teammitglied greifbar zu machen. Auf diese Weise wird Ihre Persona zu einer lebhaften und fesselnden Figur, die den kreativen Prozess bereichert.

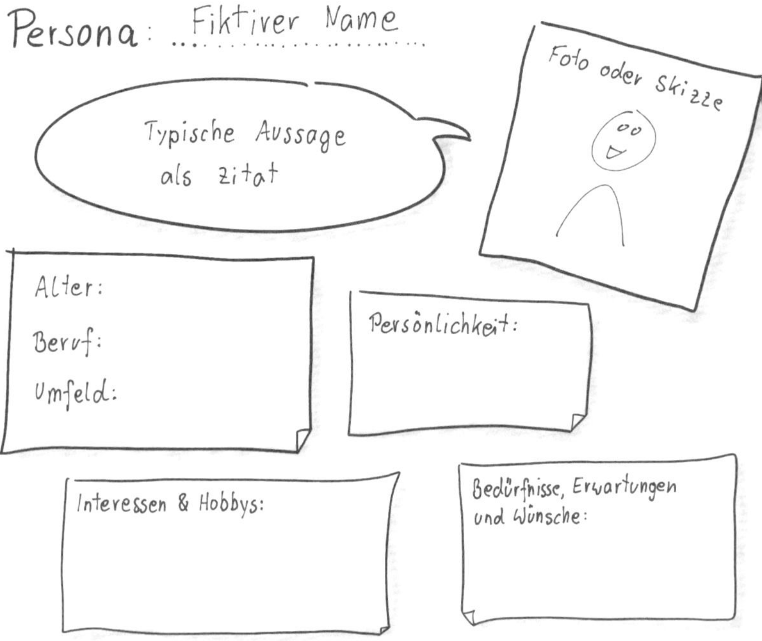

Abbildung 3: Aufbau einer Persona[8]

Die einzelnen Elemente eines Persona-Dokuments

Name: Eine Identifikationshilfe

Geben Sie Ihrer Persona einen echten Namen, damit sie lebendig wird und Ihr Team sich besser mit ihr identifizieren kann. Allgemeine Beschreibungen wie »Power User« mögen auf den ersten Blick simpel erscheinen, aber sie bleiben selten im Gedächtnis haften. Ein realistischer Name kann dazu beitragen, das Verhaltensmuster in den Vordergrund zu rücken. Denken Sie jedoch bei der Namenswahl daran, dass der gewählte Name Stereotype verstärken oder verändern kann.

Foto: Echtheit ist entscheidend

Verwenden Sie ein authentisches Foto einer realen Person und meiden Sie Archivbilder oder Fotos aus Magazinen mit Models. Suchen Sie nach Fotos mit einer Creative-Commons-Lizenz, und vermeiden Sie Bilder von Personen, die Sie oder Ihre Teammitglieder persönlich kennen.

Demografische Informationen: Wichtige Fakten mit Bedacht verwenden

Demografische Daten sind zwar leicht zugänglich, aber sie können – ähnlich wie der Name – Vorurteile verstärken. Bei Personas geht es in erster Linie um Bedürfnisse, daher sollten Sie sorgfältig überlegen, wie wichtig Alter und Geschlecht für Ihre Forschung wirklich sind. Manchmal sind die Lebensphase und ein geschlechtsneutraler Name ausreichend.

Rolle: Realitätsnähe ist entscheidend

Damit Ihre Persona authentisch und relevant ist, wählen Sie eine Rollenbeschreibung, die einer der von Ihnen interviewten Teilnehmerinnen oder einem Teilnehmer ähnelt. Dies stellt sicher, dass die Persona wirklich aus der Lebenswelt Ihrer Zielgruppe stammt.

Zitate: Authentische Einblicke

Nutzen Sie echte Zitate aus Ihren Gesprächen, die Grundüberzeugungen verkörpern oder Haltungen widerspiegeln, die von entscheidender Bedeutung sind. Die wertvollsten Zitate sind jene, die sowohl Verhalten als auch Denkweise der Persona offenbaren.

Ziele: Das Herzstück einer Persona

Ziele sind neben Verhaltensweisen und Gewohnheiten das Herzstück einer Persona. Identifizieren Sie die drei bis vier wichtigsten Ziele für Ihre Persona basierend auf den Erkenntnissen aus Ihren Gesprächen. Diese Ziele geben Ihnen eine klare Richtlinie für Ihre Nutzerzentrierung.

Verhalten und Gewohnheiten: Den Alltag einfangen

Denken Sie darüber nach, welche Verhaltensweisen und Gewohnheiten wirklich prägend für Ihre Persona sind. Das können Dinge sein wie das Treffen von Entscheidungen in Absprache mit anderen oder das Schmieden von Plänen in letzter Minute. Das echte Leben ist selten linear, oft unvollkommen und stets komplex – und genau das sollten Sie in Ihrer Persona festhalten. In unserem Fall haben wir mit mehreren Personen gesprochen, die gründlich recherchieren, bevor sie Entscheidungen treffen, und die die Meinungen des Teams heranziehen. Genau solche Informationen müssen in Ihre Persona einfließen.

Fähigkeiten: Vielfalt zählt

Unter Fähigkeiten verstehen wir nicht nur technisches Fachwissen, sondern auch körperliche und kognitive Fähigkeiten. Hier sollten Sie keine voreiligen Annahmen treffen, sondern aktiv nachfragen. Betrachten wir beispielsweise die Situation von Sarah, die nach einem Kollaborationstool sucht. Sarah ist eine erfolgreiche Projektmanagerin in einem Technologieunternehmen, aber sie hat wenig Zeit, sich mit den neuesten technischen Anwendungen vertraut zu machen, da sie den Großteil ihres Tages in der Praxis verbringt. Sie könnte als Repräsentantin für all diejenigen dienen, die zwar über geringeres technisches Fachwissen verfügen, sich aber keinesfalls »dumm« fühlen möchten. Dies verdeutlicht die Vielfalt der Fähigkeiten und Anforderungen innerhalb Ihrer Zielgruppen.

Umfeld: Die Welt Ihrer Persona

Denken Sie über sämtliche Umweltaspekte nach, die die Interaktion Ihrer Persona mit Ihrer Lösung beeinflussen könnten. Welche Personen umgeben Ihre Zielgruppe? Wo und wie arbeiten sie? Wie viel Zeit verbringen sie online? Betrachten wir erneut Sarah, die auf der Suche nach einem Kollaborationstool ist. Sie arbeitet in einem Unternehmen mit verteilten Teams und benötigt eine Lösung, die eine nahtlose Online-Kommunikation ermöglicht. Ihr Umfeld ist geprägt von verschiedenen Kollegen und Teammitgliedern, die sie während der Arbeit online treffen muss. Dies verdeutlicht, wie wichtig es ist, die Umgebung Ihrer Persona zu verstehen, um ihre Anforderungen zu erfüllen.

Beziehungen: Die Netzwerke Ihrer Persona

Achten Sie auch auf die Beziehungen Ihrer Persona, die ihre Interaktion mit Ihrer Lösung beeinflussen könnten. Gibt es Kollegen, die Einfluss auf ihre Entscheidungen haben? Wer wird während der Nutzung Ihrer Lösung in ihrer Nähe sein und möglicherweise daran teilnehmen? Nutzen Sie hierbei reale Daten, die Sie entweder direkt aus Gesprächen gewinnen können oder die Sie anderweitig recherchiert haben. In Sarahs Fall könnten einige ihrer Teamkollegen Einfluss auf die Auswahl des Kollaborationstools haben, da sie gemeinsam an Projekten arbeiten. Das Verständnis für solche Beziehungen kann zu interessanten Mehrzweckszenarien führen.

Szenarien: Die Geschichten Ihrer Persona

Szenarien sind die Handlungen, in denen Ihre Persona agiert. Jedes Szenario erzählt die Geschichte, wie eine Persona ihr Ziel erreicht, indem sie mit Ihrer Lösung interagiert. Szenarien sind äußerst hilfreich, um die Anforderungen zu konkretisieren, Lösungen zu erforschen und vorgeschlagene Lösungen zu validieren. Betrachten Sie Szenarien immer aus der Perspektive Ihrer Persona. Während die Eigenschaften Ihrer Persona relativ konstant bleiben sollten, können sich die Szenarien im Laufe der Zeit vertiefen und ändern. Ihr Verständnis der Lösung sollte jedoch beständig bleiben. Sie können Szenarien in Form von kurzen Texterzählungen, Schritt-für-Schritt-Abläufen oder sogar Storyboards darstellen. Lassen Sie Ihrer Kreativität freien Lauf, achten Sie jedoch darauf, dass die Szenarien verständlich bleiben und dazu beitragen, sich Ihre Persona lebhaft vorzustellen.

Szenarien sind mehr als nur einfache Anwendungsfälle oder User Stories, die Interaktionen zwischen einem System und einem Benutzer beschreiben. Sie bieten einen Einblick in die Welt aus der Perspektive des einzelnen menschlichen Nutzers, der durch die Persona repräsentiert wird. Szenarien fokussieren sich darauf, wie dieser Nutzer seine Ziele erreicht und mit Ihrer Lösung interagiert, anstatt sich auf die technische oder geschäftliche Perspektive zu konzentrieren. Dies stellt sicher, dass Ihre Entwicklungsprozesse und Lösungen stets die Bedürfnisse und Erfahrungen der realen Nutzer im Blick behalten.

Fokus: Behalten Sie Ihre Persona im Blick
Nachdem Sie die Persona erstellt haben, sollten Sie sich immer wieder fragen: »Erfüllt diese Lösung die Bedenken von Sarah hinsichtlich der Kundenansprache?« oder »Würde Sarah verstehen, was zu tun ist?«. Anstatt Ihre eigenen Vorlieben oder die Zufriedenheit Ihres Chefs in den Vordergrund zu stellen, bleiben die Perspektive von Sarah und ihre Anforderungen im Mittelpunkt Ihrer Entscheidungen. Dies stellt sicher, dass Ihre Lösungen tatsächlich die Bedürfnisse und Erwartungen Ihrer Zielgruppe erfüllen.

Customer Journey Map

Die Customer Journey Map ist im Wesentlichen eine Visualisierung, die den gesamten Pfad darstellt, den ein Kunde beim Interagieren mit einem Produkt oder einer Dienstleistung durchläuft.

In unserer Fallstudie über das Softwarehaus, das ein Kollaborationstool entwickelt, haben wir die Customer Journey Map verwendet, um den Kundenpfad von der ersten Berührung mit dem Tool bis zur kontinuierlichen Nutzung zu verfolgen. Diese Methode hat uns geholfen, die Erfahrungen und Emotionen der Kunden während jeder Phase des Prozesses besser zu verstehen.

Wir konnten so die wichtigen Momente, Herausforderungen und Erkenntnisse auf dieser Reise beleuchten und herausfinden, wie die Anwendung dieser Methode dem Softwarehaus geholfen hat, doch noch auf die Bedürfnisse und Anforderungen der Kunden einzugehen. Auf diese Weise sind die Erfolgsaussichten des Projekts erheblich gestiegen.

Schritt 1: Identifizieren Sie die Phasen der Kundenreise

Bestimmen Sie die verschiedenen Phasen, die ein Kunde durchläuft, wenn er Ihr Produkt oder Ihre Dienstleistung nutzt. Dies kann die Phase der Entdeckung, der Anmeldung, der Nutzung, der Problemlösung und andere umfassen, je nachdem, wie komplex Ihr Produkt oder Ihre Dienstleistung ist. Überlegen Sie, welche Aspekte des Kundenerlebnisses Sie genauer verstehen oder verbessern möchten.

Schritt 2: Sammeln Sie Informationen

Sammeln Sie Daten und Informationen darüber, wie Kunden in jeder Phase interagieren. Das kann durch Kundenumfragen, Interviews, Analyse von Benutzerdaten oder andere Forschungsmethoden erfolgen. Noch besser ist es, wenn Sie bereits Personas erstellt haben. Diese können Sie an dieser Stelle bestens einsetzen. Es ist wichtig, die Perspektive der Kunden einzunehmen und ihre Bedürfnisse, Ziele und Emotionen zu berücksichtigen.

Schritt 3: Erstellen Sie die Customer Journey Map

Zeichnen Sie eine horizontale Linie, die die gesamte Kundenreise darstellt. Markieren Sie die verschiedenen Phasen entlang dieser Linie. Dann füllen Sie die Map mit Informationen über Kundenaktionen, Gedanken, Emotionen und Touchpoints in jeder Phase. Verwenden Sie Symbole, Farben und Anmerkungen, um die Informationen anschaulich darzustellen.

Abbildung 4: Aufbau einer Customer Journey Map[9]

In der Customer Journey lassen sich verschiedene Phasen identifizieren, die typischerweise von einem potenziellen Kunden durchlaufen werden. Diese Phasen können je nach Branche, Produkt oder Service unterschiedlich sein, aber sie lassen sich grob in die folgenden Schritte unterteilen:

1. **Aufmerksamkeit:** In dieser Phase wird der Kunde erstmals auf ein Unternehmen, ein Produkt oder eine Dienstleistung aufmerksam. Der Kunde wird sich bewusst, dass es etwas gibt, das seine Aufmerksamkeit verdient.

   Unsere Persona Sarah hört von dem Kollaborationstool von einem Kollegen und beschließt, es auszuprobieren.
2. **Erwägung:** In dieser Phase beginnt der Kunde, sich mit dem Unternehmen, dem Produkt oder der Dienstleistung näher auseinanderzusetzen. Der Kunde recherchiert, vergleicht und bewertet verschiedene Optionen, um dann eine Entscheidung zu treffen.

Sarah besucht die Website des Softwarehauses, liest die Produktbeschreibung und lädt die Testversion herunter. Nach dem Herunterladen des Tools startet sie die Anwendung.

3. **Kauf:** In dieser Phase trifft der Kunde eine Entscheidung und kauft das Produkt oder die Dienstleistung. Der Kaufprozess kann online oder offline erfolgen, abhängig von den Vorlieben des Kunden.

   Sarah hat das Produkt gekauft. Sie wird durch den Onboarding-Prozess geführt, der ihr die Grundlagen der Software erklärt. Sarah beginnt, das Tool zu nutzen, um Projekte mit ihrem Team zu organisieren und Dokumente zu teilen.
4. **Service:** In dieser Phase erhält der Kunde das Produkt oder die Dienstleistung und kann den Kundenservice des Unternehmens kontaktieren, wenn er Fragen oder Probleme hat. Die Erfahrung des Kunden mit dem Kundenservice kann einen großen Einfluss darauf haben, ob er das Unternehmen in Zukunft erneut nutzen wird.

   Im Laufe der Zeit stößt Sarah auf einige Probleme mit der Software. Sie findet es schwierig, bestimmte Funktionen zu finden, und hat Schwierigkeiten bei der Zusammenarbeit mit einem neuen Teammitglied. Sie kontaktiert den Kundensupport des Softwarehauses, um Unterstützung zu erhalten.
5. **Bindung:** In dieser Phase bewertet der Kunde seine Erfahrungen mit dem Unternehmen und entscheidet, ob er in Zukunft erneut bei diesem Unternehmen kaufen wird oder nicht. Ein positiver Eindruck kann dazu führen, dass der Kunde das Unternehmen weiterempfiehlt und in Zukunft wiederholt einkauft.

   Der Kundensupport ist hilfreich und reagiert schnell auf Sarahs Anfragen. Sie erhält klare Anweisungen zur Lösung ihrer Probleme und erfährt von neuen Funktionen, die ihr helfen könnten.

Schritt 4: Identifizieren Sie Chancen und Probleme

Analysieren Sie die erstellte Customer Journey Map, um Chancen und Probleme zu identifizieren. Wo gibt es positive Kundenerfahrungen, und wo treten Herausforderungen auf? Wo könnten Verbesserungen vorgenommen werden, um die Kundenzufriedenheit zu steigern?

Schritt 5: Entwickeln Sie Lösungen

Basierend auf den Erkenntnissen aus der Customer Journey Map können Sie Lösungen entwickeln, um die Kundenreise zu optimieren. Dies können Änderungen an Produktdesign, Kundensupport, Marketingstrategien oder anderen Bereichen sein. In unserem Fall konnten wir folgende Lösungen daraus ableiten:

- **Verbesserte Benutzeroberfläche:** Das Softwarehaus entschied sich, die Benutzeroberfläche der Software zu überarbeiten, um sie benutzerfreundlicher und intuitiver zu gestalten. Es fügte Hilfetexte hinzu, optimierte Menüs und vereinfachte Funktionen.
- **Erweiterte Schulungen und Tutorials:** Um Kunden in der Anfangsphase der Nutzung besser zu unterstützen, bot es umfassende Schulungsmaterialien und Tutorials an. Das half den Kunden, die Software schneller zu verstehen und effektiver zu nutzen.
- **Verbesserter Kundensupport:** Das Team weitete seinen Kundensupport aus, indem es mehr Ressourcen für die Beantwortung von Fragen und die Lösung von Problemen bereitstellte. Das umfasste die Einführung eines Chat-Supports und eines 24/7-Kundendienstes.
- **Feedbackschleife:** Das Unternehmen richtete eine kontinuierliche Feedbackschleife mit den Kunden ein, um deren Anliegen und Bedenken besser zu verstehen und darauf zu reagieren. Dies beinhaltete die regelmäßige Durchführung von Umfragen und Interviews.

Fallstricke und Tipps

- Die Customer Journey sollte unbedingt auf umfangreicher Recherche und Daten basieren, nicht auf Annahmen.
- Vermeiden Sie es, die Customer Journey zu vereinfachen. Kundenreisen können komplex sein, und es ist wichtig, die Vielfalt der Kundenperspektiven zu berücksichtigen.
- Stellen Sie sicher, dass Sie die Customer Journey regelmäßig

aktualisieren, da sich Kundenbedürfnisse und -verhalten im Laufe der Zeit ändern können.

- Teilen Sie die Customer Journey Map mit Ihrem Team, um gemeinsam Lösungen zu entwickeln und sicherzustellen, dass alle auf dem gleichen Stand sind.

Visualisierung der Kundenbefragungen

In unseren Workshops starten wir oft mit einer spannenden Aktivität: der Visualisierung unseres aktuellen Projekts. Dafür verwenden wir eine physische Zeitleiste, die den Workshopraum durchzieht. Auf dieser Zeitleiste sind das Startdatum des Projekts und die wichtigen Meilensteine klar erkennbar dargestellt. Doch das ist noch nicht alles – wir machen das Ganze interaktiv und stellen zwei kritische Fragen in den Raum:

1. Wann hat das Team während des Projekts wirklich Zeit damit verbracht, echte Nutzer und Kunden bei ihrer alltäglichen Interaktion mit dem Produkt oder der Dienstleistung zu beobachten?
2. Wann haben sich die anderen Stakeholder, die am Projekt beteiligt sind oder wichtige Entscheidungen treffen müssen, tatsächlich Zeit genommen, um echte Benutzer bei der Arbeit zu beobachten?

Die entsprechenden Teilnehmer stehen auf, bewegen sich umher und setzen sich an verschiedenen Punkten auf der Zeitleiste, um ihre Antworten zu visualisieren. Doch fast jedes Mal, wenn wir diese Übung durchführen, erhalten wir eine einheitliche Antwort: »Wir beobachten und befragen viel zu wenig.«

Moment mal! Das bedeutet nicht unbedingt, dass das Team überhaupt keine Zeit mit den Nutzern verbringt. Viele von ihnen führen regelmäßige Usability-Tests durch und prüfen, wie gut ihre Produkte funktionieren. Aber hier liegt der Clou: Nur wenige nehmen sich die Zeit für empathische Gespräche, bei denen sie die Nutzer in ihrer natürlichen Umgebung besuchen und so wertvolle

Erkenntnisse darüber gewinnen, wie das Produkt oder die Dienstleistung im Alltag tatsächlich genutzt wird. Doch dann kommt oft die Standardentschuldigung: »Wir haben einfach nicht genug Zeit dafür. Außerdem kennen wir unseren Kunden sowieso gut genug, dass wir nicht noch Zeit für die Befragung brauchen.« Wenn das auch auf Sie zutrifft, sollten Sie innehalten und darüber nachdenken, wie Sie die Forschungsmöglichkeiten Ihres Teams erweitern können. Denn oftmals haben genau diejenigen, die den größten Einfluss auf das Nutzererlebnis haben, den geringsten Kontakt zu den Nutzern. Das ist wie ein Koch, der nie seine eigenen Gerichte probiert – woher will er dann wissen, ob sie schmecken?

In den meisten Projekten gibt es Führungskräfte und Stakeholder, die maßgeblich darüber entscheiden, wie viel Budget ein Projekt bekommt, wie lange es dauert und wie viele Teammitglieder daran arbeiten. Jede dieser Entscheidungen wirkt sich enorm auf das aus, was das Team den Nutzern bieten kann. Doch ausgerechnet diese Entscheidungsträger verbringen zu wenig Zeit mit den Nutzern. Ihnen fehlt das notwendige Verständnis für die Herausforderungen und Bedürfnisse der Nutzer. Das ist in etwa so, als würde man den Kapitän eines Schiffes ohne Seekarten und Navigationssystem auf eine lange Reise schicken.

Die Beobachtung und Befragung von Nutzern hilft im Grunde, drei grundlegende Fragen zu beantworten:

1. Haben wir überhaupt das richtige Problem identifiziert? Arbeiten wir an den Herausforderungen, die unsere Nutzer am meisten betreffen?
2. Konzentrieren wir uns, nachdem wir das Problem verstanden haben, auf die richtige Lösung?
3. Wissen wir, wie wir diese Lösung auf die bestmögliche Weise umsetzen und bereitstellen können?

Diese Fragen sind entscheidend, um das Team dazu zu bringen, die Nutzerforschung in den Mittelpunkt der Unternehmenskultur zu rücken. Durch diese Forschung fließen bessere Erkenntnisse in die Entscheidungsprozesse ein, was letztendlich zu erfolgreichen

Produkten und Dienstleistungen führt. Das größte Hindernis für die Bereitstellung gut gestalteter Produkte und Dienstleistungen ist ein Mangel an Verständnis für die Benutzer. Teammitglieder und Stakeholder können einfach keine guten Entscheidungen treffen, wenn sie nicht wissen, was die Nutzer wirklich wollen und brauchen. Wenn eine Organisation die Forschung vernachlässigt, führt dies zu einer Abwärtsspirale, bei der die Qualität der Produkte und Dienstleistungen immer weiter abnimmt. Die beste Lösung ist daher eine klare Investition in die Nutzerforschung. Das ist der Weg zum Erfolg!

Keine Zeit für keine Zeit

Bei unserem Workshop mit den Beratern des Softwarehauses haben wir diese Visualisierungsübung ebenfalls gemacht, um zu sehen, wie stark sie tatsächlich den Kunden und Nutzer miteinbezogen haben. Für jede Kommunikation mit Kunden wurde eine Haftnotiz beschriftet und zur jeweiligen Zeitperiode auf den Boden gelegt. Sehen Sie sich das Ergebnis an und entscheiden Sie selbst:

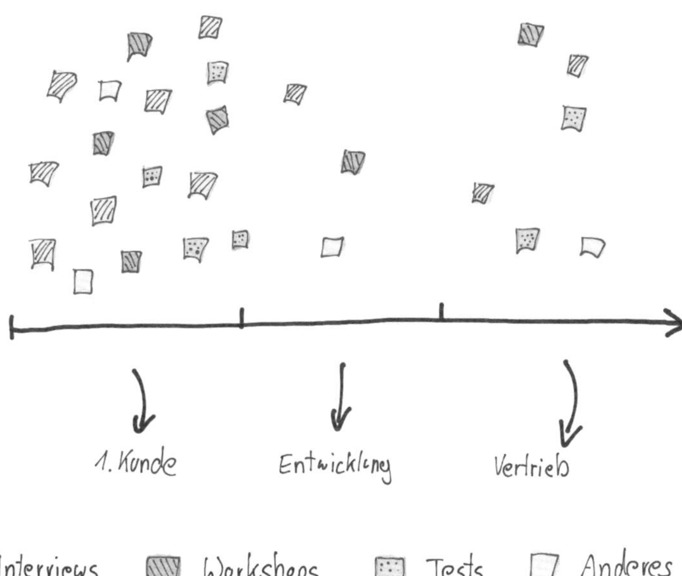

Abbildung 5: Visualisierung der Kundenkontakte

Die IT-Berater begannen die Visualisierung voller Zuversicht: Sie starteten in dem Jahr, als die ursprüngliche Kommunikationslösung für den ersten Kunden für dessen speziellen Bedarf entwickelt wurde. In diesem Jahr gab es relativ viel Kommunikation mit den tatsächlichen Nutzern des Systems: viele Interviews, um die Anforderungen besser zu verstehen, einige gemeinsame Workshops und eine Menge Tests vor Ort. Im nächsten Jahr, als das Softwarehaus entschied, die Lösung zu »skalieren«, gab es während der Konzeption allerdings fast keine Kommunikationspunkte mit neuen Nutzern oder Unternehmen. Es wurden keine Gespräche geführt und auch keine neuen Workshops abgehalten. Es gab lediglich ein paar Meetings mit dem Erstkunden, die sich aber eher auf Fehlerbehebungen bezogen als auf neue Funktionen oder die Zufriedenheit mit den bestehenden Features der Kommunikationssoftware. Der erste Kommunikationspunkt mit neuen Kunden beziehungsweise deren Nutzern fand erst in der Vertriebsphase statt, als potenziellen Kunden die neue Software vorgestellt wurde – leider viel zu spät!

Die physische Aufstellung half den Mitarbeitern, sehr plakativ zu sehen, dass sie ihre Nutzer nie befragt haben. In ihrer eigenen Erinnerung ist ihnen das vor der Aufstellung aber nicht bewusst gewesen – das ist der beschriebene Rückschaufehler. Sie hatten viel Erfahrung mit ihrem Kommunikationstool, vergaßen dabei aber, die Bedürfnisse der neuen Kunden zu erfragen – der Fluch des Wissens. Mit mangelndem Wissen über die Kunden hat es aber auch keinen Sinn, Personas oder Empathy Maps zu erstellen – flaches »Chauffeur-Wissen«.

Also machte sich das Unternehmen noch einmal auf den Weg, um gründlichere Erkenntnisse über seine Zielgruppe zu erlangen. Als die IT-Berater diesen Schritt unternahmen, öffneten sich plötzlich Türen zu bisher ungeahnten Chancen. Anstatt krampfhaft zu versuchen, die Kunden an vorhandene Lösungen anzupassen, begannen sie, die Lösungen an die wirklichen Bedürfnisse ihrer Kunden anzupassen.

Dieses Fallbeispiel verdeutlicht meiner Meinung nach sehr gut, was passiert, wenn Nutzerbefragungen und Beobachtungen zu spät oder überhaupt nicht durchgeführt werden. Die Berater stolperten über unvorhergesehene Herausforderungen, die zu Verzögerungen führten, Kundenbeschwerden häuften sich und die unvermeidlichen Anpassungen an ihre Produkte wurden zu einem mühsamen Prozess. Der Mehrwert einer gründlichen Nutzerforschung von Anfang an ist einfach unverzichtbar.

Ausrede Nr. 3: Wir haben bereits eine Marktforschung beauftragt

Warum Forschung eine wichtige Rolle in jeder Organisation spielen sollte

»Ihre unzufriedensten Kunden sind Ihre größte Lernquelle.«

– Bill Gates

Es ist bedauerlich, dass die meisten Menschen heutzutage ihre Einkäufe ausschließlich in den riesigen Supermärkten erledigen und damit die einst so lebendige Vielfalt der lokalen Geschäfte und Wochenmärkte verloren geht. In den meisten Städten, in denen einst lokale Geschäfte das Herzstück der Gemeinschaft bildeten, hat sich die Einkaufslandschaft dramatisch verändert. Früher konnte man bequem zu Fuß durch lebhafte Straßen schlendern und in charmanten Läden stöbern, wo der freundliche oder auch grantige Ladenbesitzer noch persönlich alle gekannt hat. Doch heute machen die Supermärkte am Stadtrand das Geschäft, die nur noch mit dem Auto erreichbar sind. Die romantische Vorstellung von lokalen Geschäften und den bunten Wochenmärkten, auf denen frische Produkte und handgemachte Köstlichkeiten angeboten werden, scheint in unserer modernen, hektischen Welt verloren gegangen zu sein. Stattdessen greifen die Menschen lieber zu den abgepackten Waren in den steril wirkenden Gängen der Supermärkte. Doch in fast jeder Stadt gibt es noch versteckte Orte, an denen diese traditionelle Atmosphäre der Einkaufserlebnisse noch lebendig ist.

Ein solcher Ort ist der Wiener Naschmarkt. Hier erwacht die verlorene Energie in einer zauberhaften Welt aus Aromen, Farben und Klängen wieder zum Leben. Wenn man die Fußgängerzone des Naschmarkts entlangschlendert, wird man von einem Kaleidoskop an Eindrücken umhüllt. Der verführerische Duft von frischem Brot, köstlichem Kaffee und exotischen Gewürzen zieht durch die

Gassen. Hier, inmitten einer Welt aus kulinarischen Verlockungen, verschwimmen die Grenzen zwischen den Kontinenten. Einheimische und Besucher tauchen gleichermaßen ein in diese lebendige Atmosphäre, lassen sich von den kulinarischen Köstlichkeiten inspirieren und genießen das pulsierende Miteinander.

Auf dem Wiener Naschmarkt trifft man auf das lebendige Treiben eines Gemüsemarktes im Kontrast zur steril-effizienten Welt der Supermärkte. Hier pulsiert das Leben, während dort nur noch die glänzenden Regalreihen dominieren. Hier spürt man die Leidenschaft der Händler für ihre Produkte, während dort nur noch Preis- und Produktetiketten sprechen. Der Naschmarkt ist ein lebendiger Mikrokosmos, in dem das Einkaufen zu einer sinnlichen Erfahrung wird, während der Supermarkt lediglich eine transaktionsorientierte Aufgabe ist.

Von der Delikatesse zur Konservendose – ungefähr so könnte man, mit einem sardonischen Unterton, die Entwicklung eines unserer Kunden aus der Lebensmittelbranche bezeichnen. Pikanterweise wurde das Unternehmen vor etwas mehr als einem Jahrhundert auf einem Markt gegründet: ein Ehepaar, ein Stand und viele Delikatessen. Die Kunden waren zufrieden, also kamen andere Standorte dazu. Die Kunden wurden preisbewusster, also nahm man auch einfach herzustellende Produkte ins Angebot mit auf. Die eigenen Stände wurden in den folgenden Jahrzehnten nach und nach aufgegeben, und an deren Stelle traten Fabriken und Massenfertigung. Das eine kam zum anderen und im 21. Jahrhundert fand sich das Unternehmen als erfolgreicher, aber auch etwas verwechselbarer Lieferant von abgepackten Nahrungsmitteln für diverse Supermarktketten des Landes wieder. Doch die Rückkehr der Individualität in den Lebensmittelmarkt brachte erneut eine Verschiebung: Neue (beziehungsweise alte) Trends wie Bio-Lebensmittel, lokale Erzeugung und individuelle Ernährungsoptionen haben das Unternehmen an Glanz einbüßen lassen.

In dieser Situation kam die Geschäftsführerin des Unternehmens auf uns zu. Sie war die Urenkelin des Gründerehepaares und von der Gründungsgeschichte der Urgroßeltern angetan. Das erklärt vielleicht auch ihren Hang zur Romantik und zu den alten Stärken des Unternehmens: Sozusagen »weg von der Konservendose, zurück zur Delikatesse«. Sie hörte damals unsere Episoden aus dem *Design Thinking Podcast* (https://gdt.li/dt530) über Henry Ford und kontaktierte uns, da ihr unser kundenzentrierter Beratungsansatz gefiel. Und uns gefiel ihre Vision. Also vereinbarten wir ein erstes Testprojekt, bei dem es um die Entwicklung einer neuen Produktreihe ging. Wir merkten allerdings schnell, dass das Unternehmen über die Jahrzehnte eine Bürokratie und Behäbigkeit entwickelt hatte, die den neuen Produkten entgegenstanden.

Neue Produktideen entstehen oft aus den besten Absichten heraus. So hatte zum Beispiel ein Teammitglied eine verfolgenswerte Vision zur Erweiterung des Produktsortiments. Doch dann begann eine wahre Odyssee. Die Idee wurde durch ein endloses Labyrinth aus Meetings, Diskussionen und E-Mail-Fluten gezogen. Sie wurde gewälzt, umgeworfen und erneut durchdacht. Selbst externe Agenturen wurden hinzugezogen, um ausführliche Marktforschungen durchzuführen und herauszufinden, in welche Richtung der Wind weht. Die Idee verbrachte so viel Zeit im Wartezimmer der Entscheidungsfindung, dass sie schließlich abgestanden wirkte.

Aber warum geschah all das? Einer der Gründe war eine ausgeprägte Risikoaversion, die sich wie eine düstere Wolke über das Unternehmen legte. Die Angst vor Fehlern war so überwältigend, dass das Team lieber Stunden in endlosen Diskussionen verbrachte, als das Risiko einzugehen, dass die Idee möglicherweise scheitern könnte. Ein weiterer Grund war die übertriebene Vorstellung, dass nur externe Experten die Antworten auf ihre kulinarischen Herausforderungen hatten, als ob ihre eigenen Produktentwickler nicht bereits brillant genug wären. Wenn Sie die ersten Kapitel bereits gelesen haben, wissen Sie, wie und warum wir Kundenbefragungen durchführen und welche Vorteile dies bringt. Die Ausrede, dass *»wir unsere Kunden in- und auswendig kennen«*, gilt nicht mehr.

Unsere Lebensmittelproduzentin jedoch hatte eine ganz eigene Ausrede auf Lager. Sie argumentierte, dass sie bei der Einführung neuer Produkte lieber auf externe Marktforschungsunternehmen zurückgriff. Diese waren bereit, ihr die mühsamen Kundenbefragungen abzunehmen, und außerdem schien es im Unternehmen niemanden zu geben, der auch nur den Hauch einer Ahnung von Forschung hatte. Es ist höchste Zeit, die Vorurteile über Forschung auszuräumen!

Keine Angst vor Forschung

Die Angst vor Forschung ist ein seltsames Phänomen, das mir immer wieder in Unternehmen begegnet. Sobald ich den Begriff »Forschung« ausspreche, weiten sich die Augen, wie bei einer Begegnung mit einem Geist. Doch warum fürchten sich so viele Menschen vor Forschung? Ist es die Angst vor dem Unbekannten, das Misstrauen gegenüber komplizierten Konzepten oder einfach die Vorstellung, dass Forschung nur von Genies und Nerds durchgeführt werden kann? Vielleicht sollten wir uns dieser Furcht stellen und uns fragen, ob sie gerechtfertigt ist. Schließlich sind es die Entdeckungen und Erkenntnisse aus der Forschung, die die Welt vorantreiben und uns helfen, die Geister unserer eigenen Neugier zu vertreiben.

Die gute Nachricht lautet: Forschung ist gar nicht so gruselig, wie sie auf den ersten Blick erscheinen mag. Tatsächlich kann sie ziemlich einfach sein und vor allem jede Menge Spaß machen. Denken Sie nur daran, wie Kinder die Welt erforschen – neugierig, ohne Vorurteile, mit einem konzentrierten Gesichtsausdruck, aber einem Leuchten in den Augen. Forschung ist im Grunde nichts anderes als kritisches Denken in Aktion. Mit einer kleinen Portion Mut kann jedes Teammitglied seine Denkweise öffnen und sich für neue Ideen begeistern lassen. Gemeinsam können Sie Herausforderungen meistern, sodass niemand, der vor einer entscheidenden Situation steht, jemals wieder in Erwägung zieht, externe Marktforschung zur Befragung der Nutzer hinzuzuziehen. Forschung ermöglicht es Ihnen, die Rätsel des Lebens zu entschlüsseln, Ihre Welt zu verbessern und neue Horizonte zu erkunden. Sie erfordert keine übernatürlichen Fähigkeiten, sondern nur den Mut, Fragen zu stellen, und den Spaß an der Entdeckung.

Forschung in Unternehmen erfordert aber auch eine Vielzahl von Eigenschaften und Fähigkeiten, die Sie mitbringen und fördern sollten:

- **Neugier** ist dabei der Schlüssel, denn Sie müssen ständig Fragen stellen, um neue Erkenntnisse zu gewinnen.
- **Kreativität** spielt ebenfalls eine wichtige Rolle, um innovative Lösungen für komplexe Probleme zu entwickeln.
- **Analytisches Denken** ist unerlässlich, um Daten sorgfältig zu analysieren und fundierte Entscheidungen treffen zu können.
- **Kommunikationsfähigkeit** ist entscheidend, um Ihre Forschungsergebnisse verständlich zu präsentieren und andere im Unternehmen zu überzeugen.
- **Teamarbeit** ermöglicht es, gemeinsam an Projekten zu arbeiten und unterschiedliche Perspektiven einzubeziehen.
- **Ethik** ist von großer Bedeutung, um verantwortungsvoll mit Ihrer Forschung und den involvierten Personen umzugehen.

Letztendlich geht es in der Forschung nicht darum, Bestätigung für das zu finden, was wir bereits wissen. Es geht vielmehr darum, den Wunsch zu haben, etwas Neues und Unbekanntes zu entdecken. In der Forschung gibt es keine verletzten Gefühle oder Eitelkeiten, sondern nur Erkenntnisse.

Der Einsatz externer Marktforschung

Die meisten Unternehmen setzen beim Thema Forschung auf externe Marktforschungsagenturen. Meistens werden von diesen eine oder mehrere der folgenden Aufgaben übernommen:

- **Marktanalyse und Segmentierung:** Agenturen analysieren den Markt und helfen dabei, relevante Marktsegmente zu identifizieren. Das ermöglicht dem Unternehmen, seine Zielgruppen besser zu verstehen und gezieltere Marketingstrategien zu entwickeln.

- **Wettbewerbsanalyse:** Durch die Untersuchung der Wettbewerbslandschaft kann die Agentur Einblicke in die Stärken und Schwächen der Mitbewerber liefern. Das hilft dem Unternehmen, seine Wettbewerbsposition zu stärken und differenzierte Angebote zu entwickeln.
- **Kundenzufriedenheitsstudien:** Die Agentur kann Kundenbefragungen und -studien durchführen, um die Zufriedenheit der Kunden zu messen und potenzielle Verbesserungsbereiche zu identifizieren.
- **Trend- und Innovationsforschung:** Marktforschungsagenturen identifizieren Trends und Innovationen in der Branche und unterstützen so Unternehmen dabei, frühzeitig auf Veränderungen im Markt zu reagieren.
- **Produktentwicklung und -verbesserung:** Durch die Zusammenarbeit mit einer Marktforschungsagentur können Unternehmen Feedback von potenziellen Kunden erhalten, um bestehende Produkte zu optimieren oder neue Produkte zu entwickeln, die besser den Bedürfnissen des Marktes entsprechen.

Externe Markforschungsagenturen können mit manchen Versprechungen verlocken, die jedoch oft nicht haltbar sind. Manche Agenturen versuchen, den Eindruck zu erwecken, dass sie den Erfolg Ihrer Produkte oder Dienstleistungen vorhersagen können. In der Realität ist jedoch niemand in der Lage, den Erfolg mit absoluter Sicherheit vorherzusagen, da viele Faktoren außerhalb der Kontrolle der Agentur und des Unternehmens liegen. Oft werden auch schnelle Ergebnisse versprochen, aber das Briefing und die laufende Kommunikation kann durchaus zeitaufwändig sein, da externe Marktforschung sorgfältige Planung und Analyse erfordert. Schnelle Ergebnisse führen nur zu ungenauen oder oberflächlichen Informationen.

Lassen Sie sich nicht von dem Trugschluss täuschen, dass es ausreicht, anderen einfach Daten und Fakten zu präsentieren. Forschung ist keine »Beweisführung«. Selbst wenn Sie unermüdlich recherchieren, werden Fakten selten die Überzeugungen der Menschen grundlegend ändern. Meist basieren diese Überzeugungen auf tief verwurzelten Glaubenssätzen, die sie mit sorgfältig ausgewählten Anekdoten untermauern. In unserem Unternehmensalltag stoßen wir täglich auf magisches Denken und eine weitverbreitete Voreingenommenheit, sei es beim oberflächlichen Kopieren des Erfolgs eines Konkurrenten, ohne die zugrunde liegende Logik zu hinterfragen, oder bei der Neigung, Experten mehr zu vertrauen, deren Meinungen uns schmeichelhaft erscheinen.

Wenn Sie Fakten und Daten zur Unterstützung Ihrer Entscheidungsfindung heranziehen möchten, müssen Sie nicht gegen bestehende Überzeugungen ankämpfen, sondern sie in den Prozess einbeziehen. Es geht darum, Interesse zu wecken und Glaubwürdigkeit aufzubauen, selbst bevor die Ergebnisse vorliegen, denn andernfalls riskieren Sie, dass Ihre Erkenntnisse unbeachtet verstauben. Es ist wichtig, stets die gemeinsamen Ziele und Entscheidungen im Blick zu behalten.

Auf Einwände und Herausforderungen zu reagieren, bevor Sie überhaupt mit der Arbeit beginnen, mag zwar zunächst nach Zeitverschwendung aussehen, ist jedoch von unschätzbarem Wert. Denn für diese Aufgabe benötigen Sie die Unterstützung anderer. Menschen, die nicht vom Wert und Potenzial Ihrer Forschungsarbeit überzeugt sind, werden nicht in der Lage sein, klar darzulegen, was Sie herausfinden möchten. Ihre Forschung wird immer nur einen Teil der erforderlichen Informationen liefern. Für die Entwicklung einer erfolgreichen Lösung ist ein zielgerichtetes, iteratives Vorgehen unerlässlich.

Wenn Mitarbeiter eines Unternehmens nicht direkt mit den Kunden sprechen und stattdessen eine Marktforschungsagentur dazwischengeschaltet ist, gehen dadurch viele Chancen verloren. Im schlimmsten Fall entstehen Nachteile für das Unternehmen, die ich in Unternehmen immer wieder beobachten konnte. Der wohl häufigste Effekt ist ein Mangel an direktem Kundenkontakt: Durch das vermehrte Auslagern der Kundenkommunikation verlieren Mitarbeiter die Möglichkeit, eine tiefere Beziehung mit den Kunden aufzubauen, Kundenbedürfnisse aus erster Hand zu verstehen und ein echtes Verständnis für deren Anliegen zu entwickeln. Außerdem können Feedbackschleifen länger dauern, wenn Analysen und Befragungen über externe Agenturen erfolgen. Es kann Zeit benötigen, bis Informationen von der Agentur an die Mitarbeiter weitergeleitet werden, was zu Verzögerungen bei der Umsetzung von Kundenfeedback führen kann.

Wenn Marktforschungsagenturen als Vermittler zwischen dem Unternehmen und den Kunden fungieren, wird häufig die Kundenstimme verzerrt oder nicht vollständig an das Unternehmen weitergegeben. Die Interpretation und Filterung der Kundenmeinungen durch die Agentur kann zu einem Verlust an authentischem Kundenfeedback führen. Und zuletzt führt der Umweg über eine externe Agentur dazu, dass Mitarbeiter weniger flexibel sind und nicht mehr so schnell auf sich ändernde Kundenbedürfnisse oder Marktveränderungen reagieren können. Das Unternehmen wird langsamer, die Anpassungen an Produkten, Dienstleistungen und Marketingstrategien werden langwierige und ermüdende Prozesse.

Von genau solchen ermüdenden Prozessen wurde uns von unserem Kunden aus der Lebensmittelbranche erzählt. Diese langwierigen Prozesse führten zu einer Apathie im Unternehmen, zu sozialem Faulenzen, zu einer hohen Risikoaversion und einer Überschätzung von externer Expertise, die ich im Folgenden näher beschreibe.

Für die Mitarbeiter in dem Unternehmen war das kein angenehmer Zustand, aber ein Zustand, an den sich alle schon längst gewöhnt hatten. Aber eines vorweg: Dieser negative Grundzustand kann in Wahrheit sehr leicht aufgelöst werden – warten Sie es ab.

Organisationsapathie

Organisationsapathie beschreibt eine Situation in einem Unternehmen, in der die Mitarbeiter oder die Organisation als Ganzes eine allgemeine Gleichgültigkeit oder ein Desinteresse gegenüber ihren Aufgaben, Zielen oder der Arbeit im Allgemeinen zeigen.

Dieses schleichende Phänomen tritt besonders oft in großen Unternehmen auf, wo die Bürokratie überhandnimmt und jede Selbstwirksamkeit erstickt wird.

Eine Ursache für diese Apathie sehe ich im übermäßigen Auslagern von Tätigkeiten, die Mitarbeitende auch selbst erledigen könnten – in diesem Fall von der Erhebung von Kundenbedürfnissen und der Marktforschung an externe Agenturen. Natürlich geht – oder sollte zumindest – mit dem Outsourcing auch ein Effizienzgewinn einhergehen, aber wenn dieser durch Organisationsapathie aufgefressen wird, hat das einen doppelt negativen Effekt: Statt selbst die Neugier zu wecken und die Welt zu erforschen, überlassen Unternehmen die Aufgabe anderen und verlieren so den Anreiz zur Eigeninitiative. Die Folge: Mitarbeiter verbringen den ganzen Tag scheinbar fleißig in den Büros, nur um am Ende das Gefühl zu haben, dass sie eigentlich nichts erreicht haben. Am Ende des Tages steht auf der Habenliste: 67 interne Mails im Team, aber 0 Gespräche mit echten Kunden.

Auch eine mangelnde Identifikation mit den Unternehmenszielen kann zu Apathie führen, indem sie die Mitarbeitenden von der Bedeutung ihrer Arbeit entkoppelt. Wenn Mitarbeiter nicht verstehen, wie ihre täglichen Aufgaben dazu beitragen, die übergeordneten Ziele und die Mission des Unternehmens zu erreichen, verlieren sie oft das Gefühl, dass ihre Arbeit einen echten Einfluss hat. Das kann dazu führen, dass sie sich entfremdet und desillusioniert fühlen, was letztendlich zu Apathie führt.

Das selbstständige Durchführen von Kundengesprächen kann dieser Situation entgegenwirken und die Apathie reduzieren. Wenn Mitarbeiter aktiv mit Kunden interagieren und Feedback sammeln, erhalten sie einen direkten Einblick in die Bedürfnisse, Wünsche und Anliegen der Kunden. Dies kann dazu beitragen, dass sie den Wert ihrer Arbeit besser verstehen und erkennen, wie sie direkt zur Kundenzufriedenheit und damit zu den Unternehmenszielen beitragen können. Durch das Sammeln von Kundenfeedback werden Mitarbeiter außerdem dazu ermutigt, proaktiv nach Verbesserungsmöglichkeiten zu suchen und neue Ideen zur Steigerung der Kundenzufriedenheit einzubringen. Dieses aktive

Engagement kann die Identifikation mit den Unternehmenszielen stärken und die Apathie durch die Schaffung einer stärkeren Verbindung zwischen der täglichen Arbeit der Mitarbeiter und den übergeordneten Zielen des Unternehmens reduzieren.

Soziales Faulenzen

Apathie gibt es aber nicht nur auf der Organisationsebene, sondern insbesondere auch in Teams. Sie kann negativen Einfluss auf die Arbeit haben. Stellen Sie sich vor, Sie recherchieren für ein neues Produkt oder möchten für eine neue Idee potenzielle Kunden finden. Oder vielleicht müssen Sie Ihren aktuellen Geschäftsplan oder Ihre Unternehmensstrategie neu bewerten und wollen sicherstellen, dass Sie fundierte Entscheidungen treffen. In den meisten Fällen bedeutet das umfangreiche Recherchen und Analysen – in anderen Worten: eine Menge Arbeit. Viele Unternehmen wenden sich dann an Marktforschungsinstitute, die diese speziellen Aufgaben übernehmen und ihre strategischen Einblicke und Fähigkeiten bereitstellen.

Nicht selten bekomme ich einen Anruf eines großen Unternehmens, ob wir nicht im Rahmen eines Projekts eine Persona (siehe Ausrede Nr. 2) erstellen oder die Befragung der Nutzer übernehmen könnten. Und immer antworte ich gleich: »Nein, können wir nicht. Nicht, weil es uns keinen Spaß machen würde oder weil die Arbeit nicht interessant genug ist, sondern weil es dem Unternehmen schaden würde.« Es gibt viele Vorteile und Gründe, warum Unternehmen selbst befragen und die Ergebnisse analysieren sollten. Einer davon ist die direkte Bindung an den Kunden. Und vor allem das Wissen, das durch die Befragung selbst entsteht und das sonst nur als Interpretation von mir, gefiltert durch mein Vorwissen, meine Vorerfahrung und meine Vorurteile, wiedergegeben wird.

Aber warum ist das so? Warum sind manche Mitarbeiter scheinbar zu faul, um die Arbeit selbst zu erledigen? Ein Mitarbeiter trifft sein Team im Rahmen eines gemeinsamen Projekts. Es geht darum, in möglichst kurzer Zeit einen Prozess neu aufzustellen. Dazu müssen verschiedene Stakeholder befragt werden. Bis jetzt hat das Team noch nicht viel erreicht und keine neuen Informationen herausbekommen. Der Mitarbeiter ist von der Aufgabe gelangweilt, lehnt sich im Stuhl zurück und denkt sich: »Jemand anderes wird dafür sorgen, dass die Arbeit erledigt wird. Schließlich arbeiten noch vier weitere Personen an dem Projekt.« Also schweifen seine Gedanken ab, während die anderen diskutieren. Ein paar Stunden später ist derselbe Mitarbeiter in einem anderen Meeting, in dem es um ein Projekt zur Erstellung einer neuen Software geht. Auch hier müssen erst die Stakeholder identifiziert und dann befragt werden. Die Teammitglieder diskutieren lebhaft und beziehen jeden ein. Auch unser Mitarbeiter ist mit Feuer und Flamme dabei und diskutiert mit, wie das Projekt am besten aufgesetzt werden kann.

Warum lässt jemand sein Team in einer Situation im Stich, gibt aber in einem anderen alles? Manches Mal ist der Grund, dass die Teamarbeit als demotivierend empfunden wird. Es ist so, als würde das Wort »Team« als Akronym für »**T**oll, **e**in **a**nderer **m**acht's« stehen. Menschen reduzieren ihre Anstrengungen automatisch, wenn sie gemeinsam an einer Aufgabe arbeiten. Das Phänomen wird »Social Loafing« genannt, soziales Faulenzen. Teamarbeit kann ein soziales Dilemma darstellen, bei dem Menschen scheinbar zwischen dem Besten für das Team (zum Beispiel hart zu arbeiten, um eine gute Teamleistung zu erzielen) und dem Besten für sich selbst wählen müssen (Anstrengungen zurückhalten, um Ressourcen zu sparen und sie woanders einzusetzen).

Ich bin jedoch der festen Überzeugung, dass Teamarbeit an sich weder motivierend noch demotivierend wirkt. Wenn ich ein Design-Thinking-Projekt starte, wird der Erfolg oder Misserfolg vielmehr von der Zusammensetzung des Teams und der Art und Weise, wie die Arbeit gestaltet wird, bestimmt. Wenn Teammitglieder ihre eigenen Beiträge als unbedeutend erachten und keinen spürbaren Einfluss auf das Teamergebnis haben, neigen sie dazu, weniger Anstrengungen zu investieren, als wenn sie allein arbeiten würden. Dies resultiert aus dem Gefühl der Entbehrlichkeit, da sie glauben, dass ihre Bemühungen nicht von Bedeutung sind und es daher sinnvoll ist, Energie zu sparen. Dieses Entbehrlichkeitsgefühl kann entstehen, wenn die Teamleistung stark von einem einzelnen Mitglied abhängt, das nicht sie selbst sind, oder wenn sie das Gefühl haben, dass ihr eigener Beitrag zur Teamarbeit unwichtig sei. Auch dominante Teammitglieder, die ständig widersprechen, können Frustration und ein Gefühl des Scheiterns hervorrufen.

Wenn Menschen dagegen ihren Beitrag zum Ergebnis des Teams als unverzichtbar empfinden, neigen sie dazu, größere Anstrengungen zu unternehmen. Das kommt daher, dass Menschen generell sozial sein wollen und ein grundlegendes Bedürfnis haben, zu einer Gruppe zu gehören. Menschen kümmern sich gerne um andere und wollen auch etwas beitragen, damit sie etwas bewirken und verändern können. Indem sie ihrem Team zum Erfolg verhelfen, fühlen sich die Mitglieder besser – allein deswegen, weil sie sich als hilfsbereite und kompetente Menschen sehen können.

Wenn Menschen in einem Team arbeiten, vergleichen sie sehr häufig ihre eigene Leistung mit der Leistung eines Kollegen. Nun streben wir alle oft danach, die Leistung anderer zu erreichen oder zu übertreffen, was die Zusammenarbeit mit etwas besseren Teamkollegen zu einer sehr motivierenden Erfahrung macht. Wenn sich die Fähigkeiten der Teammitglieder jedoch zu stark unterscheiden oder die konkrete Aufgabe, die jemand ausführt, sich für einen persönlich als irrelevant anfühlt, ist ein motivierender Effekt sehr unwahrscheinlich. Beispielsweise gab eine Gruppe von Forschern den Teilnehmern falsche Rückmeldungen über die Fähigkeiten ihrer Teammitglieder. Als sie den Teilnehmern sagten, dass ihr Teamkollege immer doppelt so gut sei, zeigten die Teilnehmer schwächere Anstrengungszuwächse.

Sie können dieses Wissen als Projektleiter oder Führungskraft nutzen, um die Arbeit so zu gestalten, dass die Bemühungen der Teammitglieder steigen. Erinnern Sie sich an den Mitarbeiter aus dem Fallbeispiel: Vielleicht hatte er das Gefühl, dass er nicht viel bei der Befragung beitragen kann, weil er nicht gerne mit fremden Personen spricht und ihm die Organisation von den Terminen her zuwider ist. Wenn der Projektleiter das Projekt in Teilaufgaben unterteilt hätte, hätte er möglicherweise das Gefühl gehabt, dass seine Bemühungen wichtig und unerlässlich sind.

Eine andere Möglichkeit, dieses Ziel zu erreichen, könnte darin bestehen, die Arbeit als Abfolge aufeinanderfolgender Aufgaben zu organisieren, sodass Teammitglieder erst dann mit der Arbeit beginnen können, wenn ein Teamkollege seinen Teil erfolgreich erledigt hat. Bei sequenzieller Arbeit können Mitglieder, die später arbeiten, die suboptimalen Leistungen früherer Mitglieder kompensieren, was sich besonders motivierend anfühlen kann. Es ist in neu gebildeten Teams noch wichtiger, unverzichtbar zu sein – auch dann, wenn die Leute an einer eher langweiligen oder bedeutungslosen Aufgabe arbeiten.

Erfolgreiche Teamarbeit erfordert, dass die Beiträge jedes Einzelnen im Team deutlich sichtbar sind. Eine effektive Methode hierfür ist, die Teammitglieder selbst ihre Gespräche reflektieren und analysieren zu lassen. Warum ist das so wichtig? Das Gefühl, dass unsere Arbeit von anderen bewertet wird, kann dazu führen, dass wir uns zurückhalten und weniger zur Gruppendynamik beitragen. Einfaches Überwachen und Ermahnen führt oft nicht zum gewünschten Ergebnis. Stattdessen ist es effizienter, die Motivation der Teammitglieder zu steigern, indem sie sich in sozialen Vergleichen engagieren können. Um sinnvolle Vergleiche anzustellen, muss die individuelle Leistung genauso deutlich erkennbar sein wie die Leistung der anderen. Dies erreichen Sie, indem Sie die Beiträge jedes Einzelnen für alle im Team transparent machen. Teamarbeit ist im geschäftlichen Kontext unverzichtbar und bietet die Möglichkeit für gegenseitige Unterstützung, Lernen voneinander und gelegentlich sogar die Kompensation von fehlenden Fähigkeiten durch andere Teammitglieder.

Risikoaversion

Angst ist ein wichtiger Teil der menschlichen Natur, und das gilt natürlich auch im Unternehmen: Dahinter verbirgt sich oft die Sorge, etwas falsch zu machen, dumm auszusehen oder die Erwartungen anderer (oder die eigenen) nicht zu erfüllen. Aber wenn Sie etwas nicht tun, weil Sie Angst vor einem möglichen Scheitern haben, werden Sie kaum wachsen können. Es gibt Forschungen[1], die behaupten, dass Menschen mehr Angst vor dem Scheitern haben als vor dem Tod. Einer anderen Studie[2] nach raubt die Versagensangst 90 Prozent der befragten CEOs den Schlaf. Solche Ängste gefährden die unternehmerische Zukunft und führen dazu, dass viele Ideen nicht umgesetzt werden. Versagensangst hält Menschen davon ab, Abenteuer zu wagen, Risiken einzugehen und neue Dinge auszuprobieren. Die naheliegendste Möglichkeit, sich vor einem möglichen Versagen zu schützen, besteht nun darin, Situationen, die Sie fürchten, ganz einfach zu vermeiden. Dies kann dazu führen, dass wir uns in einer Komfortzone einrichten, die zwar vorübergehend Sicherheit bietet, aber langfristig unseren persönlichen und beruflichen Fortschritt hemmt: Willkommen Risikoaversion!

Ein scheinbarer Ausweg, um Risiken zu vermeiden, führt auch über Perfektionismus, der vor Fehlern und vor Verletzbarkeit schützen soll. Bei Versagensangst wird Erfolg so definiert, dass etwas Schlechtes nicht eintritt. Deswegen liegt die scheinbare Schlussfolgerung darin, sich durch Perfektionismus zu schützen oder erst gar keine Risiken einzugehen. Das ist ein fataler Denkfehler, denn Perfektion ist nichts weiter als ein Deckmantel der Unsicherheiten. Wir setzen uns so hohe Standards, dass wir uns selbst kaum erlauben, Fehler zu machen. Wir verlieren uns in endlosen Überlegungen, Analysen und Recherchen, um sicherzustellen, dass alles perfekt ist, bevor wir handeln. Dies kann zu einer Paralyse durch Analyse führen, bei der wir uns so sehr in die Vorbereitung vertiefen, dass wir nie zur eigentlichen Umsetzung gelangen.

Ein häufig gewählter »Ausweg« aus der Angst vor dem Risiko besteht wieder einmal darin, die Verantwortung abzugeben, indem man Forschung und Entscheidungsfindung an externe Agenturen auslagert. Während dies in bestimmten Fällen sinnvoll sein kann, kann es auch dazu führen, dass wir uns der eigenen Gestaltungskraft und dem eigenen Verantwortungsbewusstsein entfremden.

Überschätzung von externer Expertise

Es ist wahr, externe Expertise kann ein unschätzbarer Wert für Unternehmen sein, aber wir dürfen nicht vergessen, dass auch externe Experten nur mit Wasser kochen. Hier sind einige Denkfehler, die uns zeigen, dass wir manchmal mehr auf unsere eigenen Fähigkeiten vertrauen sollten.

Das Hochstapler-Syndrom

Oftmals neigen Menschen dazu, externe Experten als unfehlbare Quellen des Wissens und der Weisheit anzusehen. Dabei vergessen sie, dass auch Experten Fehler machen können und nicht immer die Antwort auf alles haben. Dieses blinde Vertrauen kann dazu führen, dass wir unsere eigenen Fähigkeiten und unser Wissen herabsetzen, was letztendlich zu Unsicherheit und dem berüchtigten »Hochstapler-Syndrom« führen kann. Dieses psychologische Phänomen spiegelt die Überzeugung wider, ein Versager zu sein – trotz zahlreicher Hinweise, die vom Gegenteil erzählen. Eine Studie[3] kam sogar zu dem Ergebnis, dass bis zu 82 Prozent der Menschen darunter leiden – vielleicht haben die restlichen 18 Prozent einfach nur Angst davor, es zuzugeben. Um dieses Syndrom zu überwinden, brauchen Sie vor allem eines: Selbstakzeptanz. Erkennen Sie zunächst Ihre Gedanken als vorhanden an. Erst dann können Sie auch bewusst hinterfragen, ob sie Ihnen in Ihrem Leben weiterhelfen oder Sie behindern. Die Angst aufzufliegen, kann auch dazu führen, dass Sie einen großen Bogen um Situationen machen, die Ihre Unzulänglichkeit aufdecken könnten. Und was eignet sich da nicht besser, als möglichst viele Tätigkeiten an externe Experten abzugeben? Doch während Ihre Ängste Sie dazu drängen, bei dem zu bleiben, was Sie kennen – bei dem also das Risiko aufzufliegen gleich null ist –, ist es ein todsicheres Rezept für ein Leben in Mittelmäßigkeit und Langeweile.

Experten schalten einen Teil unseres Gehirns ab

Es gibt sogar ein eindrucksvolles Experiment[4], das zeigt, wie sich der Teil des Gehirns, der für die Entscheidungsfindung zuständig ist, abschaltet, wenn Menschen Experten zuhören. Fast automatisch folgen wir lieber dem Rat der Experten, egal, wie gut oder schlecht dieser nüchtern betrachtet ist. Hinzu kommt, dass wir Informationen oft passiv aufnehmen, statt sie kritisch zu hinterfragen oder alternative Perspektiven zu berücksichtigen. Dies kann dazu führen, dass wir uns zu stark auf die Meinungen externer Experten verlassen, anstatt unsere eigenen Denkfähigkeiten zu nutzen. Ein ganz ähnlicher Effekt ist auch der sogenannte Autoritätsfehler, über den ich im Kapitel »Ausrede Nr. 7« schreibe.

Eine Kultur des Wissensstolzes

In unserer Kultur betonen wir oft, wie viel wir wissen, und sehen Wissen als Macht an. Das kann dazu führen, dass wir uns schwer damit tun zuzugeben dass wir nicht alles wissen oder Hilfe von außen benötigen. Wir sollten jedoch bedenken, dass niemand alles wissen kann, und die Bereitschaft, von anderen zu lernen und auf externe Expertise zurückzugreifen, kann ein Zeichen von Klugheit und Anpassungsfähigkeit sein. Setzen Sie also externe Expertise in den richtigen Kontext, und betrachten Sie sie als eine von vielen Ressourcen. Wir sollten weiterhin kritisch denken, uns unserer eigenen Fähigkeiten bewusst sein und nicht vergessen, dass wir selbst auch wertvolle Beiträge und Erkenntnisse in die Entscheidungsfindung und Forschung einbringen können.

Grundlagenforschung versus angewandte Forschung

Zuallererst ist es wichtig, die Grundlagen von Grundlagenforschung und angewandter Forschung zu klären. Diese Unterscheidung ist in der gesamten Forschungswelt von Bedeutung, nicht nur in der Markt- und Designforschung.

Grundlagenforschung

Grundlagenforschung konzentriert sich auf die Erweiterung des Wissens und die Erforschung von Konzepten und Theorien. Ihr Hauptziel ist es, das Verständnis für die zugrunde liegenden Prinzipien und Gesetzmäßigkeiten in einem bestimmten Bereich zu vertiefen. Grundlagenforschung zielt nicht unbedingt darauf ab, sofortige praktische Anwendungen zu entwickeln, sondern sie schafft das Fundament, auf dem angewandte Forschung aufbauen kann. In der Grundlagenforschung geht es oft um Fragen wie »Warum funktioniert etwas so, wie es funktioniert?« oder »Was sind die grundlegenden Mechanismen hinter einem Phänomen?«. Diese Art der Forschung kann langfristige Auswirkungen haben und die Basis für Innovationen in der Zukunft legen.

Angewandte Forschung

Angewandte Forschung hingegen ist darauf ausgerichtet, praktische Lösungen für konkrete Probleme zu finden. Sie nutzt die Erkenntnisse aus der Grundlagenforschung und wendet sie auf reale Situationen an. Das Hauptziel ist die Lösung von aktuellen Herausforderungen und die Bereitstellung von handlungsorientierten Ergebnissen. In Unternehmen, insbesondere im Kontext der Kundenbeziehungen und Marktforschung, überwiegt oft die angewandte Forschung. Hier geht es darum, Antworten auf Fragen wie »Wie können wir die Kundenzufriedenheit steigern?« oder »Welche Marketingstrategie ist am effektivsten?« zu finden. Diese Forschung zielt darauf ab, sofortige und praktische Lösungen zu liefern, die das Geschäft voranbringen.

In den kommenden Abschnitten werden wir uns auf die angewandte Forschung konzentrieren, da sie in der Unternehmenswelt, insbesondere im Marketing und der kundenbezogenen Marktforschung, eine zentrale Rolle spielt. Wir werden die verschiedenen Methoden und Ansätze zur Durchführung angewandter Forschung untersuchen und sehen, wie sie dazu beitragen können, die Bedürfnisse und Erwartungen der Kunden besser zu verstehen und erfolgreiche Strategien zu entwickeln.

Marktforschung versus Designforschung

Ich höre oft die Frage: »Was ist der Unterschied zwischen Marktforschung und Designforschung? Ist das nicht dasselbe?« Obwohl die Begriffe manchmal synonym verwendet werden, gibt es wichtige Unterschiede wie den Zeitpunkt ihrer Anwendung, die Frage, wer oder was untersucht wird, und welche Arten von Geschäftsproblemen sie überhaupt lösen.

Marktforschung

Marktforschung konzentriert sich auf die Analyse von Märkten, Kunden und Wettbewerbern. Ihr Hauptziel ist es, Informationen und Erkenntnisse zu sammeln, die Unternehmen dabei helfen, strategische Entscheidungen zu treffen und den Erfolg ihrer Produkte oder Dienstleistungen auf dem Markt sicherzustellen. Hier sind einige Schlüsselmerkmale der Marktforschung:

- **Kundenorientierung:** Marktforschung zielt darauf ab, die Bedürfnisse, Vorlieben und Verhaltensweisen der Kunden zu verstehen. Sie beantwortet Fragen wie »Wer sind unsere Zielkunden?« und »Was sind ihre Bedürfnisse?«.
- **Markttrends:** Sie analysiert Trends, Entwicklungen und Veränderungen im Marktumfeld, um Chancen und Risiken zu identifizieren. Dazu gehören Marktsegmentierung, Positionierung und Wettbewerbsanalysen.
- **Quantitative Daten:** Marktforschung verwendet häufig quantitative Daten, wie Umfragen und Statistiken, um objektive Messungen zu erhalten und statistisch signifikante Ergebnisse zu erzielen.
- **Strategische Entscheidungsfindung:** Die Ergebnisse der Marktforschung dienen dazu, strategische Entscheidungen in Bezug auf Produktdesign, Marketing, Preisgestaltung und Vertrieb zu treffen.

Designforschung

Designforschung konzentriert sich auf die Gestaltung von Produkten, Dienstleistungen und Benutzererfahrungen. Ihr Hauptziel ist es, das Design zu optimieren, indem sie das Verhalten und die Bedürfnisse der Benutzer besser versteht.

Schlüsselmerkmale der Designforschung sind unter anderem:

- **Benutzerzentriert:** Designforschung legt den Fokus auf die Bedürfnisse, Erwartungen und das Verhalten der Benutzer. Sie beantwortet Fragen wie »Wie können wir ein Produkt oder eine Dienstleistung benutzerfreundlicher gestalten?«.
- **Benutzererfahrung:** Sie analysiert die Interaktion der Benutzer mit einem Produkt oder einer Dienstleistung, um eine positive und effiziente Benutzererfahrung sicherzustellen.
- **Qualitative Daten:** Designforschung verwendet häufig qualitative Daten, wie Benutzerinterviews, Beobachtungen und Usability-Tests, um tiefgehende Einblicke in das Verhalten und die Bedürfnisse der Benutzer zu gewinnen.
- **Designverbesserung:** Die Ergebnisse der Designforschung führen zu Verbesserungen im Design, um Produkte und Dienstleistungen benutzerfreundlicher und ansprechender zu gestalten.

Während Marktforschung darauf abzielt, den Markt und die Kunden zu verstehen, um strategische Geschäftsentscheidungen zu treffen, konzentriert sich Designforschung darauf, das Design von Produkten und Dienstleistungen zu optimieren, um die Benutzererfahrung zu verbessern. Beide Forschungsbereiche sind wichtig, um erfolgreich am Markt zu agieren, und sie können miteinander interagieren, um umfassende Erkenntnisse zu gewinnen und wettbewerbsfähige Lösungen zu entwickeln.

Um herauszufinden, welche Art der Forschung für Ihre Fragestellung die richtige ist, empfehle ich Ihnen, sich zunächst anzusehen, welches Problem oder welche Fragestellung Sie überhaupt lösen wollen. Das klingt banal, aber genau dieser Punkt wird oft übersehen. Wenn Sie beispielsweise wenig Vertrauen in die Marktfähigkeit Ihres Produkts haben, haben Sie es mit einem Problem zu tun, bei denen Ihnen Marktforschung sehr gut weiterhelfen kann. Wenn Sie jedoch von der Marktfähigkeit Ihres Produkts überzeugt sind, Ihre Geschäftsziele aber nicht erreichen, möchten Sie das Verhalten Ihrer Kunden mithilfe von Designforschung besser verstehen.

Lassen Sie uns näher auf die Unterschiede der beiden Forschungsarten eingehen.

Wann sollten Sie Marktforschung und wann Designforschung anwenden?

Während sich Marktforschung auf den Verkauf beziehungsweise das Marketing von Produkten oder Dienstleistungen konzentriert, hat Designforschung den Fokus auf die Interaktion zwischen Kunden und Produkten gerichtet. Durch verschiedene qualitative und quantitative Methoden, von empathischen Gesprächen bis hin zu Analysen, identifizieren Design Thinker die Art und Weise, wie Menschen ein Produkt oder eine Dienstleistung nutzen, auf welche Probleme sie während des Prozesses stoßen, und identifizieren unerfüllte Bedürfnisse. Diese Informationen sind die Basis für die späteren Lösungen, denen iterative Tests folgen, um sicherzustellen, dass das Produkt oder die Dienstleistung den Erwartungen und Bedürfnissen der Nutzer wirklich entspricht. Diese Methoden tragen dazu bei, Probleme im Zusammenhang mit Beschwerden, hohen Abbruchraten, niedrigen Zufriedenheitswerten oder dem allgemeinen Wunsch, ein Produkt moderner, zugänglicher und benutzerfreundlicher zu gestalten, zu verbessern.

Welche Informationen werden untersucht?

Bei der Designforschung geht es weniger darum herauszufinden, was Menschen sagen, sondern mehr darum, was sie wirklich tun. Wenn Sie verstehen, wie sich Kunden verhalten, wenn sie mit Ihrem Unternehmen oder einem Produkt interagieren, können Sie unbekannte Bedürfnisse aufdecken. Diese geben dann Hinweise darauf, wie eine Lösung gestaltet werden kann. Die Designforschung nutzt eine Reihe von Methoden, um die Nutzererfahrung besser zu verstehen, dazu zählen neben den empathischen Gesprächen auch Beobachtungen oder Usability-Tests. Mithilfe solcher Methoden werden Nutzer bei der Ausführung verschiedener Aufgaben direkt beobachtet. Die Designforschung wendet sich auch bestehenden Problemen zu, die behoben werden müssen, um ein reibungsloseres und intuitiveres Erlebnis zu gewährleisten.

Welche geschäftlichen Probleme werden jeweils angesprochen?
Marktforschung ermittelt die Zielgruppe für ein Produkt oder eine Dienstleistung, während die Designforschung untersucht, welches Bedürfnis für eine spezielle Zielgruppe wichtig zu lösen ist. Durch groß angelegte Umfragen und Analysen von Sekundärdaten können Marktforscher einen Markt für ein Produkt ermitteln und eine breite Bevölkerungsgruppe (Geschlecht, Alter, wirtschaftlicher Status, Standort) eingrenzen, die es am wahrscheinlichsten kaufen oder nutzen wird. Anhand der Größe und Kaufkraft dieses Segments kann ein Unternehmen abschätzen, ob ein Produkt auf den Markt gebracht werden sollte. Es nutzt diese Informationen auch, um dieses Segment unter anderem durch Werbung, Botschaften und Verpackungsdesign anzusprechen.

Designforschung konzentriert sich auf potenzielle und/oder bestehende Kunden. Das Ziel ist, Möglichkeiten aufzudecken, um das Leben dieser Menschen zu verbessern und mit ihnen in die Interaktion zu kommen. Aus diesem Grund wird in der Designforschung mit einer kleineren Stichprobengröße gearbeitet, als es bei der Marktforschung der Fall ist. Es werden dabei auf einer tieferen und spezifischeren Ebene die Gedanken und Verhaltensweisen derjenigen analysiert, die sich mit einem Unternehmen beschäftigen. Diese Informationen sind maßgeblich, um nachfolgend Lösung zu entwickeln, die einfach auf die entsprechende Zielgruppe passen und die das Unternehmen für die Zielgruppe attraktiver machen.

Wie verändert sich die Forschungslandschaft?
Dem Walker 2020 Progress Report[5] zufolge wurde bereits im Jahr 2020 der Preis und das Produkt als wichtigstes Unterscheidungs-

merkmal einer Marke vom Kundenservice überholt. Das heißt, um in diesem hart umkämpften Markt Kunden zu gewinnen, braucht ein Unternehmen mehr als einen tollen Slogan oder eine innovative Idee. Es braucht ein Produkt, das ein tolles Erlebnis und eine einfache und kundenfreundliche Erfahrung bietet. Auch wenn Ihr Unternehmen vielleicht das beste in der Branche sein sollte: Wenn es um maßgeschneiderte Schuhe geht, Ihre Website es aber schwierig macht, sich verschiedene Größen oder Farben vorzustellen, oder ein Kauf unmöglich ist, werden die Nutzer nicht bleiben, um die Vorteile herauszufinden. Die Perspektive von Designforschung erweitert einfach die Möglichkeiten zur Untersuchung der Interaktion des Nutzers mit dem Unternehmen erheblich – vor allem, wenn es um Aspekte geht, die sich als unumgänglich für die Umsetzung in Zufriedenheit und Umsatz erwiesen haben.

Qualitative versus quantitative Forschung

Qualitative und quantitative Forschung sind zwei grundlegende Forschungsansätze, die unterschiedliche Methoden und Ziele verfolgen. Diese Unterscheidung ist sowohl in der Marktforschung als auch in der Designforschung von Bedeutung. Lassen Sie uns diese beiden Forschungsarten deswegen näher betrachten.

Qualitative Forschung

Qualitative Forschung konzentriert sich auf die Erfassung und Analyse von nicht numerischen Daten, um tiefe Einblicke in ein Phänomen zu gewinnen. Sie zielt darauf ab, subtile Nuancen, Meinungen und Motivationen zu erfassen. In diesem Buch finden Sie viele qualitative Forschungsmethoden wie Beobachtungen beziehungsweise meine Lieblingsmethode, das empathische Gespräch. Aber zu qualitativen Forschungsmethoden gehören auch Ethnografie, Interviews, Inhaltsanalysen oder Fallstudien. Alle Methoden zielen darauf ab, Muster, Trends und ein tiefgehendes Verständnis zu entwickeln, oft ohne eine breite statistische Generalisierung. Wir führen beispielsweise häufig Einzelgespräche mit Kunden durch, um deren Gefühle und Einstellungen gegenüber einer neuen Produktlinie zu verstehen. Das hilft, Änderungen basierend auf den persönlichen Erfahrungen der Kunden vorzunehmen. Ein anderes Beispiel wäre zu beobachten, wie Benutzer eine App verwenden, um frustrierende Punkte in der Benutzererfahrung zu identifizieren und Designänderungen vorzuschlagen.

Quantitative Forschung

Die quantitative Forschung konzentriert sich auf die systematische Erfassung und Analyse von numerischen Daten, um statistische Muster und Trends zu identifizieren. Sie zielt darauf ab, Ergebnisse zu generalisieren und statistisch signifikante Schlussfolgerungen zu ziehen.

Eingesetzte Methoden umfassen beispielsweise Umfragen, Experimente, statistische Analysen und numerische Datenerhebungen. Alle diese Methoden zielen darauf ab, Daten zu quantifizieren, Beziehungen zwischen Variablen zu identifizieren und statistisch abgesicherte Schlussfolgerungen zu ziehen. Im Rahmen der Marktforschung werden beispielsweise häufig Umfragen an Tausende von Kunden gesendet, um quantitative Daten darüber zu sammeln, wie zufrieden sie mit einem Produkt sind, und um statistisch relevante Trends in der Kundenzufriedenheit zu identifizieren. Aber auch in der Designforschung hat die Methode ihre Anwendung: Ein Usability-Test mit 100 Teilnehmern misst die Zeit, die benötigt wird, um eine Aufgabe auf einer Website abzuschließen, womit sich die Effizienz der Benutzererfahrung bewerten lässt (die Methode finden Sie im Kapitel »Ausrede Nr. 4«).

Qualitative Forschung betont also das Verständnis von Motivationen, Meinungen und individuellen Erfahrungen. Sie wird oft in frühen Stadien der Produktentwicklung eingesetzt, um das Design durch gezielte Informationen zu beeinflussen. Quantitative

Forschung konzentriert sich auf die Messung und Quantifizierung von Daten, um statistische Schlussfolgerungen zu ziehen. Sie wird häufig in späteren Stadien eingesetzt, um die Leistung von Designs zu bewerten und fundierte Entscheidungen zu treffen. Beide Ansätze können in der Marktforschung und Designforschung wertvolle Erkenntnisse liefern und ergänzen sich oft.

Forschungsstrategien: Ein Blick auf die Vielfalt der Erkenntniswege

Es gibt zahlreiche Wege, um die Wünsche, Bedürfnisse und Vorlieben unserer Kunden zu verstehen und sie zu kategorisieren. Die Auswahl hängt oft von der Perspektive desjenigen ab, der diese Kategorisierung vornimmt. Akademische Klassifikationen mögen auf den ersten Blick faszinierend sein, doch letztendlich ist die Frage, wie nützlich sie sind. Denken Sie darüber nach, was Ihnen wirklich bei der Bewältigung Ihrer Aufgabe hilft. Wir nutzen verschiedene Forschungsstrategien, um das Puzzle zusammenzusetzen. Diese Forschungsstrategien sind wie Werkzeuge in unserer Werkzeugkiste, die uns helfen, die Welt unserer Kunden zu erkunden und bessere Produkte und Dienstleistungen zu entwickeln.

Explorative Forschung: Die Neugierde wecken

Beginnen wir mit der explorativen Forschung. Hier geht es darum, die richtigen Fragen zu stellen und den Weg für unsere Forschungsreise zu ebnen. Neugierde ist dabei unsere Motivation. Das Ziel? Den unbekannten Dschungel der Kundenerfahrung zu erkunden. Explorative Forschung beantwortet Fragen wie »Was ist eigentlich das Problem bei …?« oder »Welche Faktoren sind hier im Spiel?«. Stellen Sie sich vor, Sie möchten ein völlig neues Produkt entwickeln. Sie beginnen zum Beispiel mit empathischen Gesprächen und Beobachtungen, um die Bedürfnisse und Wünsche der potenziellen Nutzer zu erkunden. Ihr Ziel ist es, ein besseres Verständnis für das Problem zu entwickeln, das Ihr Produkt lösen soll.

Deskriptive Forschung: Die Details enthüllen

Die deskriptive Forschung ist unsere Karte im Dschungel. Hier zeichnen wir die Konturen und markieren die Pfade. Das Ziel? Herauszufinden, wie etwas funktioniert und wie wir die Lösung gut umsetzen können. Mit deskriptiver Forschung können wir Was-, Wo-, Wann- und Wie-Fragen beantworten, beispielsweise »Wie können wir etwas gut lösen?«. Nachdem wir den Bedarf für unser neues Produkt erkannt haben, könnten wir zum Beispiel deskriptive Forschung betreiben, um herauszufinden, wie ähnliche Produkte auf dem Markt gestaltet sind und welche Funktionen oder Eigenschaften sie haben.

Evaluative Forschung: Die Qualität bewerten

Die evaluative Forschung ist unser Prüfstand. Hier setzen wir unsere Ideen auf die Probe, um sicherzustellen, dass sie den Erwartungen entsprechen. Das Ziel? Unsere Produkte und Dienstleistungen zu evaluieren und zu optimieren. Wir fragen uns: »Funktioniert das, was wir gemacht haben?« Beispiel: Wenn wir ein neues Website-Design entwickelt haben, könnten wir evaluative Forschung durchführen, um zu überprüfen, wie gut die Benutzer damit zurechtkommen und ob Änderungen erforderlich sind. Evaluative Forschung beinhaltet Benutzer-Feedback, A/B-Tests und Leistungsanalysen.

Ursachenforschung: Die Wurzeln aufspüren

Ursachenforschung ist unser Sherlock-Holmes-Moment. Hier graben wir tiefer, um die Gründe für ein bestimmtes Verhalten oder

Phänomen zu verstehen. Das Ziel? Die Wurzeln von Problemen oder Trends finden. Wir fragen uns: »Warum passiert etwas?« Beispiel: Wenn die Verkaufszahlen eines Produkts sinken, könnten wir Ursachenforschung betreiben, um herauszufinden, ob es an veränderten Kundenpräferenzen, Konkurrenzdruck oder anderen Faktoren liegt.

Diese Forschungsstrategien sind unsere Verbündeten auf unserer Reise, um unsere Kunden besser zu verstehen. Sie helfen uns, die Mysterien der Kundenerfahrung zu entschlüsseln und bessere Entscheidungen zu treffen. In den nächsten Abschnitten werden wir sehen, wie wir diese Strategien in der Praxis anwenden und wie sie uns dabei helfen, das große Bild zusammenzusetzen.

Design Thinking in action

Wenn ich in Unternehmen Forschung betreibe, folge ich dabei dem Design-Thinking-Prozess. Denn Design Thinking ist nicht nur ein kreativer Prozess, sondern auch ein Forschungsprozess, der uns hilft, Lösungen zu entwickeln, die die Bedürfnisse und Erwartungen unserer Kunden erfüllen.

Lassen Sie uns einen Blick auf die vier Phasen des Design Thinking werfen und wie sie Forschungsstrategien integrieren. Außerdem ist es an der Zeit, sich wieder in die Welt der Delikatessen, des Naschmarkts und unseres Lebensmittelherstellers zu begeben.

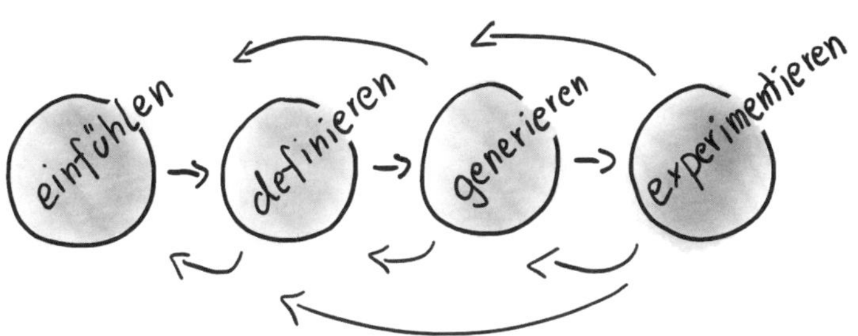

Abbildung 6: Der Design-Thinking-Prozess

Phase 1: Einfühlen

In dieser Phase gehen wir auf Entdeckungsreise. Wir wollen verstehen, was tatsächlich los ist und welches Problem wirklich gelöst werden muss. Das ist der Zeitpunkt für explorative Forschung: wenn wir noch nicht genau wissen, welches Problem wir angehen möchten. Wenn wir bereits ein Problem identifiziert haben und verstehen möchten, warum es auftritt, ist es Ursachenforschung.

In der Fallstudie vom Anfang des Kapitels haben Sie das Unternehmen kennen gelernt, das vor über hundert Jahren als Delikatessenstand begonnen hat und sich über die folgenden Jahrzehnte zu einem Lieferanten abgepackter Nahrungsmittel für diverse Supermarktketten des Landes entwickelt hat. Neue Kundenanforderungen wie Bio-Lebensmittel, lokale Erzeugung und individuelle Ernährungsoptionen haben das Unternehmen auf dem falschen Fuß erwischt und die Umsätze langsam, aber stetig sinken lassen. Aber sind es tatsächlich die sich ändernden Kundenanforderungen, die das Problem erzeugt haben, oder gibt es noch andere Gründe?

In der Einfühlen-Phase haben wir mit einem kleinen Kernteam diese Frage explorativ beleuchtet. Mit dabei waren die neugierige Geschäftsführerin sowie einige Führungskräfte und Mitarbeiter aus dem Marketing und Vertrieb.

Wir haben viele empathische Gespräche mit B2B-Kunden geführt, also beispielsweise den Einkäufern von Supermärkten, aber auch mit Endkunden, die zu den Produkten gegriffen haben – oder eben nicht mehr. Wir durften Arbeiter in ihrer Mittagspause und in zwei Fällen sogar Familien und Freunde dabei beobachten, wie diese Produkte konsumiert werden. Es war eine unglaublich wertvolle Erfahrung, wodurch wir vollkommen neue Einblicke gewonnen haben.

Eine interessante Erkenntnis war zum Beispiel, dass einige Kunden mehr oder weniger zufällig auf die Marke gestoßen sind, aufgrund der Produktaufmachung und Verpackung nicht viel erwartet haben und von der Qualität sehr positiv überrascht wurden. Andere Kunden haben die Marke noch von früher gekannt und mit ihr die »gute alte Zeit« verbunden.

In solchen Momenten sind der Geschäftsführerin fast die Tränen gekommen und die Führungskräfte haben verstanden, warum es so wichtig ist, diese Erfahrungen aus erster Hand zu machen und keine Agentur zu beauftragen. Der Prozess macht nicht nur Freude, sondern ermöglicht eine unglaublich ehrliche Beziehung zu den Kunden.

Phase 2: Definieren

In der zweiten Phase geht es darum, tiefer in das Problemfeld einzutauchen. In dieser Phase entsteht die eigentliche Forschungsfrage – als Design Thinker nennen wir sie die »Design Challenge«. Hier nutzen wir deskriptive Forschung, um die bestehende Situation zu verstehen und klare Ziele zu setzen. Wir fragen uns: »Was genau müssen wir lösen? Was sind die Parameter?«

In unserem neu erwachten Delikatessunternehmen haben wir zwei Zielgruppen als Basis genommen: Was macht für sie gute Qualität aus? Welche Eigenschaften verbinden sie mit der »guten alten Zeit«, und was hat das mit unseren Produkten zu tun? Mit diesen genaueren Fragen sind wir nochmals in die Feldforschung gegangen und haben weitere Kunden befragt. Die Fragen haben dem Unternehmen auch geholfen, sich gegenüber den Einkäufern der Supermarktketten besser zu positionieren, denn natürlich sind auch Supermärkte von den Änderungen der Kundengewohnheiten betroffen und wollen verstärkt eine Art »Marktatmosphäre« schaffen.

Die Definieren-Phase im Design Thinking enthält auch viel Storytelling: Wir haben uns dafür in Wien, in unserem Design Thinking Space, getroffen und die wertvollen Geschichten ausgetauscht, die wir im Zuge der Forschung gesammelt hatten. Alle Erkenntnisse haben wir auf Kärtchen geschrieben und gemeinsam mit Fotos von der Erhebung an die Wände geklebt, sodass sie noch besser weitererzählt werden konnten. Das ist gelebte Forschung mit Gänsehaut-Gefühl!

Den Abschluss der Phase bildet die Formulierung einer »Design Challenge« (oder mehrerer), also die Frage, was wir eigentlich erreichen wollen. Eine dieser Design Challenges lautete: »Wie können wir mit unseren Produkten die ›gute alte Zeit‹ unseren Kunden wieder in Erinnerung bringen?«

Phase 3: Ideen generieren

Jetzt gilt es, kreativ zu werden. In dieser Phase geht es nicht mehr um Forschung, sondern darum, Ideen zu entwickeln, wie wir die Design Challenge lösen können. Wir nutzen dabei Kreativtechniken wie Brainwriting, 6-3-5 oder die Kopfstandmethode, um innovative Lösungen zu finden.

Für diese Phase haben wir den Kreis der Teilnehmer erweitert. Anhand der festgehaltenen Einsichten aus der Forschung haben wir den neu teilnehmenden Personen einen guten Einblick geben können, was zuvor passiert ist. Das ist zugleich ein guter Realitätscheck, ob die Einsichten wirklich hängen bleiben: Hier sind keine elend langen Berichte oder PowerPoint-Schlachten gefragt, sondern Rundgänge durch die Kärtchen und Fotos an den Wänden mit den Einsichten aus der Forschung.

In den darauffolgenden Kreativsessions haben wir lustige, verrückte oder auch ganz nüchterne Ideen gesammelt, wie die jeweilige Design Challenge gelöst werden kann – unter Einbeziehung aller Forschungsergebnisse. Herausgekommen sind dabei Ideen für neue Produktverpackungen, die Revitalisierung der Ideen der Unternehmensgründer, bis hin zu gemeinsamen Koch-Workshops und Feiern mit Freunden, wie »früher«.

Phase 4: Experimentieren

Jetzt setzen wir unsere Ideen in die Praxis um. Wir erstellen Prototypen und testen sie. Das ist die evaluative Forschung, bei der wir die Prototypen in die Hände unserer Kunden legen, um zu sehen, wie gut sie funktionieren. Wenn etwas nicht wie erwartet funktioniert, können wir sogar kausale Forschung betreiben, um die genauen Gründe dafür herauszufinden.

Inspiriert von den vielen Ideen für unser Delikatess-Revival haben wir die besten, aber auch die verrücktesten Ideen identifiziert, die wir weiter betrachten wollten. Dazu haben wir sehr einfache Prototypen entwickelt und noch am selben Tag von Kunden auf der Straße testen lassen. Schließlich ging es darum herauszufinden, ob die Ideen tatsächlich funktionieren und den gewünschten Effekt haben. Ein Highlight war beispielsweise eine Verpackung mit Naturprodukten: Gelingt es durch diese neue Verpackung, die Qualitätseigenschaften des Produkts und die gedankliche Verbindung an frühere Zeiten unter einen Hut zu bringen? Ein Test unter möglichst realen Bedingungen hat es uns bewiesen. Die Ideen zu gemeinsamen Koch-Events wurden hingegen mit freundlichen, aber doch eher skeptischen Blicken bewertet.

Den Teilnehmern an unserem Workshop hat das nichts ausgemacht: Der Forschergeist war geweckt und ein »Nein« ist eigentlich nur eine Einladung, es noch einmal, nur besser, zu probieren.

Typische Fehler, Tipps und Tricks

In der Welt der Forschung können uns nicht nur Erkenntnisse und Durchbrüche begegnen, sondern auch Fallstricke und Stolpersteine. Bei der Durchführung von Erhebungen oder bei der Interpretation der Ergebnisse können Fehler passieren, die uns aus der Bahn werfen. Auch unser Hirn spielt uns manchmal einen Streich, wodurch unsere Forschungsergebnisse verfälscht werden können. Aber die Kenntnis dieser Fallen hilft bereits dabei, sie zu enttarnen und zu vermeiden. Im Folgenden erläutere ich einige Fehler, die ich in der Praxis sehr häufig sehe. Bereiten Sie sich darauf vor, die Herausforderungen der Forschung mit einem klaren Kopf und einem scharfen Auge zu meistern.

Fragen Sie niemals, was die Menschen wollen

Der erste Tipp lautet, niemals zu fragen, was die Menschen wollen! Das klingt zunächst vielleicht absurd, aber die meisten Menschen wissen oft gar nicht, was sie eigentlich wollen, oder können es zumindest nicht formulieren. Das wird als »falsche Selbstkenntnis« bezeichnet. Der Denkfehler tritt auf, wenn Menschen glauben, dass sie genau wissen, was sie wollen oder benötigen, aber tatsächlich Schwierigkeiten haben, ihre wahren Bedürfnisse oder Präferenzen zu identifizieren oder auszudrücken.

Deshalb verwenden wir in der Forschung oft Techniken wie Beobachtungen und Verhaltensanalysen, um tiefere Einblicke in die tatsächlichen Bedürfnisse und Vorlieben der Kunden zu gewinnen. Anstatt direkt zu fragen, was die Kunden wollen, oder gar quantitative Methoden wie eine Umfrage zu nutzen, ist es oft effektiver, ihr Verhalten und ihre Interaktionen mit Produkten oder Dienstleistungen zu beobachten, um zu verstehen, was sie wirklich schätzen und benötigen.

Von Stichproben und der Überbewertung quantitativer Forschung

In meinen Beratungen werde ich oft mit der Vorstellung konfrontiert, dass quantitative Forschung besser und zuverlässiger als qualitative Forschung sei, nur weil die Anzahl der Personen, die auf diese Art befragt werden können, viel größer ist als die Anzahl der Personen, die man in einer realistischen Umgebung beobachten oder befragen kann. Trotzdem hat eine Vielzahl von Führungskräften die Tendenz, Bedeutung durch Kennzahlen zu ersetzen. Dieses Phänomen wird als »Surrogation« bezeichnet. Das kann zu Maßnahmen führen, die genau die Strategie untergraben, die diese Kennzahlen unterstützen sollen. Viele Führungskräfte verwechseln die Größe einer Stichprobe mit ihrer Repräsentativität. Um dagegen anzukämpfen, müssen Sie sich immer wieder auf Ihre eigentlichen Ziele konzentrieren.

Die Entnahme kleiner Stichproben aus großen Bevölkerungsgruppen ist eine gültige statistische Technik, um genaue Informationen über die Gesamtbevölkerung zu erhalten. Um jedoch eine wirklich repräsentative Probe zu erhalten, erfordert die Auswahl große Sorgfalt. Je stärker sich Ihre Stichprobe von der Grundgesamtheit unterscheidet, desto größer ist die Stichprobenverzerrung, mit der Sie es zu tun haben – und desto ungenauer ist die gesamte Aussage. Wenn Sie also bei der Stichprobenauswahl nicht sehr sorgfältig vorgehen, haben Sie am Ende viele schlechte und verzerrte Daten, deren Aussagekraft gering ist.

Wenn Sie genügend Menschen fragen, werden die Ergebnisse wahrscheinlich repräsentativ sein – aber das bedeutet nicht, dass die Antwort auf Ihre Fragen wahr sind oder Ihnen weiterhelfen. Sie bekommen auf diese Weise nur widergespiegelt, wie die Bevölkerung als Ganzes diese Fragen beantwortet hätte. Es gibt auch einen alten Spruch, der besagt »Traue keiner Statistik, die du nicht selbst gefälscht hast!«. Es gibt immer einen Weg, mit Statistiken so lange herumzuspielen, bis Sie Ihre bevorzugte Antwort von genügend Menschen zusammenbekommen. Schlechte Forscher manipulieren Ergebnisse, um den Eindruck zu erwecken, dass die Schlussfolgerungen statistisch signifikanter sind, als sie es tatsächlich sind.

Was eine gute oder angemessene Stichprobe ausmacht, ist bereits eine wichtige Entscheidungsfrage. Je größer Ihre Stichprobe ist, desto geringer ist der Stichprobenfehler. Bei den meisten Umfragetools finden Sie einen Rechner, der Ihnen die notwendige Stichprobengröße liefert, um den ganz natürlich auftretenden Stichprobenfehler zu limitieren. Die wichtigste Frage ist, wie Sie die Zielgruppe definieren: Wollen Sie nur Erwachsene befragen? Wie viele wohnen in der Gegend und sind erreichbar? Sowohl bei Designforschung als auch bei der Marktforschung sind die Stichproben meistens nach dem Zufallsprinzip geordnet: Sie wissen nicht, wen Sie wirklich antreffen werden und wen Sie tatsächlich befragen.

Auswahlfehler

Wenn es konkret darum geht, eine Stichprobe zu wählen, können vielfältige Auswahlfehler auftreten:

- **Self-Selection Bias (Selbstselektion):** Wenn sich Personen freiwillig dafür entscheiden, an einer Umfrage teilzunehmen, kann dies zu einer Verzerrung führen, da diejenigen, die teilnehmen, sich von denen unterscheiden können, die nicht teilnehmen.
- **Non-Response Bias (Nichtbeantwortung):** Wenn nur ein Teil der ausgewählten Personen auf eine Umfrage antwortet, kann dies zu einer Verzerrung führen, wenn diejenigen, die nicht antworten, sich von denen unterscheiden, die antworten.
- **Sampling Bias (Stichprobenfehler):** Wenn die Methode zur Auswahl der Stichprobe nicht zufällig ist und bestimmte Gruppen in der Population über- oder unterrepräsentiert sind.

Bei Befragungen von Konsumenten (B2C) nutze ich gerne Befragungssituationen direkt auf einer belebten Straße in einer Stadt. Dabei sollte man besser nicht auf Interessenten »warten«, sondern bewusst auf sie zugehen, um den Fehler der Selbstselektion zu reduzieren. Andererseits tritt so der Non-Response-Fehler auf, wenn Menschen, die wir gerne befragen würden, dies nicht möchten oder vorgeben, keine Zeit zu haben. Aber auch allein die Situation »auf der Straße« kann schon zu einem Stichprobenfehler führen, wenn die Menschen, die auf der Straße anzutreffen sind, nicht repräsentativ für unsere Forschungsfrage sind.

Soziale Erwünschtheit: Wenn Menschen nicht das sagen, was sie meinen

Selbst wenn wir die ideale Stichprobe an Menschen gefunden haben, die wir für unsere Forschungsfrage benötigen, können subtile, aber entscheidende Hürden auf uns warten. Eine solche Hürde ist die soziale Erwünschtheit. Dieses Phänomen beschreibt die Tendenz von Menschen, in Umfragen oder Interviews Antworten zu geben, die sie für gesellschaftlich akzeptabel oder wünschenswert halten, anstatt ihre wahren Überzeugungen oder Erfahrungen preiszugeben. Warum ist das wichtig? Nun, wir streben danach, die authentischen Meinungen, Bedürfnisse und Verhaltensweisen unserer Kunden zu verstehen. Doch die soziale Erwünschtheit kann uns einen Strich durch die Rechnung machen und zu verzerrten Daten führen. Gerade in der Innovationsforschung ist es entscheidend, dass wir echte Probleme und Bedürfnisse der Kunden erfahren – und keine Schein-Probleme, wie sie möglicherweise durch Medien oder Freunde vorgekaut werden.

Auch die Auswahl der Methode hat einen großen Einfluss, ob wir verzerrte Daten erhalten: Gerade in den beliebten Fokusgruppen neigen die Probanden oft dazu, ihre Ansichten denen der Mehrheit anzupassen, um sozial akzeptiert zu werden oder um Konflikte zu vermeiden. Dadurch gehen leider bestimmte Standpunkte, Ideen und Informationen verloren.

Um den Einfluss von sozialer Erwünschtheit zu minimieren, ist es wichtig, die Teilnehmer unabhängig voneinander agieren zu lassen, um ehrliches Feedback und tatsächliche Meinungen zu erhalten. Anonymität kann ebenfalls dazu beitragen, dass die Teilnehmer frei von sozialen Erwartungen antworten. Ein anderer Trick besteht darin, indirekte Fragen zu stellen. Mein Lieblingsansatz, um sozial erwünschte Antworten zu vermeiden, ist, die Gespräche in einem vertrauenswürdigen Umfeld zu führen. (Wie das funktioniert, habe ich im Kapitel »Ausrede Nr. 1«, beim empathischen Gespräch bereits erklärt.)

Bestätigungsfehler und andere Irrtümer bei uns Forschenden

Der Bestätigungsfehler zeigt, dass nicht nur unsere Probanden »Denkfehler« zeigen, sondern auch wir Forschenden. Der Bestätigungsfehler (oder auch »Confirmation Bias«) ist die Tendenz, nach Informationen zu suchen oder diese zu interpretieren, die unsere bestehenden Annahmen und Meinungen bestätigen, anstatt objektiv und neutral zu sein. Dieser Fehler kann bereits in der explorativen Forschung auftreten. Aber auch in der evaluierenden Forschung, wenn wir Prototypen prüfen, kann er auftreten, wenn wir nach Informationen suchen, die unsere Hypothese bestätigen. (Näheres zum Bestätigungsfehler finden Sie deswegen im Kapitel »Ausrede Nr. 4« über Prototyping.)

Ein ähnliches Problem kann auch durch den sogenannten Framing-Effekt auftreten. Damit meine ich die Beeinflussung von Entscheidungen oder Antworten durch die Art und Weise, wie eine Frage oder ein Problem präsentiert wird. Wenn wir als Forschende ein Gespräch führen und übermäßig freundlich – oder auch übermäßig unfreundlich sind –, hat das natürlich eine Auswirkung auf unser Gegenüber. Mein wichtigster Tipp an dieser Stelle ist, gar nicht so viel darüber nachzudenken, wie man beim Gegenüber ankommt. Viel wichtiger ist es, authentisch zu sein und echte Neugierde zu zeigen. Das führt regelmäßig zu den besten Ergebnissen!

Der letzte Fehler, auf den ich Sie aufmerksam machen möchte, ist der Fehler der Übergeneralisierung. Nach einem anstrengenden Tag »auf dem Feld« ist es verlockend, nach einer Handvoll Gespräche dann Schlussfolgerungen für die gesamte Zielgruppe zu ziehen. Doch Vorsicht, dieser Fehler kann in die Irre führen! Denn unsere Kunden sind möglicherweise vielfältiger, als es anfangs den Anschein hat. Denken Sie an die Unterschiede zwischen verschiedenen Altersgruppen, Kulturen und Lebensstilen. Wenn wir die Bedürfnisse eines einzelnen Kunden übergeneralisieren und glauben, dass sie auf alle zutreffen, könnten wir auf dem Holzweg sein. Dieser Fehler kann zu ungenauen Empfehlungen führen und uns daran hindern, maßgeschneiderte Lösungen zu entwickeln, die wirklich auf die Vielfalt unserer Zielgruppen zugeschnitten sind.

Wie ging es nun mit unserem Produzenten von Delikatessen weiter? Aus der anfänglichen Skepsis gegenüber selbst durchgeführter Forschung (»Wir haben bereits eine Marktforschung beauftragt!«) ist eine spürbare Begeisterung für Kundenbefragungen und Feldstudien geworden. Besonders hilfreich für diesen Lernweg war, dass die Geschäftsführerin den neuen Ansatz unterstützt und sich sogar selbst auf die Straße gewagt hat. Das ist keine Selbstverständlichkeit, aber ein wichtiges Signal für die anderen Führungskräfte und Mitarbeiter. Es signalisiert: Es ändert sich etwas; wir nehmen unsere Kunden wirklich ernst; wir machen uns die Hände schmutzig; wir sind bereit zu lernen.

Das Schöne bei diesem Weg ist, dass die Durchführung von Kundenbefragungen Spaß macht. Aber das Unternehmen hatte auch einiges zu lernen. Die ursprüngliche Risikoaversion, durch die überhaupt erst externe Marktforschungsagenturen involviert wurden, hat zu einer gewissen Unsicherheit geführt: »Können wir das überhaupt?«, »Sollten wir nicht doch lieber Experten ranlassen?« Mit den ersten Erfolgen kam allerdings auch die Selbstsicherheit und der Spaß zurück. Aus dem Team, das von Apathie befallen war, aus einzelnen Teammitgliedern, die manchmal ihre Kollegen im Stich gelassen und lieber die Arbeit von anderen haben erledigen lassen, sind neue, motivierte »Kundenversteher« hervorgegangen.

Wenn ich heute, Hand in Hand mit meinem Mann, über den Wiener Naschmarkt schlendere, lassen wir uns von den unbekannten Düften, den lebendigen Farben und den Klängen der Händler und Besucher verzaubern. Hier spüren wir die wahre Essenz des Einkaufens, die Herzlichkeit, die nur entsteht, wenn der Kontakt zwischen Verkäufer und Kunde lebendig bleibt. Wir sind von Menschen umgeben, die nicht nur Produkte verkaufen, sondern dabei ihre Geschichte erzählen. Es ist die Magie des Naschmarkts, die uns daran erinnert, wie wichtig es ist, den Kontakt zu den Kunden niemals zu verlieren.

Ausrede Nr. 4: Wir können später alles testen

Warum »je früher, desto besser« besser ist

»Ein Unternehmen sollte niemals aufhören,
zu experimentieren und zu ändern.
Wenn Sie das tun, werden Sie aufhören,
besser zu sein.«

– Jeff Bezos

Der deutsche Schriftsteller Karl May ist für seine Abenteuerromane bekannt, die im Wilden Westen Nordamerikas und im Orient spielen. Obwohl er selbst nie Nordamerika oder den Orient besucht hat, schuf er detaillierte und fesselnde Beschreibungen dieser Orte in seinen Geschichten. Oder nehmen wir den britischen Historiker und Autor Alex Langlands. Er machte sich einen Namen mit seiner Arbeit in archäologischen und historischen TV-Sendungen wie *Victorian Farm* und *Tudor Monastery Farm*. Für diese Shows lebte er mit einem Team von Experten in historischen Umgebungen und versuchte, das tägliche Leben vergangener Zeiten nachzubilden. Obwohl Alex Langlands nicht in vergangenen Jahrhunderten gelebt hat, bemühte er sich, sich durch praktische Experimente und die Umsetzung historischer Techniken in die Lebensweise und Arbeitsweise dieser Epochen einzufühlen. Diese Art von Experimentieren ermöglicht es Historikern, ein tieferes Verständnis für die praktischen Herausforderungen und die Realität vergangener Zeiten zu entwickeln. Ein weiteres Beispiel ist John Howe, ein kanadischer Konzeptkünstler und Illustrator, der für seine Arbeit an der Darstellung von Mittelerde in den Werken von J. R. R. Tolkien bekannt ist. Howe ließ sich von der majestätischen Schönheit realer Landschaften inspirieren, studierte historische Artefakte, um authentische Details zu erfassen, und verband seine einzigartige künstlerische Vision mit den Geschichten Tolkiens, um eine visuell beeindruckende Welt zu erschaffen. Seine Arbeit hat dazu beigetragen, Mittelerde für Generationen von Lesern und Betrachtern zum Leben zu erwecken.

Und nun zu mir: Man könnte meinen, ich sei unqualifiziert, über Kaffee zu schreiben, da ich selbst keine Kaffeetrinkerin bin. Aber Karl May, der in Amerika war, Alex Langlands, der nicht in vergangenen Jahrhunderten gelebt hat, oder John Howe, der nie einen Fuß auf Mittelerde gesetzt hat, zeigen, dass man durch Experimente viel lernen kann. Deswegen widmen wir dieses Kapitel zum Teil dem Kaffee – und vor allem dem Wesen von Experimenten. Obwohl ich selbst keinen Kaffee trinke, ist meine persönliche Erfahrung mit der Zubereitung von Kaffee durchaus umfassend: In unserem Zuhause stehen eine Siebträgermaschine und eine Kaffeemühle. Ich kenne die Effekte des Mahlgrads, die 25-Sekunden-Regel, den benötigten Druck beim »Tampern« und was sonst alles zu einem guten Espresso dazugehört. Und ich kenne das Gesicht meines Mannes, wenn ich mal bei der Zubereitung etwas Neues ausprobiert habe, das sich nicht bewährt. Bei all diesem Hintergrundwissen war ich erfreut, als ich eine Anfrage eines Herstellers von Kaffeemaschinen in meinem Posteingang hatte, der Unterstützung suchte, um in der komplizierten Welt der »smarten« Geräte zu bestehen. Das Beste daran: Hier waren nicht meine Fähigkeiten als Kaffeetrinkerin gefragt, sondern mein handfestes Wissen, das ich durch umfangreiche Erfahrung in Design Thinking erlangt habe und die ich hier mit Ihnen teile.

Fallstudie 1. Akt: Verliebt in die smarte App und den eigenen Perfektionismus

Unser Kunde, ein angesehener Hersteller von Kaffeemaschinen, war von der Idee einer revolutionären Kaffee-App begeistert. Diese App sollte es den Kunden ermöglichen, per Smartphone den Kaffee zu brühen, spezielle Rezepte zu kreieren und durch viele andere großartige Features die Kaffeemaschinen »smart« zu machen. Das Smart-Home-Konzept ist ein absoluter Trend. Im Grunde geht es dabei darum, verschiedene vernetzte Geräte, Systeme und Technologien in Gebäude zu integrieren, um den Komfort, die Energieeffizienz oder auch die Sicherheit zu verbessern. Kein Wunder, dass der Trend zu »smarten« Geräten nicht vor Kaffeemaschinen Halt macht. Das

Unternehmen, das mich beauftragte, hatte viel Erfahrung mit Kaffee und der Produktion von Kaffeemaschinen, aber relativ wenig Ahnung von Software-Entwicklung und smarten Geräten. Um diese Wissenslücken auszugleichen, wurden neue Partner ins Boot geholt, IT-Experten angestellt, eine Server-Infrastruktur aufgebaut und eine App programmiert. Das gesamte Projekt verschlang deutlich mehr Geld als ursprünglich budgetiert, aber auch das ist kein Novum bei der Realisierung innovativer Technologie. Als die Markteinführung der ersten smarten Produktreihe vor der Tür stand, waren die Erwartungen groß. Sowohl im Privatkundensegment als auch in der Business-Reihe gab es anfänglich jeweils zwei Maschinen, die mit jeweils einer App auf dem Smartphone bedient werden konnten. Die Verkaufszahlen und insbesondere das Kundenfeedback waren jedoch enttäuschend, was zur Folge hatte, dass die Geschäftsführung sehr nervös wurde: Man hatte bereits in drei Tranchen das Projektbudget aufgestockt und auch andere Projekte zurückgestellt, um die neue Produktreihe auf den Markt zu bringen – und dann dieses Ergebnis!

Anfänglich lautete der Plan, mit einem Gerät im Privatkundensegment zu starten, aber aufgrund von Daten aus der Marktforschung entschied sich das Management dazu, auch ein Gerät aus der Business-Reihe anzupassen. Da die Anpassungskosten deutlich höher als erwartet waren, revidierte man die Entscheidung und ließ gleich mehrere Baureihen umrüsten, um die erhöhten Kosten auf mehrere Produkte aufteilen zu können. Schließlich stellte sich aber heraus, dass sich die technische Basis der Privat- und der Business-Maschinen in einigen Dingen unterschied. Da die technische Harmonisierung einen großen Aufwand in der Fertigung nach sich ziehen würde und man die unweigerlich daraus folgende zeitliche Verzögerung nicht riskieren wollte, wurde die Entscheidung getroffen, zwei unterschiedliche Apps und Backend-Systeme zu entwickeln und die Harmonisierung erst später in Angriff zu nehmen.

Das war die Kurzfassung der Situation, bevor wir beauftragt wurden, die Ursache der Unzufriedenheit bei den Kunden herauszufinden. Falls Sie in der Zwischenzeit, vor lauter Kaffee, die Ausrede dieses Kapitel vergessen haben, lassen Sie mich Ihnen diese in Erinnerung rufen. Die Ausrede lautet: »Wir können später alles testen.« Und genau das war die Grundeinstellung in dem Unternehmen.

Wenn ich in Unternehmen fehlgeschlagene Produkteeinführungen analysiere, frage ich zuallererst nach, auf welche Weise die Entscheidung für oder gegen eine Produkteigenschaft getroffen wurde. Im vorliegenden Fall wurden Benchmark-Analysen und Expertengespräche im Unternehmen durchgeführt. Bei Benchmark-Analysen werden die besten Branchenpraktiken von Wettbewerbern analysiert. Das Unternehmen hat sich dazu angesehen, welche Smart-Home/Smart-Office-Lösungen bei Kaffeemaschinen bereits existieren, und diese als Blaupause eingesetzt. Da das Unternehmen allerdings für hohe Qualität steht, war es das erklärte Ziel, die Geräte am Markt zu übertreffen und neue Funktionen anzubieten. Zusätzlich wurden zwar auch innerhalb des Unternehmens und teilweise mit externen Partnern Expertengespräche geführt, beispielsweise mit Mitarbeitern aus der IT, aus dem Vertrieb und der Fertigung, es gab allerdings einen Haken: Fast alle Gesprächspartner hatten einen technischen Background. Das führte dazu, dass sich die Mitarbeiter schnell in bestimmte technische Features »verliebten«. Diese Features bekamen die höchste Priorisierung, niemand hinterfragte, ob der tatsächliche Kunde diese Begeisterung teilte. Interessanterweise gab es sogar Einwände gegen dieses Vorgehen. Diese wurden aber mit der Aussage »Wir können alles später testen« vom Tisch gewischt. Die zuständigen Ingenieure und Entwickler waren mit dem Erreichten nie zufrieden und wollten erst mit Tests beginnen, wenn das Produkt fertig war:

»Es fehlt noch ein wichtiger Aspekt, erst dann können wir testen!«

»Wir stehen für Perfektion, das Produkt muss perfekt sein, bevor wir damit rausgehen!«

»Wenn ein Mitbewerber unsere Ideen spitzbekommt, könnten wir unseren Zeitvorteil verlieren und werden kopiert!«

Zusammenfassend kann man sagen, dass die Herangehensweise nicht mehr hinterfragt wurde, nachdem sie einmal beschlossen war. Dennoch wurde das Budget regelmäßig erhöht, um das Projekt nicht zu gefährden. Hinter diesem allzu menschlichen Verhalten stecken gleich mehrere Denkfehler, die ich in den folgenden Abschnitten erklären werde.

Sunk Costs – oder der Trugschluss der versunkenen Kosten

Im Januar des Jahres 1976 erhob sich die Concorde, ein Überschallflugzeug, in die Lüfte zu ihrem ersten kommerziellen Flug. Dieses gewagte Unterfangen hatte die britische und französische Regierung bereits satte 2,8 Milliarden Dollar gekostet. Doch selbst als sich abzeichnete, dass die Concorde mit großer Wahrscheinlichkeit nicht das ersehnte wirtschaftliche Erfolgsmodell werden würde, gossen Investoren unermüdlich finanzielle Mittel in dieses ehrgeizige Projekt. Unglaubliche 27 Jahre lang[1]. Dieses epische Versagen hinterließ ein bleibendes Erbe: den »Concorde-Effekt«. Er beschreibt, wie wir Menschen dazu neigen, offensichtlich zum Scheitern verurteilte Vorhaben unerbittlich fortzusetzen, nur weil bereits viele Ressourcen und Arbeit in sie geflossen sind. Im englischsprachigen Raum ist dieser Effekt auch als »Sunk Cost Fallacy« bekannt – ein Begriff, der uns daran erinnert, dass die Fesseln der Vergangenheit oft unsere Entscheidungen in der Gegenwart beeinflussen. In der Ökonomie sind *versunkene Kosten* bereits angefallene Kosten, die nicht mehr zurückgewonnen werden können. Das bedeutet, dass zukünftige Entscheidungen nicht von den versunkenen Kosten beeinflusst werden sollten, da diese ohnehin bereits weg sind.

Schauen wir uns ein anderes Beispiel an, das Sie vermutlich aus Ihrem eigenen Leben gut kennen: Nehmen wir an, Sie warten bereits seit 10 Minuten an der Bushaltestelle, aber der Bus kommt und kommt nicht. Nachdem Sie schon 10 Minuten Ihrer Zeit investiert haben, sagen Sie sich, dass Sie noch weitere 10 Minuten warten können – der Bus müsste ja jeden Augenblick kommen. Weitere 10 Minuten später, denken Sie sich, dass es nun egal ist. Sie haben bereits so viel Zeit investiert, dass Sie noch kurz warten können. Das ist der Beginn einer nie enden wollenden Geschichte. Wir denken fälschlicherweise, dass der Bus jede Sekunde kommen wird, weil wir schon mehr als 30 Minuten gewartet haben. Aber das ist Unsinn, denn die Wahrscheinlichkeit, dass der Bus kommt, ändert sich nicht, nur weil Sie bereits so lange auf den Bus warten.

Die von Ihnen investierten 30 Minuten Wartezeit sind versunkene Kosten und erhöhen nicht Ihre Chance, dass der Bus früher ankommt.

Unsere Entscheidungen werden durch unsere bereits getätigten Investitionen manipuliert. Diese Investitionen können zeitlicher, finanzieller oder emotionaler Natur sein. Je mehr wir investieren, desto schwieriger wird es, etwas aufzugeben. Der Irrtum der versunkenen Kosten verwischt unsere rationale Entscheidungsfindung. Wenn der einzige Grund, warum Sie immer noch an etwas arbeiten, Ihr Stolz ist und »weil Sie bereits so viel Zeit investiert haben«, sind Sie Opfer des Denkfehlers. Hier sind Anzeichen dafür, dass Sie Opfer vom Denkfehler der versunkenen Kosten geworden sind:

- Sie spüren einen inneren Widerstand zur Veränderung.
- Sie treffen irrationale Entscheidungen.
- Sie verteidigen vehement ineffektive oder veraltete Prozesse.
- Sie haben Angst davor, ein Scheitern einzugestehen.

Die Folgen dieses Denkfehlers sind selten positiv. Der Irrtum über die versunkenen Kosten führt dazu, dass Chancen verpasst werden. Die Menschen werden – je mehr sie investieren – immer weniger bereit, neue Projekte und Ziele zu verfolgen, da sie bereits so viel in das Laufende investiert haben. Im Wesentlichen bedeutet es, dass wir eine getätigte Investition verteidigen, indem wir noch mehr investieren. Und das, obwohl es keinen konkreten Grund dafür gibt, abgesehen von den früheren Investitionen. Hinter diesem Denkfehler steckt der Wunsch, Verluste zu vermeiden, da das Gefühl, etwas zu verlieren, psychologisch wirkungsvoll und schmerzhaft ist (Wir werden diesen Denkfehler im Kapitel »Ausrede Nr. 7« noch näher betrachten). Diese Verlustaversion führt dazu, dass Menschen aus Angst vor Verlusten weiter schlechte Entscheidungen treffen.

Ein weiterer Grund, warum Sie vielleicht weiterhin investieren, kann das Gefühl sein, sich für die früheren Ausgaben verantwortlich zu fühlen. Dadurch steigen die Verluste nur noch weiter. In der

Regel wollen Menschen vermeiden, von ihren Kollegen oder ihrer Familie durch eine unbeabsichtigte Vergeudung von Ressourcen als verschwenderisch angesehen zu werden.

Einige wichtige Fragen, die Sie sich im Zusammenhang mit versunkenen Kosten stellen können, sind:

- Welche Angst hält mich zurück?
- Was fürchte ich zu verlieren?
- Wie hoch ist die Erfolgswahrscheinlichkeit meiner Investitionen?
- Warum bin ich resistent gegen Veränderungen?

Versuchen Sie, schlechte Strategien hinter sich zu lassen, und treffen Sie neue Entscheidungen auf der Grundlage dessen, was auch tatsächlich in Ihrem besten Interesse ist.

Stellen Sie sicher, dass Ihre Investitionen auf die Zukunft und nicht auf die Vergangenheit ausgerichtet sind. Nur weil eine Strategie in der Vergangenheit funktioniert hat, heißt das nicht, dass sie auch in Zukunft funktionieren wird, da sich die Märkte weiterentwickeln.

Der Mensch ist ein emotionales Wesen. Sich darüber im Klaren zu sein, dass der Irrtum über die versunkenen Kosten existiert, ist der erste Schritt, um ihn besser zu entlarven.

Wenn Sie sich nicht sicher sind, ob Sie an einem Projekt weiterarbeiten sollten oder nicht, stellen Sie sich bitte diese Frage: Warum arbeite ich immer noch daran? Liegt es daran, dass es mir Spaß macht, oder liegt es am Irrtum der versunkenen Kosten? Wenn Sie ehrlich zu sich sind, wird die Antwort Sie vermutlich heilen.

Die nachträgliche Begründungstendenz

Die meisten Menschen glauben, dass ihre Kaufentscheidungen das Ergebnis einer rein rationalen Analyse verschiedener Produktalternativen sind. Dabei werden unsere Entscheidungen maßgeblich von Emotionen beeinflusst. Vor allem Faktoren wie Marken,

Werbung, Verpackung, aber auch Verkaufsargumente sind entscheidend. 95 Prozent unserer Kaufentscheidungen finden unbewusst statt. Selbst wenn wir im Nachhinein unzählige Beispiele für emotionale Entscheidungen finden, wird sich unser Bewusstsein ständig Gründe ausdenken, die die unbewussten Entscheidungen rechtfertigen. Diese Rationalisierung basiert auf dem Prinzip der Verpflichtung und dem psychologischen Wunsch, einer einmal getroffenen Entscheidung treu zu bleiben. Dieses psychologische Phänomen wird als *nachträgliche Begründungstendenz* bezeichnet. Dabei handelt es sich um eine kognitive Verzerrung, bei der Käufer versuchen, sich davon zu überzeugen, dass sich der Kauf gelohnt hat, nachdem sie viel Zeit, Geld und Mühe in einen Kauf investiert haben. Wenn sich eine Person für Produkt A anstelle von Produkt B entscheidet, wird sie unwissentlich die Fehler von Produkt A herunterspielen und die negativen Aspekte von Produkt B verstärken, um sich selbst gegenüber zu rechtfertigen, dass sie die richtige Wahl getroffen hat.

Als Menschen verspüren wir alle den Drang, uns zu rechtfertigen und die Verantwortung für Handlungen zu vermeiden, die sich als schädlich, unmoralisch oder einfach nur dumm herausstellen könnten. Egal, ob die Folgen unserer Fehlentscheidungen trivial oder drastisch sind: Den meisten von uns fällt es schwer zuzugeben, dass sie sich geirrt haben. Je höher der Einsatz – emotional, finanziell, moralisch –, desto schwieriger ist es, einen Irrtum zuzugeben. Dabei ist irren menschlich, aber im Irrtum zu verharren, ist teuflisch. Gerade im Alter fällt es Menschen schwer, ihre Fehlentscheidungen zuzugeben. Im Vergleich dazu haben Jüngere gewisse Erfahrungen noch nicht gemacht, und daher fehlt ihnen die Grundlage für ihre Entscheidungen. Außerdem neigen sie eher dazu, sich etwas zu gönnen und ihre Entscheidungen nicht zu bereuen. Vielmehr geht in den jungen Jahren vor allem darum, im Moment zu leben.

Fallstudie 2. Akt: Die Erkenntnis über die tatsächlichen Bedürfnisse der Kunden

Genauso ist es unserem Kaffeeautomatenhersteller gegangen: Es war bereits so viel Geld in das Projekt und in die App investiert worden, dass aus Angst vor dem Eingestehen des Scheiterns einfach noch mehr Geld hineingesteckt wurde. Allerdings half das auch nichts. Es musste eine neue Strategie her. Aber selbst als klar war, dass das Unternehmen in die Versunkene-Kosten-Falle getappt war, gab es noch ein weiteres Hindernis: den Perfektionismus. Bevor wir an die Arbeit gehen konnten, musste das Unternehmen noch lernen, welche Chancen im Experimentieren liegen.

Die Angst falschzuliegen: Ein erlernter Zustand mit fatalen Folgen

Die meisten von uns haben große Angst davor, mit ihren Vermutungen, Ansichten oder Ideen falschzuliegen. Ich erlebe es in Unternehmen immer wieder, dass die Mitarbeiter tatsächlich alles tun würden, um Fehler zu vermeiden. Das ist auch absolut menschlich, aber diese Angst falschzuliegen, schwächt. Sie frisst Innovationen auf und führt dazu, dass es uns als Menschen, Mitarbeitern und Organisationen schlecht geht. Nehmen Sie das beliebte Beispiel von Steve Jobs und Apple. Jobs war jung und temperamentvoll, als er Apple gründete, und er hatte Visionen für das Unternehmen, mit denen andere überhaupt nicht einverstanden waren. Im Alter von 30 Jahren wurde Jobs aus seiner eigenen Firma entlassen. Er gab zu, dass dieser Misserfolg zu den besten Dingen in seiner Karriere gehörte. Wie er sich später erinnerte, »wurde die Schwere des Erfolgs durch die Leichtigkeit ersetzt, wieder ein Anfänger zu sein«. Jobs konnte sich wieder mit dem verbinden, was er immer geliebt hatte.

In jedem Leben wird es Misserfolge geben. Das gehört einfach dazu. Aber wir sind darauf programmiert zu glauben, dass, wenn wir falschliegen, es bedeutet, dass mit uns als Mensch etwas nicht stimmt. Wenn wir in der Schule schlecht abschneiden oder die »falsche« Antwort geben, werden wir als »faul« oder »dumm« abgestempelt. Und diesen Stempel verknüpfen wir automatisch damit, wer wir als Person sind. Wenn wir in der Schule sind, lernen wir, dass Menschen, die etwas falsch machen, faule, verantwortungslose Dummköpfe sind. Und wir lernen, dass der Weg zum Erfolg im Leben darin besteht, niemals Fehler zu machen. Diese frühe Programmierung erzeugt eine Angst vor Fehlern, die sich auf unser zukünftiges soziales und berufliches Leben auswirkt.

In den meisten Unternehmen hat diese Angst ein Umfeld voller Perfektionisten geschaffen, die enormen Druck auf sich selbst und andere ausüben, um immer zu glänzen und makellose Arbeit zu leisten. Dieser Druck nimmt einfach viel zu viel Platz ein. Perfektionismus ist eine viel größere – und letztlich auch teurere – Schwäche, als viele denken. Das hängt nicht nur mit schädlichen Arbeitsergebnissen wie Stress, Arbeitssucht und Ängsten zusammen, sondern die Menschen neigen dazu, Innovation und Leistung einzuschränken, indem sie sich auf das wiederholte Streben nach Perfektion konzentrieren. Dabei ist das innere Gefühl der Richtigkeit ein sehr trügerisches. Nehmen wir das Beispiel vom Anfang des Kapitels: Die Mitarbeiter haben unnötig viel Zeit, Geld und Arbeitskraft verschwendet, um Details zu optimieren, die für die meisten Kunden keinen Unterschied gemacht haben. Das zeigt, dass das innere Gefühl der Richtigkeit, das wir empfinden, nicht immer wirklich widerspiegelt, was in der realen Welt tatsächlich passiert. Im Gegenteil: Es kann uns sogar so sehr von der Realität der Außenwelt distanzieren, dass wir unsere Fehler erst erkennen, wenn es zu spät ist. Häufig passiert aber auch, dass Menschen, die zu sehr darauf bedacht sind richtigzuliegen, gar nicht bereit sind, Fehler einzugestehen. Dadurch verschließen sie sich aber selbst der Möglichkeit, zu lernen und zu wachsen.

Die Einsicht, dass jeder immer wieder mal falschliegt, ist ein wirklicher Vorteil – viel mehr, als sie ein Nachteil ist. Abgesehen davon, dass wir uns gar nicht davor schützen können, Fehler zu machen – es gehört einfach zum Leben dazu, denn Fehler sind für die menschliche Erfahrung von grundlegender Bedeutung. Und je früher wir unseren Perfektionswahn hinter uns lassen, desto schneller werden wir zum Erfolg gelangen.

Wenn Unternehmen zu sehr auf Perfektion setzen, schaden sie nicht nur dem eigenen Erfolg, sondern vor allem der Entwicklung der Mitarbeiter. Denn durch den Druck entsteht ein stressiger Arbeitsplatz, der das Selbstvertrauen der Mitarbeiter beeinträchtigt. Passiert dann noch ein Misserfolg, wird dieser als Katastrophe betrachtet. Wenn die Dinge also nicht wie geplant verlaufen, ist es sehr unwahrscheinlich, dass sie aus einem Misserfolg lernen. Aber wir brauchen die Misserfolge, um daraus zu lernen und uns vor allem zu verbessern. Um in einer Branche Innovationen voranzutreiben und neue Maßstäbe zu setzen, dürfen Menschen und Organisationen nicht nach Perfektion streben. Stattdessen sollten sie danach streben, endlich Frieden mit dem Scheitern zu schließen. Die erfolgreichsten Menschen und Organisationen sind diejenigen, die im Namen von Leistung und Innovation scheitern können.

Die Angst vor dem Scheitern

Bis ich Mitte 20 war, hat mich nie jemand als »kreativ« bezeichnet. Aber das hat sich geändert. Warum? Ich habe eine sehr traditionelle Ausbildung genossen. Erst nachdem sich mein Mann selbstständig gemacht hat und ich in sein Unternehmen eingestiegen bin, habe ich begonnen, die Dinge anders zu sehen. Als Business-Analyst war es die Aufgabe meines Mannes, die Prozesse in Unternehmen zu zerlegen, sie zu prüfen, gegebenenfalls anzupassen und zu ändern, um sie dann wieder zusammenzusetzen. Das Wichtigste dabei ist allerdings die Kommunikation mit den Stakeholdern. Ich weiß nicht mehr genau, bei welchem seiner Erzählungen über die Projekte mir ein Licht aufging, aber ich erinnere mich, dass ich danach wusste, wie wichtig es ist, sich mit Menschen zu verbinden und dabei die eigene Sichtweise außen vor zu lassen. Ich habe danach begonnen, mich viel mit Empathie und verschiedenen Methoden auseinanderzusetzen. Was ich in den nächsten fünf Jahren bei den unterschiedlichsten Stationen lernte, veränderte meine

Denkweise über alles und ließ mich fragen, warum ich nie die grundlegenden Methoden gelernt hatte, um wie ein Designer zu denken – vor allem in einer Welt, in der führende Unternehmen wie Apple auf Unternehmenskulturen bauen, die auf Design-Thinking-Methoden basieren. Für mich ist die wichtigste Erkenntnis aus dem Design Thinking, dass man sicherstellen muss, dass man zunächst das richtige Problem definiert, bevor man versucht, es zu lösen. Im Grunde verhalten Sie sich wie ein Detektiv. Sie versuchen, die Bedürfnisse und Probleme der Menschen zu verstehen, bevor Sie als Antwort darauf Lösungen finden. Die meisten Unternehmen nutzen PowerPoint- oder Excel-Tabellen, um ihren Ansatz zu rationalisieren und um herauszufinden, wie sie etwas Neues entwickeln können. Sei es aus mangelnder Einsicht, Arroganz oder Dummheit, dieses Vorgehen ist eine absolute Verschwendung von Zeit und Ressourcen – und doch beschäftigt es viele Menschen in der Unternehmensberatung.

Wenn Sie wie ein Design Thinker denken, dann haben Sie zunächst keine Daten. Sie müssen die Daten erst einmal erstellen. Das bedeutet, dass Sie quasi aus dem Nichts mittels schneller und kostengünstiger Experimente echte Erkenntnisse gewinnen müssen. Es geht darum, zu lernen und mittels Kreativität Entdeckungen zu machen, die letztlich die Welt einiger Menschen verbessern können. Eigentlich scheint das doch gesunder Menschenverstand zu sein – aber warum ist es so schwer? Ganz einfach: Uns behindert die Angst vor dem Scheitern. Wenn Sie eine konservative Ausbildung erlebt haben, stehen die Chancen gut, dass Ihnen zu keinem Zeitpunkt Ihrer Bildungs- oder Berufslaufbahn die Erlaubnis gegeben wurde zu scheitern, geschweige denn Fehler zu machen. Sie sollten etwas erreichen – im Sport, im Klassenzimmer oder bei der Arbeit. Ihre Lehrer haben Sie dafür bestraft, wenn Sie die »falschen« Antworten gegeben haben, Ihre Noten waren schlecht, wenn Sie in Tests unvollkommene Antworten gaben. Auch das moderne Industriemanagement basiert immer noch weitestgehend auf Risikominimierung und Fehlervermeidung und nicht auf Innovation oder Erfindung.

Unternehmer und Designer sehen allerdings Scheitern so, wie die meisten Menschen Lernen sehen. Unternehmer müssen ständig Entscheidungen treffen und viele Fehler machen, um neue Ansätze, Chancen oder Geschäftsmodelle überhaupt erst zu entdecken. Ich denke, dass es sich dringend ändern muss, dass unser Bildungssystem so extrem und mit strengem Blick auf »richtige Antworten« und standardisierte Tests blickt. Und es müssen auch die modernen Managementsysteme deutlich anpassungsfähiger werden. Letztendlich können zwar grundlegende Gestaltungs- und Kreativmethoden erlernt und ähnlich wie Muskeln durch Übung entwickelt und gestärkt werden, doch dieser Wandel in der Denkweise erfordert eine andere Art von Führung. Und diese wollen wir uns gleich mal näher ansehen.

Prototyping

Vor ein paar Jahren haben wir einen Kunden dabei begleitet, ein neues Leitsystem für sein Besucherzentrum einzuführen. Das bestehende war extrem verwirrend für neue Besucher. Aber die Teilnehmer konnten sich nicht vorstellen, wie eine andere Lösung aussehen könnte. Wir haben uns eine Möglichkeit überlegt, wie wir helfen können, und mehrere Stunden damit verbracht, mit Pappe und den vorhandenen Gegenständen, die im Raum standen, neue Orientierungsmöglichkeiten zu entwickeln. Unsere Absicht war es, einen dynamischen Raum für physische und digitale Experimente zu schaffen. Anschließend luden wir unsere Kunden ein, den Raum selbst mit frischem Blick zu betreten und sich zurechtzufinden. Sobald sie den Raum betreten hatten, wurden die Dinge klarer. Das Team konnte sich vorstellen, wie sich die Besucher orientieren konnten, ohne sich zu verlaufen. Sie konnten die verschiedenen Leitsysteme bewegen und zeitgleich über unterschiedliche Optionen diskutieren. Das Prototyping offenbarte einen Grad an Granularität und Spezifität, auf den das Team über Gespräche einfach nicht zugreifen konnte. Was als eine Reihe abstrakter Fragen begonnen hatte, wurde plötzlich greifbar.

Prototypen sind ein bewährtes Werkzeug, um mehr über Ihre Kunden zu erfahren und Ihre Idee zu verfeinern. Sie sind gleichermaßen für das Lernen, die Abstimmung und die Zusammenarbeit als Organisation wertvoll.

Prototyping baut Barrieren ab

Wir haben einmal für einen Automobilhersteller gearbeitet, der viel Zeit damit verbracht hat, Prozesse zu entwickeln, die es ihm ermöglichen, sichere und qualitativ hochwertige Produkte in großem Maßstab herzustellen. Das Problem dabei ist, dass diese Methoden in einem sich schnell verändernden Markt, wie der Mobilität der Zukunft, nicht immer funktionieren. Diese Herausforderungen erfordern eine neue Arbeitsweise. Zunächst gilt es, die Menschen aus ihren gewohnten Arbeitsabläufen zu locken, um neues Denken überhaupt erst zu ermöglichen. Wir suchten einen leeren Raum, den wir mit Bildern von Elektrofahrzeugen und Personas der potenziellen Kunden und Nutzer vollklebten. In der Mitte des Raumes stand ein unfertiger Prototyp, der aus Aluminium und Pappe zusammengeschustert war. Wir verteilten überall Bastelmaterial, das einlud, auszuprobieren und herumzukleben. Das wurde auch gut genutzt.

Anstatt diesen Raum unter Verschluss zu halten, wurde der Raum zum Experimentieren auch von anderen Menschen genutzt. Das Team ging sogar so weit, andere aktiv zum Mitmachen einzuladen. Unbekannte Gesichter tauchten auf und diskutierten mit anderen Teilnehmern über unterschiedliche Ideen. Es begannen neue Strategien in diesem Raum zu entstehen, und verschiedene Prototypen wurden neu gestaltet. Was mit einem kleinen Projektraum begann, entwickelte sich schließlich zu einem speziellen Innovationslabor, das unternehmensweit zusammenarbeitet, um die Zukunft der Mobilität neu zu besprechen.

Prototyping stellt Annahmen infrage

Vor einigen Jahren arbeiteten wir mit einem Zusteller zusammen, um das Erlebnis der Kunden bis zum Auslieferungsprozess neu zu entwickeln. Besonders wichtig ist die Zustellung an sich. Einerseits ist sie sehr kompliziert, andererseits ist sie eine wichtige Messgröße für Effizienz und Servicequalität. Die Unternehmen, die die Zusteller beauftragen, werden nur selten in den Prozess einbezogen, um bei der Neugestaltung von Abläufen zu helfen. Dabei ist ihre Perspektive von unschätzbarem Wert. Daher luden wir zu einem Frühstück ein und baten Kunden, Unternehmer und Zusteller dazu. Wir besprachen offen die Problematik und diskutierten danach mögliche Lösungen. Vorab haben wir Bastelmaterial organisiert, das auch genutzt wurde. Sie begannen, Schilder zu basteln und Hinweise aufzuschreiben, was genau mit den Zustellungen passieren sollte. Plötzlich wurden effiziente Lösungen entwickelt. Die Übung hat nicht nur mögliche Vorstellungen gebracht, wie sich das Unternehmen in Zukunft besser aufstellen könnte, sondern es hat vor allem die Vorstellung aller davon verändert, wie verschiedene Personengruppen zusammenarbeiten.

Prototyping deckt unerwartete Bedürfnisse auf

Das Einbeziehen potenzieller Kunden zum Testen von Prototypen ist eine weitverbreitete Praxis. Und das aus gutem Grund. Meistens bekommen allerdings die potenziellen Kunden erst relativ spät im Prozess die Möglichkeit, mit dem Prototyp zu interagieren. Es sind dann hochentwickelte Modelle, die in streng kontrollierten Sitzungen getestet werden. Für einen Hersteller von Baby-Artikeln haben wir Eltern und Kinder gebeten, sie beim Spielen mit einem frühen Prototyp beobachten zu dürfen. Wir baten sie darum, unterschiedliche Perspektiven, Hypothesen und kritische Fragen durchaus anzusprechen, aber in erster Linie einfach mal nur zu spielen. Während einer solchen Sitzung beobachteten wir, wie eine Mutter mit ihrem Kind so tat, als würden sie im Zoo die verschiedenen Tiere beobachten. Diese scheinbar einfache Interaktion inspirierte unser Team. Das führte dazu, dass sich die gesamte Diskussion über die Spielsachen veränderte und das vorhandene Portfolio eingebracht wurde. Statt über neue Produkte zu sprechen, sprachen wir mehr über die Förderung hochwertiger Familienzeit. Als wir unseren Prototyp in Aktion sahen, steigerte das die Empathie und das Verständnis über das Marketing hinaus und stellte sicher, dass das Team im gesamten Unternehmen die Bedürfnisse der Nutzer von Anfang an berücksichtigte.

Prototyping eröffnet Möglichkeiten

Prototyping ist das beste Werkzeug, wenn Sie neue Möglichkeiten und Annahmen testen, radikal neue Ideen entwickeln, Abstimmungen fördern, Vertrauen zwischen den Teams aufbauen und festgefahrene Vorstellungen darüber, wie Teams zusammenarbeiten sollten, aufrütteln möchten. Es gibt verschiedene Phasen und Arten von Prototypenmodellen. Fragen Sie sich vor dem Prototyping, welche Art von Prototyp Sie benötigen. Soll die Funktionalität demonstriert, etwas visualisiert oder das Produkt für die Produktion vorbereitet werden?

Was genau ist ein Prototyp?

Im Grunde ist ein Prototyp eine Unterstützung, um Ihre Ideen zu verarbeiten und Ihnen zu helfen, die Idee besser zu durchdenken. Im Kern geht es darum, Menschen und ihr Verhalten zu verstehen und in diesem Raum effektiv zu kommunizieren. Ein weitverbreitetes Missverständnis ist, dass ein Prototyp etwas Hochtechnologisches, Komplexes oder Teures sein muss. Wenn wir von Prototypen sprechen, meinen wir damit allerdings alles, was die Idee in Ihrem Kopf in ein Artefakt verwandelt, das Menschen erleben und zu dem sie Feedback geben können. Das kann ein digitales Rendering oder eine Testwebsite sein, es könnte sich aber auch um eine Skizze auf einem Blatt Papier oder ein Gespräch handeln, bei dem im Rollenspiel dargestellt wird, wie es sich anfühlen könnte, ein Produkt oder eine Dienstleistung zu nutzen.

Ein Prototyp wird auch zur Bewertung eines neuen Designs verwendet, um die Genauigkeit zu verbessern. Ingenieure erstellen oft Arbeitsmodelle, um Produkte zu testen, bevor sie für die Produktion freigegeben werden. Bevor ein fertiges Produkt entwickelt wird, können beim Prototyping Probleme gelöst und neue Designs ausprobiert werden.

Die Vorteile eines Prototyps sind folgende:

- verbessert das Gesamtverständnis der Idee,
- minimiert Konstruktionsfehler im Vorhinein,
- hilft bei Benutzertests,
- ermöglicht schnelle Kommunikation zwischen Teammitgliedern,
- ist hochgradig interaktiv für Investoren.

Ein Prototyp kann in drei Formen unterteilt werden. Je nach Detaillierungsgrad und Funktionalität reichen diese Stufen von »low« bis »high«. Jede Prototypebene dient einem bestimmten Zweck und bietet wichtige Einblicke in das Endprodukt.

Formen des Prototypings

Es gibt drei gängige Formen des Prototypings:

1. **Low-Fidelity-Prototyping:** Bei Low-Fidelity-Prototypen handelt es sich um grobe und einfache Darstellungen eines Produkts oder einer Funktion. Sie werden oft mit einfachen Werkzeugen wie Stift und Papier, Post-it-Notizen oder einfachen Design-Softwareprogrammen erstellt. Low-Fidelity-Prototypen dienen dazu, grundlegende Ideen, Layouts und Interaktionsmuster zu skizzieren. Sie sind kostengünstig und schnell zu erstellen, eignen sich gut für Brainstorming, Feedbackrunden und die frühe Validierung von Konzepten.
2. **Medium-Fidelity-Prototyping:** Medium-Fidelity-Prototypen sind detaillierter als Low-Fidelity-Prototypen und bieten eine realistischere Benutzererfahrung. Sie können mit spezieller Prototyping-Software, Wireframing-Tools oder Design-Tools erstellt

werden. Medium-Fidelity-Prototypen enthalten oft detailliertere visuelle Elemente, interaktive Elemente und teilweise Funktionalitäten. Sie ermöglichen es den Benutzern, eine bessere Vorstellung von der Endbenutzererfahrung zu bekommen, und erlauben Entwicklern und Designern, detaillierteres Benutzerfeedback zu sammeln.

3. **High-Fidelity-Prototyping:** High-Fidelity-Prototypen sind die detailliertesten und am realistischsten wirkenden Prototypen. Sie werden oft mit professionellen Design- und Prototyping-Tools erstellt und enthalten komplexe Interaktionsmuster, hochwertige visuelle Elemente und eine enge Annäherung an das endgültige Produkt. High-Fidelity-Prototypen können fast wie das tatsächliche Produkt aussehen und sich anfühlen. Sie ermöglichen es den Entwicklern, spezifische Funktionen zu testen, das Benutzerverhalten zu analysieren und Benutzerfeedback für den letzten Feinschliff einzuholen.

Die Wahl des Fidelity-Levels hängt von den Anforderungen des Entwicklungsprozesses und dem Zweck des Prototyps ab. Low-Fidelity-Prototypen sind schnell und einfach zu erstellen und eignen sich gut für die frühe Konzeptvalidierung und Ideenfindung. Medium-Fidelity-Prototypen bieten eine detailliertere Benutzererfahrung und eignen sich für die Testphase und das Einholen von Feedback. High-Fidelity-Prototypen sind am besten geeignet, um die Benutzererfahrung so nah wie möglich an das endgültige Produkt heranzuführen und spezifische Funktionen zu testen.

Tipps zum Erstellen von Prototypen

Beim Prototyping fühlt es sich manchmal so an, als wäre man in den Kaninchenbau gefallen. Es tauchen immer wieder unerwartete Fragen auf und es schleichen sich Fehler ein. Aber keine Sorge, das ist nicht nur normal, sondern sogar gut! Dafür ist Prototyping ja auch da.

Um Ihnen dabei zu helfen, den Stress beim Prototyping etwas zu reduzieren, finden Sie hier ein paar Tipps und Tricks, die ich im Laufe der Zeit gelernt habe.

- **Alles nur Fake!** Prototypen sind Fake, aber gerade wenn Sie mit speziellen Programmen arbeiten, vergisst man das leicht. Versuchen Sie deswegen nicht zu sehr, Ihren Prototyp so zu bauen, dass er vollkommen real wirkt. Nutzen Sie alle möglichen Abkürzungen, um in kürzester Zeit das zu erreichen, was Sie erreichen wollen. Nutzen Sie die Macht der Illusion, um das Auge zu täuschen und zu glauben, dass die Erfahrung etwas bewirkt, was in Wirklichkeit (noch) nicht der Fall ist. Treten Sie einen Schritt zurück und denken Sie darüber nach, wie Sie mit einer anderen Sichtweise Ihren Prototyp noch gestalten könnten.
- **Lassen Sie Ihr Gehirn die Lücken füllen.** Das menschliche Gehirn ist darauf ausgelegt, aus Unsinn Sinn zu machen. Sie müssen bedenken, dass das, was Ihre Augen sehen, nicht wirklich das ist, was Sie tatsächlich sehen. Sie sehen vielmehr nur die Interpretation Ihres Gehirns. Nutzen Sie die Funktion Ihres Gehirns, Lücken zu füllen, um Zeit zu sparen. Ist es zum Beispiel wirklich notwendig, dieses Detail anzubringen?
- **Achten Sie auf Glaubwürdigkeit.** Bei einem Prototyp sollten Sie sich darauf konzentrieren, nur bestimmte Dinge erlebbar und interaktiv zu machen. Sie haben keine Zeit, alles zum Laufen zu bringen, aber es muss trotzdem glaubwürdig sein. Stellen Sie sicher, dass alles so aussieht, wie es sein soll. Bei Software vermeiden Sie Wiederholungen von Bildern und Texten, da Ihr Prototyp dadurch nur unecht aussieht.
- **Machen Sie Inhalte lesbar.** Sie glauben vielleicht, dass die Leute nicht viel Text auf Websites und Apps lesen. Der Prozentsatz, den die Leute lesen, ist in der Tat gering, aber im Fall von Prototypen werden sie auf jeden Fall die wenigen Wörter scannen und lesen, die Sie eingegeben haben. Vermeiden Sie Platzhaltertext, da der unsinnige Text die Verwirrung der Leute nur noch verstärkt.
- **Starten Sie Ihren Prototyp einen Schritt vorher.** Es kommt nicht häufig vor, dass Menschen sofort das richtige Produkt auf einer Website finden oder direkt Ihre Webadresse eingeben. Wenn ich einen Prototyp einer mobilen App oder einer Website entwerfe, mache ich den ersten Bildschirm des Prototyps zum Betriebssystem oder starte auf einer Google-Suchseite. Dadurch entsteht

bei den Menschen sofort der Eindruck, dass sie etwas Reales verwenden. Sie können auf diese Weise die Grenze zwischen Fantasie und Realität verwischen. Beim Entwerfen vergisst man leicht, dass die Leute, die Ihren Prototyp testen, nicht so vertraut damit sind wie Sie. Schließlich haben Sie Stunden damit verbracht, an der Lösung zu arbeiten und sie zu verstehen.

- **Tun – nicht reden.** Stellen Sie sicher, dass die Leute, die Ihren Prototyp testen, Ihren Prototyp auch wirklich testen und nicht darüber reden. Menschen nach ihrer Meinung zu fragen, was sie von der Funktionsweise einer Sache halten, ist nicht so hilfreich, wie Menschen dabei zu beobachten, wie sie etwas nutzen. Das hilft Ihnen außerdem, Dinge, die Sie normalerweise nicht finden würden, sehr schnell zu erkennen.
- **Teamarbeit ist unerlässlich.** Ein Prototyp sollte von Anfang an unter Einbeziehung des gesamten Teams zusammengestellt werden. Teamkollegen können verschiedene Verbesserungsbereiche identifizieren und gemeinsam Lösungen entwickeln.
- **Starten Sie immer billig.** Nutzen Sie keine teuren Tests – kostenintensiv in Geld oder Zeit –, um herauszufinden, was Sie mit billigen Tests ganz einfach herausfinden können. Beginnen Sie mit Papierprototypen oder schnellen Skizzen und finden Sie damit alles heraus, was Sie können, bevor Sie mit dem Prototyp beginnen. Informieren Sie sich bequem von Ihrem eigenen Büro aus über alles, was Sie können, bevor Sie sich auf den Weg machen. Testen Sie mit einer allgemeinen Zielgruppe, bevor Sie mit einer bestimmten Zielgruppe testen, deren Suche mehr Zeit und Mühe erfordert.

Wie, wo, was, wann testen?

Wie oft Sie testen, hängt davon ab, wie oft Sie wichtige Entscheidungen treffen müssen. Eine gute Faustregel ist: Die teuersten Tests sind die, die Ihre Kunden nach der Einführung im Rahmen des Kundendienstes für Sie durchführen. Versuchen Sie, diese Situationen zu vermeiden.

Vorbereitung

- Der schwierigste Teil beim Prototyping besteht darin festzulegen, wie Sie es als Entscheidungsgrundlage in Ihren Prozess einbauen können.
- Machen Sie Experimentieren und Prototyping von Anfang an zu einem wichtigen Teil und integrieren Sie es in Ihren Arbeitsablauf.
- Schreiben Sie eine Checkliste mit allen wichtigen Informationen.
- Legen Sie eine Datenbank an und schreiben Sie die Namen potenzieller Teilnehmer und ihre Kontaktinformationen auf.

Was Sie brauchen

- Einen Plan und ein Ziel,
- einen Prototyp oder eine Skizze,
- fünf bis sieben Teilnehmer basierend auf Ihren Personas,
- eine durchführende Person,
- eine beobachtende Person,
- eine oder mehrere Dokumentationsmethoden,
- einen Timer oder eine Uhr.

Beim Testen geht es darum zu sehen, wie die Personen die Aufgaben lösen. Nicht alle Aufgaben sind gleich. Wenn Sie Ihre Tests durchführen, sollten Sie eine klare Vorstellung davon haben, welche Fehler ein größeres Problem darstellen. Das bekannteste Beispiel für eine solche Aufgabe ist die Verwendung eines Online-Warenkorbs. Wenn ein Nutzer überhaupt etwas auf Ihrer Website tun kann, muss er in der Lage sein, Ihnen erfolgreich Geld dafür zu geben. Für Websites mit dem Ziel, einen physischen Standort zu vermarkten, ist die Suche nach Adresse und Öffnungszeiten in der Regel die wichtigste Aufgabe. Wenn Sie weniger Zeit für die Planung aufwenden, werden Ihre wertvollen Gehirnzellen für die Analyse und Reaktion auf die Ergebnisse geschont.

Rekrutierung

Teilnehmer sind der Treibstoff, der die Tests überhaupt erst vorantreibt. Leider sind die Teilnehmer nur für einen einmaligen »Gebrauch« bestimmt, sodass Sie einen ausreichenden Vorrat davon benötigen. Sie können die Leute zurückholen, um zu sehen, ob Ihre Verbesserungen wirklich etwas für sie verbessert haben, aber oft sind dann diese Ergebnisse verfälscht, weil sie durch ihre früheren Erfahrungen mit Ihrem Design beeinflusst sind. Sie wollen schließlich auch eine Darstellung davon haben, wie jemand dieses System zum ersten Mal angehen wird. Die Rekrutierung für die Tests entspricht im Wesentlichen der für das empathische Gespräch oder die Interviews. Es ist wichtig, dass die Personen, die Sie für den Test auswählen, einige wichtige Ziele mit Ihrer Zielgruppe teilen.

Testen

Sobald Sie Ihren Prototyp, Ihren Plan und Ihre Rekruten haben, ist es Zeit, den Test durchzuführen. Das ist der lustigste Teil. Solange Sie aufgeschlossen sind, gibt es nichts Interessanteres und Wertvolleres, als zu sehen, wie Ihre wertvollen Theorien darüber, wie Menschen mit einem Design interagieren, gegen die felsigen Untiefen der Realität prallen.

Der erste Schritt besteht darin, eine durchführende Person auszuwählen. Die Durchführung eines solchen Tests ist zwar nicht sehr schwer, erfordert aber das richtige Temperament. Das Testen eines Prototyps ist eine geführte Reise der Fantasie. Sie brauchen dementsprechend einen Reiseleiter, der die Teilnehmer durch den gesamten Test durchführt. Unklare Aufgaben können nicht getestet werden – egal, wie zielgerichtet Ihre Teilnehmer arbeiten.

Ein guter Moderator ist sympathisch und geduldig. Er sollte die Teilnehmer abholen und ihnen Lust auf die Reise machen, aber dann auch leidenschaftslos zusehen, wie der Teilnehmer um sich schlägt, wenn er nicht weiß, was er als Nächstes tun soll. Das benötigt ein gutes Gleichgewicht zwischen Geselligkeit und Selbstbewusstsein. Small Talk ist im Vorfeld wichtig, in Ordnung und hilfreich. Aber sobald der Test beginnt, ist er fehl am Platz. Der Moderator benötigt zudem Geduld und Selbstbeherrschung, um nicht einzugreifen. Zum Glück ist die Moderation eines Tests Übungssache und wird immer einfacher.

Die größte Gefahr geht vom tatsächlichen Entwickler der Lösung aus. Womöglich kann er nicht tatenlos zusehen, wenn seine Idee nicht funktioniert oder beim Teilnehmer zu Augenrollen führt. Es werden sich automatisch kleine Hinweise und Leitfragen einschleichen. Es ist aber wichtig, dass Sie den Benutzer nur führen und ihm helfen, wenn er sich verlaufen hat. Ihre Aufgabe ist, die unangenehme Stille zu genießen.

Seien Sie Ihrem Team gegenüber ehrlich, wenn es um die Moderation geht. Ist kein guter Moderator in Ihrem Team, sollten Sie versuchen, jemanden aus einer anderen Abteilung zu gewinnen.

Häufig geben Teilnehmer, die auf ein Problem stoßen, schnell sich selbst und nicht dem System die Schuld. Auf diese Weise wurden Menschen durch den häufigen Kontakt mit nicht mehr brauchbaren Produkten konditioniert. Wenn dies passiert, fragen Sie den Teilnehmer bereits vorab, wie Sie erwarten, dass das System funktioniert, und warum Sie diese Erwartung haben.

Beobachten und dokumentieren

Wenn Sie Aufzeichnungen vornehmen möchten, ist es sehr wichtig, dass eine zweite Person die Tests beobachtet und sich Notizen macht. Dadurch kann der Moderator reagieren und die Beobachter können so aufmerksam wie möglich sein, wodurch möglichst wenig Ablenkungen entstehen.

Video- und Audioaufnahmen sind fantastisch. Wir sind alle unzuverlässige Zeugen, und es ist nützlich, eine Referenz für alles zu haben, was der Protokollant übersieht. Diese Dateien lassen sich einfach speichern, teilen und überall abrufen.

Auf den Beobachter kommen wichtige Aufgaben zu. Er muss beobachten, wie sich die Teilnehmer verhalten. Insbesondere geht es darum,

- wie der Teilnehmer auf die Aufgabe reagiert,
- wie lange es dauert, die Aufgabe zu erledigen,
- warum der Benutzer die Aufgabe eventuell nicht abgeschlossen hat,
- welche Fragen während der Aufgabe auftauchen,

- ob irgendeine Terminologie einen Stolperstein darstellt,
- ob es nonverbale Zeichen wie Frustration gibt.

Sobald Ihnen die Ergebnisse der Tests vorliegen, sollten Sie Maßnahmen ergreifen. Analysieren Sie, welche Probleme in welchem Schwierigkeitsgrad und mit welcher Häufigkeit aufgetreten sind. Starten Sie potenzielle Korrekturen mit dem geringsten Aufwand, implementieren Sie die Korrekturen und testen Sie sie gleich wieder.

Fallstudie 3. Akt: Die Wende durch Prototyping

Nach vielen Gesprächen haben wir es geschafft, unseren Kaffeeautomatenhersteller so weit aufzulockern, dass wir mit dem Experimentieren starten konnten. Nach einer Weile haben die Beteiligten so viel Freude daran entwickelt, dass sie sich dem Prototyping-Ansatz verschrieben haben. Sie haben erkannt, dass es von entscheidender Bedeutung ist, frühzeitig Tests durchzuführen, um sicherzustellen, dass sie auf dem richtigen Weg sind. Doch anstatt sich in endlose Diskussionen zu verlieren, begannen sie, Video-Prototypen zu erstellen, um die Benutzererfahrung und die Abläufe zu testen. Dabei kam ihnen die Erkenntnis, dass nicht alle Aspekte der App gleichermaßen wichtig sind.

Um wirklich den Puls seiner Kunden zu fühlen, wagte das Unternehmen sich sogar vor Ort zu den Kunden, die das Gerät bereits erworben hatten. Dort tauchten sie in die Welt der Kaffeemaschinennutzer ein und arbeiteten mit Prototypen an Kunden mit älteren Modellen.

Und was haben sie aus diesen mutigen Unternehmungen gelernt? Sie fanden heraus, dass niemand wirklich die umfangreichen Features nutzte, über die sie sich so viele Gedanken gemacht hatten. Überraschenderweise stellte sich heraus, dass das größte Problem in Unternehmen die Sauberkeit der Maschinen war. Und da konnte keine schicke App der Welt helfen – die Kontakte waren einfach zu verdreckt und sorgten regelmäßig für Fehler.

Also wurde beschlossen, die neueste Baureihe der Kaffeemaschinen zu entwickeln, diesmal mit weniger Schnickschnack, aber dafür mit einer exzellenten Umsetzung. Und siehe da, dieser neue Ansatz erwies sich als voller Erfolg. Manchmal ist weniger eben doch mehr – vor allem, wenn es darum geht, den Kaffee perfekt zu brühen.

Die selektive Wahrnehmung

Den wenigsten Menschen ist bewusst, wie begrenzt, unvollkommen und subjektiv die menschliche visuelle Wahrnehmung eigentlich ist. Vielleicht haben Sie selbst bereits ein solches oder ähnliches Szenario bereits erlebt: Sie wollen zum Beispiel den Ketchup aus dem Kühlschrank holen. Sie wissen, dass er sich im Kühlschrank befindet, aber egal, in welche Ecke Sie schauen, Sie finden ihn nicht. Also fragen Sie Ihre Partnerin oder Ihren Partner, der nach einem Blick das Gesuchte zum Vorschein bringt. Nach etwas Ausschau zu halten, es aber nicht zu sehen, ist ein in der Psychologie bekanntes Konzept, das als »unaufmerksame Blindheit oder selektive Aufmerksamkeit« bezeichnet wird. In diesem Bereich gibt es zahlreiche psychologische Untersuchungen, die sich mit diesem Phänomen beschäftigen. Wichtig sind für uns mehrere Punkte im Zusammenhang mit selektiver Aufmerksamkeit, wenn es um die Arbeit mit Prototypen geht:

- Die visuelle Wahrnehmung von Menschen ist viel unvollständiger und ungenauer, als den meisten bewusst ist. Unser Sehzentrum ist nicht in der Lage, alles zu verarbeiten, was in unser Sichtfeld kommt. Der menschliche Geist verfügt einfach nicht über genügend kognitive Kapazitäten. Wahrnehmung ist das Ergebnis gleichzeitiger Interaktionen zwischen erlebten Empfindungen, Gedächtnis und Denken sowie sozialen Einflüssen.
- Wenn wir mehr Fokus auf einen Bereich legen, bedeutet das automatisch, dass wir weniger Aufmerksamkeit für andere Bereiche haben. Je komplizierter oder schwieriger eine Aufgabe ist, desto mehr erfordert sie unsere Aufmerksamkeit. Dadurch bleibt weniger Kapazität für eine Beobachtung dessen, was sich sonst noch im Blickfeld befindet, übrig.

- Unsere Erwartungen manipulieren unsere Wahrnehmung. Da unsere visuelle Wahrnehmung begrenzt ist, nutzen wir Vorurteile, Erwartungen und Erinnerungen, um die Lücken zu schließen. Was wir verarbeiten, sind daher höchst subjektive Interpretationen dessen, was tatsächlich da ist. Aber nicht nur das: Es sind auch Interpretationen, die von Person zu Person drastisch variieren.
- Alles, was wir machen, machen wir mit einer gewissen Absicht. Wir haben eine Aufgabe oder ein Ziel vor Augen und möchten Schritte unternehmen, die uns dem Erreichen dieses Ziels oder der Erfüllung dieser Aufgabe näher bringen. Der Psychologe Dunning nennt dieses Verhalten »Wunschsehen«, was bedeutet, dass wir Dinge auf eine Weise interpretieren, die zu unseren Zielen passt. Oder anders gesagt: Wir sehen, was wir sehen möchten.

Diese Eigenheiten und Einschränkungen der menschlichen visuellen Wahrnehmung haben einige spezifische Auswirkungen auf das Testen Ihrer Lösungen:

- Seien Sie nicht überrascht, wenn verschiedene Nutzer Ihre Lösung auf völlig unterschiedliche Weise wahrnehmen oder Elemente Ihrer Benutzeroberfläche übersehen und falsch interpretieren. Das menschliche Verhalten ist in der Regel unberechenbar und inkonsistent.
- Gehen Sie davon aus, dass Ihre Nutzer Fehler und Fehlinterpretationen machen werden und verschiedene Nutzer auf sehr unterschiedliche Weise mit Ihrer Lösung interagieren und darauf reagieren. Um die Wahrscheinlichkeiten von Fehlinterpretationen zu verringern, gestalten Sie Ihr Testobjekt so einfach, klar und unkompliziert wie möglich.
- Fragen Sie nach den Motivationen und Zielen Ihrer Nutzer. Menschen handeln zielorientiert und ignorieren das, was ihnen nicht beim Erreichen ihrer Ziele hilft.
- Die Nutzer füllen ihre eingeschränkten Wahrnehmungsfähigkeiten mit ihren Erinnerungen und Erwartungen. Versuchen Sie

deswegen, Ihre Lösung an diesen Erwartungen auszurichten, indem Sie bekannte Dinge einbauen. Vermeiden Sie es, Ihre Lösung mit allen möglichen Optionen zu überladen, nur für den Fall, dass eine kleine Minderheit diese möglicherweise möchte.

Der IKEA-Effekt

In den 1920er Jahren wollten die Lebensmittelhersteller den Zeit- und Arbeitsaufwand für das Backen eines Kuchens reduzieren. Nach vielen Versuchen erfanden sie eine Mischung, bei der die Köche nur mehr Wasser brauchten, um den Kuchen fertigzustellen und ihn in den Ofen zu stellen. Diese Kuchenmischung war allerdings ein reiner Flop. Untersuchungen zeigten, dass es den Leuten keine Befriedigung verschaffte, den Kuchen zu backen, da die Herstellung viel zu einfach war. Erst als die Produzenten das Ei aus der Trockenmischung nahmen und den Leuten dadurch ermöglichten, es selbst hinzuzufügen, stiegen die Umsätze wieder. Die Menschen hatten das Bedürfnis, sich emotional einzubringen. Schon der Prozess der Kuchenherstellung war die Belohnung. Der sogenannte IKEA-Effekt ist eine kognitive Verzerrung, die das Ergebnis und den wahrgenommenen Wert von Produkten stark beeinflussen kann. Menschen neigen dazu, Produkten, die sie zum Teil selbst entwickelt oder gebaut haben, einen hohen Wert beizumessen. Der Begriff leitet sich vom schwedischen Möbelhändler IKEA ab, der für Produkte bekannt ist, die vom Kunden selbst zusammengebaut werden müssen.

Je größer der Bedarf an Individualisierung und Koproduktion bei Ihrer Zielgruppe ist, desto relevanter ist der IKEA-Effekt für Sie als Designer. Der Effekt kann Ihnen dabei helfen, dem Nutzer ein Gefühl der Kompetenz zu vermitteln, wenn er die Aufgabe erfolgreich abgeschlossen hat. Durch den IKEA-Effekt entsteht eine stärkere Bindung zwischen dem Nutzer und dem Produkt. Die Anstrengung, die Nutzer unternehmen, um das Produkt vollständig fertigzustellen, verwandelt sich während der Arbeit in Liebe für dieses Produkt. Der subjektive Wert ist im Vergleich zu einem

Produkt, das keinen Aufwand gekostet hat, wesentlich höher. Beim IKEA-Effekt spielt die Menge des Aufwands keine Rolle – es geht lediglich darum, die Aufgabe zu erledigen. Wenn das Produkt kurz nach dem Zusammenbau wieder zerlegt wird, ist somit auch die Wirkung erreicht. Die Schwierigkeit, die Unternehmen haben, ist, die Balance zu finden, bei der die Nutzer noch Spaß daran haben, sich ein wenig die Hände schmutzig zu machen und die Kontrolle über den Prozess zu haben. Der Akt, etwas mit den eigenen Händen zu erschaffen, erhöht den wahrgenommenen Wert für den Schöpfer.

Menschen schätzen den Wert von Produkten, die sie hergestellt haben, höher ein als für entsprechende vormontierte Produkte. Generell gilt: Je höher der eigene Beitrag, desto höher ist die Bewertung. Wenn jedoch der erforderliche Aufwand zu groß oder der Beitrag zu gering ist, werden die Leute die Aufgabe wahrscheinlich nicht machen. Der IKEA-Effekt ist nur möglich, wenn der Benutzer die Aufgabe tatsächlich erledigt. Der IKEA-Effekt erklärt im Großen und Ganzen, warum Menschen sich in ihre eigenen Ideen verlieben. Der Effekt ist am stärksten, wenn Menschen mehr Eigenleistung aufwenden und ihre Anstrengung als erfolgreich empfinden. Der IKEA-Effekt hat negative Auswirkungen auf Organisationen im weiteren Sinne, da er zu zwei wesentlichen organisatorischen Fallstricken beiträgt:

- **Versunkene-Kosten-Fehler:** Menschen wenden weiterhin Ressourcen für gescheiterte Projekte auf, in die sie zuvor investiert haben.
- **»Nicht hier erfunden«-Syndrom:** Menschen weigern sich, sehr gute Ideen, die anderswo entwickelt wurden, zugunsten ihrer eigenen, intern entwickelten Ideen einzusetzen.

Wie entkommen Sie dem IKEA-Effekt?

- **Identifizieren Sie Ihre eigene Voreingenommenheit.** In der IKEA-Effektstudie[2] wurde festgestellt, dass sich die Teilnehmer ihrer Voreingenommenheit nicht bewusst waren. 92 Prozent der

Teilnehmer gaben auf Nachfrage an, dass sie für vormontierte Produkte mehr bezahlen würden als für die Selbstmontage. Dies stand in direktem Widerspruch zu ihren Handlungen in der Studie. Zu erkennen, dass Sie anfällig für die kognitive Verzerrung des IKEA-Effekts sind, kann der effektivste Weg sein, dem entgegenzuwirken. Wenn Sie die Arbeit an einer Lösung oder Idee abschließen, geben Sie sich gegenüber zu, dass Sie diese wahrscheinlich mehr lieben als andere Lösungen, weil Sie daran gearbeitet haben.

- **Entwickeln Sie frühe Prototypen.** Der Effekt ist nur dann am stärksten, wenn die Anstrengung auch erfolgreich ist. Die Nichterfüllung von Aufgaben hat entsprechende negative psychologische Folgen. Menschen grübeln dann sogar noch mehr über Aufgaben nach, die sie nicht erledigt haben, als über solche, die sie erfolgreich erledigt haben. Das wiederum führt zu negativen Auswirkungen und Bedauern. Erstellen Sie deswegen unbedingt frühe Prototypen, um Ideen frühzeitig zu testen.
- **Sprechen Sie mit Kunden.** Der beste Weg, um diesen Denkfehler zu vermeiden, besteht darin, das Gespräch mit dem Nutzer zu suchen.

Prototyping und der Bestätigungsfehler

Das ultimative Ziel von Prototyping ist die Konfrontation Ihrer Idee mit der Realität. Es geht darum zu klären, was beim potenziellen Nutzer wirklich Anklang findet – und was nicht. So seltsam es auch klingen mag: Ich stelle oft fest, dass viele beim Experimentieren vergessen zu fragen, was bei ihrer Lösung denn eigentlich nicht funktioniert. Sie tappen in die Falle des sogenannten Bestätigungsfehlers oder anders gesagt: Sie suchen nach Argumenten, die ihre Idee bestätigen, anstatt sie infrage zu stellen.

Die Gefahren des Bestätigungsfehlers

Bestätigungsvoreingenommenheit ist gefährlich – vor allem, wenn die Ideen noch ganz frisch sind. Sie kann leicht zum blinden Fleck des Teams führen, und das führt wiederum dazu, dass schlechte

Entscheidungen getroffen werden, die einen langen Schatten auf die Lösung werfen. Ein weiteres Risiko ist die Selbstüberschätzung und die damit verbundene Auswahl der jeweiligen Richtung. Vor allem, wenn ein Team Schwierigkeiten hat, seine individuellen Visionen in eine physische Form zu bringen, kann es passieren, dass die Teammitglieder unbewusst nach Beweisen suchen, die die bisherige Umsetzung unterstützen, als nach Beweisen, die dagegensprechen.

Gibt es einen Ausweg?

Glücklicherweise gibt es eine Reihe ziemlich einfacher Tricks, um Bestätigungsverzerrungen zu vermeiden, insbesondere in der frühen Prototyping-Phase. Lassen Sie mich die erfolgreichsten davon nennen.

- Vereinbaren Sie im Team, alles, was Ihnen einfällt, gleich in den ersten Prototyp einzubauen. Einen kleinen Zusatz gibt es noch: Sie müssen sich vorher darauf einigen, dass Sie 99 Prozent der Elemente wieder entfernen werden. Was Sie entfernen, können Sie dann entscheiden. Aber so haben Sie einfach mehr Freiheit, jede Idee umzusetzen, und das wird Ihnen wiederum mehr Spaß am Prozess selbst bringen. Sie können auf diese Weise auch schnell überprüfen, was funktioniert und was nicht.
- Ein weiterer Trick ist dieser: Nehmen Sie sich für die Erstellung Ihres ersten Prototyps bewusst sehr wenig Zeit (maximal 20 bis 30 Minuten). Gehen Sie unmittelbar danach zu Ihren Nutzern und zeigen Sie ihnen, was Sie erstellt haben. Auf diese Weise müssen Sie sich auf das Hauptkonzept konzentrieren und auf Details verzichten. Gleichzeitig können Sie Entscheidungen nicht endlos diskutieren, da der Zeitdruck das nicht zulässt. Es gibt auch noch einen weiteren Vorteil: Sie können in dieser kurzen Zeit keine starke Bindung zu Ihrer Idee aufbauen. Wenn Ihre Nutzer also Ihre Idee blöd finden, ist es kein Problem, sie zu verwerfen und in eine andere Richtung zu denken.
- Sie können auch parallel zwei oder drei Prototypen erstellen und sie nacheinander dem Nutzer zum Testen zeigen. Auch hier

besteht der Trick darin, möglichst wenig Zeit für die Erstellung der einzelnen Prototypen aufzuwenden, damit sich niemand zu sehr daran bindet.

- Teilen Sie die einzelnen Teams in Paare auf, die jeweils ihre eigene Idee visualisieren sollen. Damit sich die Prototypen für die Nutzer nicht zu ähnlich anfühlen, können Sie jedem Team auch unterschiedliche Konzepte als Aufgabe mitgeben, wie einen bestimmten Fokus auf ein Feature oder eine Eigenschaft. So können Sie in kürzester Zeit verschiedene Richtungen testen und überprüfen, in welche Richtung Sie Ihr Konzept weiterentwickeln sollten.

Es geht bei all diesen Tricks im Grunde darum, den Bewertungsprozess so zu gestalten, dass Sie Ihre Idee nicht unabsichtlich verteidigen, sondern schweigen. Statt die Idee bei einer Bewertung zu verteidigen, schaffen Sie so den mentalen Raum, um wirklich zuzuhören, was die andere Person sagt und tut. Sie werden überrascht sein, wie aufschlussreich solche Präsentationen sind – und wie viel Inspiration Sie für die nächste Iteration bekommen werden.

Bestätigungsvoreingenommenheit ist eine wirklich ernstzunehmende Gefahr, vor allem in den frühen Phasen der Erläuterung der ersten Konzepte und Ideen. Es ist gut, ein paar Tricks im Ärmel zu haben, um sicherzustellen, dass Sie nicht darauf hereinfallen. Die gute Nachricht ist, dass eine solche Übung die Kreativität am Laufen halten und den Teamgeist stärken kann, während sie Ihnen dabei hilft, möglichst optimale Entscheidungen zu treffen. Es kann sogar dazu führen, dass das kritische Feedback beginnt, Spaß zu machen, und nicht mehr etwas ist, wovor man Angst haben muss.

Szenarien visualisieren

Selbst die kühnsten Ideen beginnen oft als einfache Skizzen auf einem Stück Papier. Doch wie verwandelt man diese zarten Gedanken in reale, greifbare Produkte? Hier betreten Prototyping-

Methoden die Bühne – die Superhelden der Produktentwicklung. Prototyping ist der Schlüssel, um Ihre Visionen zum Leben zu erwecken und Ihr Design zu perfektionieren, bevor es die Welt erobert. Aber wie geht das? Nachdem wir bereits die verschiedenen Kategorien eines Prototyps besprochen haben, folgen hier einige Methoden, die Ihnen auf diesem aufregenden Weg helfen können. Szenarien zu visualisieren, ist eine großartige Möglichkeit, um Ideen greifbar zu machen und Geschichten über die Benutzererfahrung eines Produkts oder einer Dienstleistung zu erzählen. Hier ist eine schrittweise Anleitung, auf welche Weise Sie verschiedene Szenarien sichtbar machen können.

Schritt 1: Setzen Sie sich klare Ziele

Bevor Sie beginnen, sollten Sie sich klare Ziele setzen. Was möchten Sie mit den visualisierten Szenen erreichen? Möchten Sie die Benutzererfahrung für ein neues Produkt planen, bestehende Probleme identifizieren oder ein neues Konzept präsentieren? Definieren Sie Ihre Ziele, damit Sie während des Prozesses auf Kurs bleiben.

Schritt 2: Identifizieren Sie die Hauptpunkte

Denken Sie über die Hauptpunkte oder Schlüsselmomente in der Customer Journey nach (in Kapitel »Ausrede Nr. 2« finden Sie die Anleitung dazu). Was sind die entscheidenden Schritte oder Interaktionen, die die Benutzer durchführen werden? Stellen Sie sicher, dass Sie diese klar verstehen, bevor Sie mit dem Zeichnen beginnen.

Schritt 3: Skizzieren Sie Ihre Szenen

Jetzt kommt der kreative Teil. Skizzieren Sie jede Szene oder Interaktion auf separaten Blättern oder digitalen Zeichenwerkzeugen. Beginnen Sie mit dem ersten Hauptpunkt, und arbeiten Sie sich durch die Benutzerreise. Zeichnen Sie, was der Benutzer sieht und tut. Verwenden Sie einfache Symbole, Pfeile und Anmerkungen, um den Ablauf und die Interaktionen zu verdeutlichen.

Schritt 4: Erzählen Sie eine Geschichte
Die Szenen sollten wie eine zusammenhängende Geschichte wirken. Stellen Sie sicher, dass die Szenen in einer logischen Reihenfolge angeordnet sind und die Benutzerreise konsistent und verständlich ist. Jede Szene sollte einen Beitrag zur Gesamtgeschichte leisten.

Schritt 5: Testen und Überarbeiten
Sobald Sie Ihre Szenen erstellt haben, ist es Zeit, sie zu überprüfen. Gehen Sie durch die Benutzerreise, und prüfen Sie, ob die Szenen die gewünschten Ziele erreichen. Bitten Sie auch andere Teammitglieder oder potenzielle Benutzer um Feedback. Dies kann Ihnen helfen, Probleme oder Verwirrungen zu identifizieren.

Schritt 6: Nehmen Sie Verbesserungen vor
Basierend auf dem Feedback sollten Sie Ihre Szenen überarbeiten und verbessern. Stellen Sie sicher, dass sie klar und verständlich sind. Wenn nötig, wiederholen Sie den Prozess, bis Sie mit den Ergebnissen zufrieden sind.

Schritt 7: Integrieren Sie die Ideen in den Entwicklungsprozess
Sobald Ihre Szenen fertig sind und Sie mit ihnen zufrieden sind, können sie in den Entwicklungsprozess integriert werden. Sie dienen als Referenzpunkt für das Design und die Entwicklung des Produkts oder der Dienstleistung. Sie helfen dabei sicherzustellen, dass das Endprodukt die gewünschte Benutzererfahrung bietet.

Denken Sie kurz zurück an unseren Kaffeeautomatenhersteller, der sich in der Vergangenheit aufmachte, eine schicke App zu entwickeln. Mit den Szenarien fand das Entwicklungsteam einen Weg, um eine narrative Visualisierung für die verschiedenen Lösungsansätze zu erschaffen:

- **Kommunikation von Ideen:** Das Team konnte endlich seine Ideen in klaren Bildern verpacken und sie einander präsentieren. Statt endloser Diskussionen gab es jetzt visuelle Geschichten, die allen half zu verstehen, wie das Produkt in Aktion aussehen würde.

- **Identifizierung von Benutzerinteraktionen:** Durch das Zeichnen von Szenen konnten die Teammitglieder die Interaktionen der Benutzer visualisieren. Dadurch erkannten sie schneller Probleme und konnten so Verbesserungen schneller umsetzen.
- **Benutzerzentriertes Design:** Durch das Verständnis für den Kunden konnten sie Benutzerfeedback und -erwartungen besser berücksichtigen. Das Design wurde dadurch benutzerzentriert.
- **Teamkommunikation:** Die Methode brachte das gesamte Entwicklungsteam auf eine Ebene. Die visuellen Darstellungen waren wie eine gemeinsame Landkarte für das Team, auf der es gemeinsam den Kunden begleiten und ihm in Vornhinein Stolpersteine aus dem Weg räumen konnte.

In der Welt des Kaffeeautomatenherstellers erwies sich die Methode zur Visualisierung von Szenarien als äußerst wertvoll. Sie half dabei, Ideen effektiv zu vermitteln, Benutzerinteraktionen zu erkunden, die Benutzerorientierung zu stärken und die Teamkommunikation zu verbessern. Doch ähnlich wie bei jedem Werkzeug hängt der Erfolg dieser Methode von der Geschicklichkeit der Anwender und der sorgfältigen Berücksichtigung von Benutzerfeedback ab.

Usability-Tests – eine besondere Form des Testens

Trotz unseres umfangreichen Wissens über Benutzerfreundlichkeit sind wir in unserem täglichen Leben von unpraktischen Gegenständen umgeben. Denken Sie nur an die sogenannte universelle Fernbedienung, die vor lauter Knöpfen und Bedienelementen strotzt und kein einziges Gerät richtig steuern kann. Oder denken Sie an diese seltsam gestalteten Geschäfte, in denen Sie scheinbar endlos im Kreis laufen, nur um am Ende frustriert wieder hinauszugehen. Wenn Sie als Entwickler eines neuen Produkts oder einer Lösung die Benutzerfreundlichkeit vernachlässigen, dann sind Sie – um es ganz klar auszudrücken – auf dem Holzweg.

Benutzerfreundlichkeit sollte das absolute Minimum sein, wenn es um das Design von Produkten oder Lösungen für den menschlichen Gebrauch geht. Wenn die Benutzerfreundlichkeit nicht gegeben ist, ist die Lösung in den Augen der Kunden oder Nutzer zum Scheitern verurteilt. Die Einfachheit der Bedienung und Nutzung ist der Schlüssel zum Erfolg Ihrer Entwicklung. Je komplexer ein System ist, desto mehr Aufwand müssen Sie in die Gewährleistung seiner tatsächlichen Benutzbarkeit investieren. Das bedeutet, dass sich jede in die Benutzerfreundlichkeit investierte Arbeit stets auszahlt (und dies ist ein starkes Argument dafür, den Umfang und die Funktionen möglichst einfach zu halten). Usability-Tests, auch bekannt als Gebrauchstauglichkeitstests, verhindern, dass Sie unnötiges Leid in die Welt bringen. Die Nielsen Group[3] hat fünf verschiedene Komponenten definiert, die die Benutzerfreundlichkeit ausmachen:

1. **Erlernbarkeit:** Wie leicht können Benutzer grundlegende Aufgaben erledigen, wenn sie zum ersten Mal mit dem Design konfrontiert werden?
2. **Effizienz:** Wie schnell können Benutzer Aufgaben erledigen, nachdem sie sich mit dem Design vertraut gemacht haben?
3. **Einprägsamkeit:** Wenn Benutzer nach einer längeren Pause zum Design zurückkehren, wie leicht können sie ihr Wissen wieder auffrischen?
4. **Fehler:** Wie viele Fehler machen Benutzer, wie schwerwiegend sind diese Fehler, und wie einfach können sie korrigiert werden?
5. **Zufriedenheit:** Wie angenehm ist die Nutzung des Designs aus der Sicht der Benutzer?

Eine bewährte Methode zur Überprüfung der Benutzerfreundlichkeit ist die sogenannte heuristische Evaluierung. Der Begriff »heuristisch« stammt aus dem Griechischen und bedeutet »finden«. Im Wesentlichen handelt es sich bei einer Heuristik um eine qualitative Leitlinie. Diese Idee wurde von Jakob Nielsen[4] entwickelt, der zehn verschiedene Heuristiken identifizierte:

1. **Sichtbarkeit des Systemstatus:** Das System sollte den Benutzer stets darüber informieren, was gerade passiert.
2. **Übereinstimmung zwischen System und realer Welt:** Das System sollte die gleiche Sprache wie der Nutzer verwenden und sich an realen Konventionen orientieren.
3. **Nutzerkontrolle und -freiheit:** Nutzer machen gelegentlich unbeabsichtigte Aktionen. Daher sollte es immer eine Möglichkeit zum Rückgängigmachen und Wiederherstellen geben, ebenso wie Notausgänge aus komplexen Situationen.
4. **Konsistenz und Standards:** Dinge, die gleich aussehen, sollten sich auch gleich verhalten, um Verwirrung zu vermeiden.
5. **Fehlervermeidung:** Der Benutzer sollte vor Fehlern gewarnt werden, und das System sollte so gestaltet sein, dass Fehler von vornherein vermieden werden.
6. **Wiedererkennung statt Erinnerung:** Anweisungen sollten leicht auffindbar sein, ohne dass der Nutzer sich viel merken muss.
7. **Flexibilität und Effizienz der Nutzung:** Erfahrene Nutzer sollten durch Verknüpfungen unterstützt werden, um ihre Effizienz zu steigern.
8. **Ästhetisches und minimalistisches Design:** Irrelevante Informationen sollten vermieden werden, da sie den Nutzer nur verwirren.
9. **Helfen Sie Benutzern, Fehler zu erkennen und zu beheben:** Fehlermeldungen sollten hilfreich sein und den Nutzer bei der Fehlerbehebung unterstützen.
10. **Hilfe und Dokumentation:** Idealerweise sollte das System ohne umfangreiche Dokumentation nutzbar sein, jedoch sollte Hilfe verfügbar und aufgabenorientiert sein, wenn sie benötigt wird.

Der Vorteil der heuristischen Evaluierung liegt darin, dass sie eine schnelle und kostengünstige Methode zur Identifizierung potenzieller Probleme bietet. Sie erfordert nicht einmal die Beteiligung von Testpersonen. Stattdessen können Sie einfach zwei Kollegen bitten, sich Zeit zu nehmen, um Ihre Lösung zu überprüfen. Das Ziel ist, offensichtliche Probleme bei frühen Prototypen zu identifizieren und zu beheben, noch bevor Benutzer involviert werden.

Allerdings hat diese Methode auch ihre Nachteile. Sie erfasst in der Regel nicht alle Probleme, und manchmal werden Probleme identifiziert, die für spätere Benutzer keine großen Schwierigkeiten darstellen. Daher besteht die Gefahr, sich zu sehr auf das System selbst zu konzentrieren und die Beziehung zwischen Benutzer und System zu vernachlässigen.

Im Gegensatz zu Usability-Tests, bei denen tatsächliche Nutzer die Anwendung verwenden und Feedback geben, erfolgt die heuristische Analyse durch Expertenbewertung. Die heuristische Analyse ist zwar keine vollständige Alternative zu Usability-Tests, kann aber eine äußerst nützliche Ergänzung sein.

Smarte Reinigung für vollendeten Kaffeegenuss

Nachdem der Kaffeeautomatenhersteller das Kundenfeedback ernst genommen und ausgewertet und die App für seine smarte Kaffeemaschine entwickelt hatte, verzeichnete das Unternehmen einen signifikanten Erfolg. Das Feedback der Kunden erwies sich als wertvolle Quelle für Erkenntnisse. Durch eine gründliche Analyse der Rückmeldungen konnte das Unternehmen genau erfassen, was die Benutzer wünschten und welche Funktionen wirklich von Bedeutung waren. Die App wurde verbessert, um die Überwachung der Maschinenhygiene zu optimieren und den Benutzern bei der Wartung zu helfen. Dank des Kundenfeedbacks wurde die Benutzeroberfläche vereinfacht und die App insgesamt benutzerfreundlicher gestaltet. Das Ergebnis war eine Smart-Kaffeemaschine, die nicht nur eine beeindruckende Technologie bot, sondern auch den Bedürfnissen der Benutzer entsprach. Dies führte zu einem deutlichen Anstieg der Verkaufszahlen und brachte dem Unternehmen nicht nur Lob von den Kunden, sondern auch zahlreiche Auszeichnungen für Benutzerfreundlichkeit und Innovation ein. Dieser Erfolg zeigt, dass das aufmerksame Hören auf die Bedürfnisse der Benutzer der Schlüssel zum Erfolg ist.

Ausrede Nr. 5: Wir haben bereits ein funktionierendes Produkt – wieso sollten wir etwas ändern?

Warum das Mindset der Menschen in Unternehmen entscheidend für den Erfolg ist

»Was wir heute tun,
entscheidet darüber,
wie die Welt morgen aussieht.«

– *Marie von Ebner-Eschenbach*

Bücher hatten für mich immer schon einen hohen Stellenwert. Als Kind konnte ich stundenlang in einem guten Roman versinken. Heute nutze ich die kreative Kraft des Schreibens in ganz unterschiedlicher Weise: Mir persönlich hilft das Schreiben beim Denken, und beruflich nutze ich diesen Effekt bei Kundenworkshops. Gerade in meinem beruflichen Feld habe ich oft erlebt, wie wichtig es für die teilnehmenden Personen in Strategie- oder Design-Thinking-Workshops ist, flüchtige Gedanken zu Papier zu bringen. Wenn ein Gedanke nicht aufgeschrieben wird, kann er im nächsten Augenblick wieder verschwunden sein. Und das Schreiben zwingt uns dazu, aus einem vagen Gedanken etwas Konkretes zu machen, auf das wir aufbauen können. Es ist die goldene Regel eines jeden Handwerks: Je mehr Sie Ihr Handwerk üben, desto besser werden Sie. Wenn Sie eine Aktivität immer wieder ausführen, wächst Ihr Gehirn – und Sie verbessern dadurch Ihre Fähigkeiten. So wie Sie beim Sport Ihre Muskeln trainieren, um Höchstleistungen zu erbringen, können Sie auch beim Schreiben Ihr Gehirn trainieren, um dasselbe zu leisten. Schreiben ist mehr als nur eine kreative Aktivität. Und das ist auch der Grund, warum wir handschriftliches Verfassen von Notizen in unseren Projekten und Workshops einsetzen.

Schreiben ist eine anregende und zugleich anstrengende Tätigkeit für unser Hirn, vor allem wenn Sie an einem ersten Entwurf arbeiten. Das liegt daran, dass während des Schreibprozesses viele Teile des Gehirns aktiviert sind und neue neuronale Verbindungen aufgebaut werden. Dadurch ergeben sich viele Vorteile:

- Sie entwickeln organisatorische Fähigkeiten, indem Sie Ihre Gedanken und Ideen formulieren und in die richtige Reihenfolge bringen.
- Sie steigern Ihre Denk- und Problemlösungsfähigkeiten.
- Sie integrieren eine breite Palette an Vokabeln und erweitern Ihren Wortschatz.
- Sie verbessern Ihr Gedächtnis, da auf neurologischer Ebene tiefere Verbindungen zu bereits Bewusstem hergestellt werden.
- Sie setzen sich intensiver mit dem Themenstoff auseinander, wodurch Sie Ihr kritisches Denken sowie Ihre Analyse-, Reflexions- und Bewertungsfähigkeit schulen.

Es lohnt sich auf jeden Fall, öfter mal den Stift hervorzukramen und die eigenen Gedanken niederzuschreiben.

Am liebsten schreibe ich über Dinge, die mir persönlich wichtig sind – und genauso arbeite ich am liebsten mit Organisationen, die mir wichtig sind. Deswegen war ich sehr erfreut, als ich vor einigen Jahren einem Buchverlag bei der Findung einer neuen Strategie helfen durfte. In einer Welt, die von digitalen Medien dominiert wird, behalten gedruckte Bücher für mich einen ganz besonderen Zauber. Sie sind mehr als nur gedruckte Seiten, sie sind Portale zu fernen Welten, Quellen der Inspiration und Hüter von Geschichten vergangener Zeiten. Die Schönheit von gedruckten Büchern liegt nicht nur in den Worten, die sie tragen, sondern auch in der haptischen Erfahrung, die sie uns bieten. Ein Regal voller Bücher im Wohnzimmer ist wie eine Sammlung von Schätzen, die Erinnerungen, Wissen und Fantasie verkörpern. Die bunten Rücken der Bücher erzählen Geschichten über unsere Interessen, Abenteuer, die wir erlebt haben, und Gedanken, die wir gedacht haben. In jedem Buch steckt eine Welt, die darauf wartet, erkundet zu werden, und ein Buchregal im Wohnzimmer ist wie ein Fenster zu diesen Welten.

Während wir einst die Seiten von Büchern mit Ehrfurcht berührten und uns in ihren Geschichten verloren, finden wir heute den Großteil unserer Lektüre auf Bildschirmen. Die magische Aura des analogen Lesens verblasst vor der Zugänglichkeit und Schnelligkeit der modernen Technologie. Infolgedessen verändert sich nicht nur die Art und Weise, wie wir lesen, sondern auch die Art und Weise, wie wir Geschichten erleben und Informationen aufnehmen – ein Wandel, der viele Menschen sowohl fasziniert als auch fordert.

Dieser Wandel betrifft nicht nur die Leser, sondern auch diejenigen, die hinter den Kulissen arbeiten. In Verlagshäusern sahen sich Mitarbeitende vor die Aufgabe gestellt, eine neue Strategie zu finden, um mit den sich verändernden Lesegewohnheiten Schritt zu halten. Die Notwendigkeit, digitale Formate zu erkunden, interaktive Elemente zu integrieren und gleichzeitig den unverwechselbaren Charme gedruckter Bücher zu bewahren, stellte Verleger, Lektoren und Illustratoren vor ein kreatives Dilemma. Die Herausforderung bestand darin, die Balance zwischen traditionellem Buchhandwerk und moderner Technologie zu finden, um weiterhin Geschichten und Wissen in einer Weise zu präsentieren, die sowohl die treue Leserschaft anspricht als auch neue Generationen von Lesern gewinnt. Vor diesem Hintergrund wurde ich beauftragt, für einen Verlag eine Workshopreihe zu moderieren, mit dem Ziel, vergangene Erfolge in die neue Zeit zu überführen und Innovationsstrategien für die digitale Epoche zu finden. Zu erkennen, dass sich etwas ändern muss, ist sicherlich der erste Schritt, aber wenn es um die Neuausrichtung einer ganzen Firma geht, sollten alle Beteiligten – vom Management bis zu den Mitarbeitern – an einem Strang ziehen. Aber das ist meistens nicht der Fall, weil uns viele liebgewonnene Verhaltensweisen an der Vergangenheit festhalten lassen.

Mein romantisches Plädoyer für haptische Bücher entspricht durchaus meinem Denken, passte aber auch zur Gedankenwelt der Angestellten in dem Unternehmen. Einige Mitarbeiter in dem Verlag, denen die Bücherwelt weniger wichtig war, haben bereits Jahre zuvor den Wechsel in andere Branchen gewagt. Geblieben ist eine interessante Mischung aus hochprofessionellen, aber doch auch beharrlichen Mitarbeitern, die mit anstehenden Veränderungen etwas passiv oder sogar widerwillig umgegangen sind.

Solche Verhaltensweisen sind allzu menschlich – dazu später mehr –, aber sie können Unternehmen daran hindern, kunden- und zukunftsorientiert zu handeln. Einige Mitarbeiter zeigten beispielsweise eine pessimistische Einstellung zur Zukunft. Sie sahen den Wandel in der Branche hin zu digitalen Produkten eindeutig als Bedrohung statt als eine Chance und neigten dazu, die Notwendigkeit neuer Strategien und Technologien nicht anzuerkennen. Sie konzentrierten sich stark auf die Vergangenheit und die »guten alten Zeiten« und übersahen so innovative Ideen und Möglichkeiten für Verbesserungen.

Der Verlag hatte eine große Leserschaft und bekannte Autoren, die Produktion war professionell und die Kosteneinsparungen der letzten Jahre haben den gewünschten Effekt gezeigt. Aber wenn es darum ging, die Weichen für die Zukunft zu stellen, war von der Professionalität plötzlich nichts mehr zu spüren. Die Geschäftsführerin war verzweifelt, sie war zwar ebenso ein Fan haptischer Bücher, aber genauso sah sie die Vorteile der digitalen Welt und wollte das Unternehmen hier stärker aufstellen. Sie erzählte mir von einem schiefgelaufenen Innovationsworkshop, der dann der Anlass dazu war, sich externe Hilfe zu suchen. Das Ziel dieses Workshops war, neue und disruptive digitale Produkte zu konzipieren, die die Möglichkeiten der Technik optimal nutzen sollten. Aber diese Vision wurden von einigen Mitarbeitern schlichtweg abgelehnt: *Sie waren der Meinung, dass das Unternehmen mit den bestehenden Büchern doch ein funktionierendes Produkt habe. Weshalb sollten sie etwas ändern?*

Nach einer ermüdenden Grundsatzdiskussion ging der Fokus des Workshops verloren und landete bei immer unwichtigeren Dingen, wie der zu verwendenden Schriftart oder Formatierung bei E-Books. Ich konnte die Verzweiflung meiner Auftraggeberin gut nachvollziehen, weil ich viele solche Erfahrungen selbst gemacht habe. Aber warum tun sich Organisationen mit Veränderung so schwer?

Kodak: Eine traurige Geschichte über verlorenes Potenzial

Der »Kodak-Effekt« ist eine Bezeichnung, die als Schreckgespenst dient: Sie mahnt Führungskräfte, rechtzeitig zu reagieren, wenn disruptive Entwicklungen in ihren Markt eindringen. Dabei ist die Geschichte eigentlich eine der missverstandensten. Lassen Sie mich ein wenig ausholen. Dass das Kerngeschäft von Kodak der Verkauf von Filmen war, erklärt, warum die letzten Jahrzehnte nicht ganz einfach für das Unternehmen waren. Kameras wurden zunächst digitalisiert, um dann wenig später in Mobiltelefonen wieder aufzutauchen. Vom Ausdrucken der Bilder gingen die Menschen dazu über, sie nur noch online zu teilen. 2012 meldete Kodak Insolvenz an und verkaufte seine Patente, bevor es 2013 wieder auftauchte – allerdings drastisch minimiert. Als Begründung für den Untergang wird oft genannt, dass Kodak von seinem eigenen Erfolg so geblendet war, dass es den Aufstieg der digitalen Medien verpasste. Nur entspricht das so nicht ganz der Realität. Der erste Prototyp einer Digitalkamera wurde sogar 1975 von Steve Sasson, einem Ingenieur, der für Kodak arbeitete, entwickelt. Die Kamera war so groß wie ein Toaster und brauchte 20 Sekunden, um ein Bild in schlechter Qualität aufzunehmen. Es erforderte komplizierte Verbindungen zu einem Fernseher, um die Bilder überhaupt ansehen zu können – aber die Erfindung hatte eindeutig Potenzial und Kodak investierte Milliarden in die Weiterentwicklung.

Etwas zu tun und das Richtige zu tun, sind grundlegend unterschiedliche Dinge. Was Kodak letztlich wirklich übersehen hat, war der Zeitpunkt, an dem Kameras mit Mobiltelefonen verschmolzen sind und die Menschen dazu übergingen, Bilder nicht mehr auszudrucken, sondern sie in sozialen Medien und über Handy-Apps zu veröffentlichen. Wobei das so auch nicht ganz richtig ist, denn 2001 erwarb Kodak eine Foto-Sharing-Site namens Ofoto. Kodak war so nah dran. Das Problem war, dass Kodak versuchte, auf diese Weise mehr Menschen zum Drucken digitaler Bilder zu bewegen. Das Unternehmen verkaufte die Website im Rahmen seines Insolvenzplans im April 2012 für weniger als 25 Millionen US-Dollar an Shutterfly.

Die eigentlichen Lehren aus der Geschichte von Kodak sind subtil. Es ist nicht so, als würden Unternehmen die disruptiven Kräfte, die ihre Branche beeinflussen, oft übersehen. Sie ziehen sogar häufig ausreichende Ressourcen ab, um sich an neuen Märkten und Entwicklungen zu beteiligen. Das Problem ist vielmehr, dass die Unternehmen danach nicht in der Lage sind, die neuen Geschäftsmodelle, die aus diesen Disruptionen entstehen, wirklich anzunehmen. Kodak entwickelte eine Digitalkamera, investierte in die Technologie und erkannte sogar, dass Fotos online geteilt werden würden. Das Unternehmen scheiterte, weil es letztlich auf das falsche Pferd gesetzt hat und die Möglichkeiten des Online-Fotoaustauschs nicht erkannt hat. Hätte Kodak das Problem, das das Unternehmen für seine Kunden eigentlich löst, beantwortet und sich nicht selbst über Technologie definiert, hätte es seinen Untergang vielleicht verhindern können. Denn letztlich hat sich Kodak als Bildherstellungs- und Moment-Sharing-Unternehmen gesehen, während der Kunde einen Verbündeten in Sachen Selbstdarstellung gesucht hat.

Warum ist das alles passiert, und warum musste es so weit kommen? Ein entscheidender Faktor war das Fehlen psychologischer Sicherheit. Psychologische Sicherheit bedeutet, dass Menschen sich sicher genug fühlen, um ihre Ideen und Bedenken auszudrücken, ohne Angst vor negativen Konsequenzen zu haben. Bei Kodak herrschte jedoch eine Kultur des Schweigens. Die Mitarbeiter zögerten, ihre Visionen und Bedenken zu äußern, aus Angst vor Abweisung oder beruflichen Nachteilen. In einer Welt, die sich ständig verändert, müssen Unternehmen wie Kodak oder auch unser Buchverlag lernen, die psychologische Sicherheit zu fördern, um zukunftsfähig zu bleiben. Denn nur wenn die Stimmen aller gehört werden und Ideen fließen können, kann eine Organisation die Herausforderungen der digitalen Ära erfolgreich bewältigen und die »Kodak-Momente« der Zukunft einfangen.

Die Geschichte von Kodak lehrt uns, dass psychologische Sicherheit von entscheidender Bedeutung ist. Sie ermutigt Mitarbeiter, Ideen zu teilen und Bedenken anzusprechen, ohne Furcht vor Kritik. In einer solchen Umgebung gedeihen Kreativität und

Innovation. Die Schaffung dieser Kultur erfordert Engagement von Führungskräften und Teammitgliedern, aber sie ermöglicht es Organisationen, mutig in die Zukunft zu blicken und Chancen zu nutzen.

Was genau ist nun psychologische Sicherheit?

Es ist etwas, das wir alle schon einmal gespürt haben. Irgendwie haben Sie gewusst, dass etwas nicht stimmt. Vielleicht war es die Idee, die die Kollegin geäußert hat. Oder der Vorschlag der Chefin. Vielleicht war es auch eine Anweisung einer Führungskraft. Sie wussten, dass es nicht passt, und wollten sich auch dazu äußern. Aber aus irgendeinem Grund haben Sie es dann nicht getan. Warum? Weil Sie Angst davor hatten, wie die andere Person es aufnehmen würde. Irgendwie war es sicherer, nichts zu sagen und einfach weiterzumachen. Der Grund dahinter – und auch der Grund, warum so viele gute Ideen nicht ausgesprochen werden – ist ein Mangel an psychologischer Sicherheit.

Der Welt-Unsicherheitsindex[1] bleibt hoch. Bankpleiten, Krieg, Inflation und Entlassungen tragen zu einem wachsenden Gefühl von Instabilität und Unbehagen bei. Wenn die Welt beängstigend erscheint, vermeiden wir ganz natürlich Risiken, um uns selbst zu schützen. Diese Risikoaversion durchdringt sowohl virtuelle als auch reale Flure. Das führt dazu, dass Menschen nur ungern ihre Meinung äußern. Unternehmen lernen in stabilen Zeiten schneller und besser, wenn Mitarbeiter Fehler aufdecken, Ideen einbringen, Fragen stellen und Perspektiven hinterfragen. In instabilen Zeiten sind es Formate wie Wissensaustausch und Feedback, die den Unterschied machen zwischen Unternehmen, die innovativ sind und sich anpassen, und solchen, die dies nicht tun.

Damit Unternehmen innovativ sind, müssen sie alle ihnen zur Verfügung stehenden Ressourcen nutzen, einschließlich der gesamten Talente und Erkenntnisse ihrer Belegschaft. Psychologische Sicherheit – der Glaube, dass man seine Stimme erheben kann, ohne bestraft oder gedemütigt zu werden – schafft den Boden dafür. Menschen wollen keine Risiken eingehen, die ihrem Ruf oder ihrer Existenz schaden könnten. Wenn jemand seine Idee teilt, dann kommt diese Idee meistens dem Unternehmen oder der Organisation insgesamt zugute, nicht der Person, die diese Idee hatte. Wenn dieselbe Person allerdings die Idee gar nicht teilt, sondern schweigt, verschafft ihr das den sicheren Vorteil, dass nichts passieren kann – also auch kein Fehler oder keine Blamage. Das ist mitunter ein Grund, warum Menschen lieber schweigen, statt zu sprechen.

Wenn Sie oder Ihr Team neue Dinge ausprobieren – und nicht alle davon erfolgreich sind –, nennt man das Experimentieren. Aus Experimenten zu lernen, ist für das Wachstum eines jeden Unternehmens von entscheidender Bedeutung. Wenn Sie hingegen aufgrund von Unaufmerksamkeit oder falscher beziehungsweise mangelnder Schulung von bewährten Praktiken abweichen, ist das ein Fehler. Es ist wichtig, den Unterschied zu kennen, denn nur so kann eine Atmosphäre der psychologischen Sicherheit hergestellt werden. Am Arbeitsplatz hilft psychologische Sicherheit Teams dabei, bessere Entscheidungen zu treffen, gesündere Beziehungen aufzubauen, mehr Innovationen zu entwickeln und Aufgaben effizienter zu lösen. Es passiert allerdings häufig, dass manche Menschen das Konzept der psychologischen Sicherheit damit verwechseln, dass man einfach sagen dürfe, was man will, und die andere Person müsse nett und freundlich darauf reagieren. Dabei geht es bei der psychologischen Sicherheit vielmehr um Offenheit, damit wichtige, aber durchaus auch schwierige Fragen gestellt werden können, wie:

- Sprechen wir die richtigen Leute an?
- Bieten wir unseren Kunden die passende Lösung?
- Gibt es eine effizientere Möglichkeit, diesen Prozess anzugehen?

Nur wenn sich die Menschen in Unternehmen psychisch sicher fühlen, stellen sie auch solche Fragen – weil sie keine Angst davor haben müssen, abgemahnt oder bestraft zu werden. Und nur wenn solche Fragen gestellt werden, haben die Unternehmen auch wirklich die Chance, sich zum Besseren zu wenden.

Vor einigen Jahren wurde eine Studie im Auftrag von Google durchgeführt. Dazu wurden mehr als 200 Interviews mit Mitarbeitern durchgeführt und über 180 Teams analysiert. Die Studie kam zu dem Fazit, dass fünf Dynamiken (psychologische Sicherheit, Zuverlässigkeit, Struktur und Klarheit, Sinn der Arbeit und Wirkung der Arbeit) die Schlüsselmerkmale von erfolgreichen Teams sind. Bei diesen fünf Dynamiken wurde die psychologische Sicherheit bei weitem als die gewertet, die am wichtigsten ist und die die Basis der anderen vier Werte bildet.[2] Wenn psychologische Sicherheit fehlt, kann das weitreichende Folgen haben. Die Mitarbeiter können unter verschiedenen Problemen leiden, darunter einer geringeren Produktivität und einem Mangel an gesunden Arbeitsbeziehungen. Es kann sogar bis zum Tod führen: Die Angst, die beispielsweise die Boeing-Mitarbeiter hatten, Bedenken hinsichtlich der 737-Max-Maschine zu äußern, führte sogar zu zwei Flugzeugabstürzen[3], bei denen Hunderte Menschen ums Leben kamen. Hätten sich die Boeing-Mitarbeiter sicher und in der Lage gefühlt, ihre Meinung zu sagen, wären diese Tragödien vielleicht nicht passiert.

Das ist etwas, worüber Sie nachdenken sollten: Welchen Sinn ergibt es, wenn Unternehmen die besten und klügsten Leute einstellen, wenn diese dann in einem Umfeld arbeiten, in dem sie sich nicht trauen, ihre Meinung zu äußern? Wenn die Menschen das Gefühl haben, dass es einfacher und vor allem auch für ihren Job sicherer ist, einfach so wie immer weiterzumachen und stumm zu nicken, damit sie nicht irgendwo anecken, verspottet oder niedergemacht werden, entgeht Ihrem Unternehmen die wirkliche Magie des über den Tellerrand hinausgehenden Denkens. Verwechseln Sie das bitte nicht damit, dass jede Idee, die jemand vorschlägt, automatisch für gut befunden wird. Aber nur wenn Menschen auch schlechte Ideen äußern und diese offen und ernsthaft diskutiert werden, können vielversprechendere Prozesse oder neue Produkte entstehen.

Doch Vorsicht: Im Schatten der Innovation lauert oft der Denkfehler des Pessimismus. Es ist verführerisch, auf die »guten alten Zeiten« zurückzublicken und zu glauben, dass früher alles besser war. Dieser Trugschluss kann dazu führen, dass man neue Möglichkeiten und Fortschritte ignoriert, weil man sich auf die vermeintlich glorreiche Vergangenheit fixiert. Dabei vergisst man leicht, dass Innovation und Veränderung oft der Schlüssel zu wahrer Exzellenz sind. Daher gilt es, das Gleichgewicht zu finden: Schätze die Vergangenheit, aber lass nicht zu, dass Nostalgie die Zukunft vernebelt.

Früher war alles besser …

Hatten Sie schon mal einen Arbeitskollegen, der ständig Angst vor einer negativen Bewertung hatte? Oder eine Kollegin, die sich sicher war, dass sie nicht gemocht wird? Oft bezeichnen wir solche Menschen als Pessimisten, dabei steckt viel eher ein nuanciertes psychologisches Phänomen dahinter. Pessimistische Vorstellungen können sich in unseren Überzeugungen über uns selbst, die Gesellschaft allgemein oder auch den Arbeitsplatz niederschlagen. Normalerweise schätzen sich die Menschen selbst als optimistisch, die Gesellschaft aber als pessimistisch ein. Diese pessimistischen Überzeugungen führen uns aber nicht selten in die Irre. Denn unser Gehirn hat nun mal keinen Zugang zu genauen Zukunftsprognosen, daher verlassen wir uns oft darauf, wie wir über ein zukünftiges Ereignis denken. Wenn wir angesichts einer Aussicht deprimiert, ängstlich oder hoffnungslos sind, dringen diese Gefühle in unsere Erwartungen und Einschätzungen ein. Die Folge davon ist, dass wir uns anders verhalten, als wir es in einer optimistischen Lage tun würden. Gerade Entscheidungen, die eine Komponente potenzieller Nachteile beinhalten, können Opfer einer Überschätzung dieser Nachteile werden. So entscheiden sich Unternehmen nicht selten gegen ein risikoreicheres Vorgehen oder eine Innovation, weil sie die Wahrscheinlichkeit eines Scheiterns als zu groß einschätzen.

Gesellschaftlicher Pessimismus kann erhebliche Konsequenzen in einem Unternehmen haben, da er dafür sorgt, dass die Menschen im Status quo verharren. Beispielsweise kann eine Überschätzung der Erwartungen an negative Ereignisse wie eine Rezession dazu führen, dass die Mitarbeiter gewisse Ideen, die sie als riskant oder nicht durchführbar einschätzen, erst gar nicht aussprechen. Unser Gedächtnis neigt dazu, die schlechten Ereignisse in unserer Vergangenheit zu vergessen und die guten Dinge, die in der Vergangenheit passiert sind, zu wiederholen und darüber nachzudenken. Wir erzählen sie viel häufiger nach und verstärken so die guten Erinnerungen. Wir neigen dazu, uns an die Erfolge der »alten Zeit« zu erinnern und alle schlechten zu vergessen.

Der entscheidende Punkt ist, dass Menschen Ereignisse im Nachhinein viel positiver bewerten als zu diesem Zeitpunkt. Wir haben die allgemeine Vorstellung, dass das Leben jetzt nicht so gut erscheint, wie es im Nachhinein aussehen wird. Die Beurteilung der Vergangenheit wird durch Verlustaversion und die Status-quo-Verzerrung beeinflusst.

In dem Verlag aus unserem Fallbeispiel ist genau das passiert: Die Mitarbeiter haben sich gerne an die »gute alte Zeit« der haptischen Bücher erinnert und waren eher pessimistisch gegenüber den Veränderungen im digitalen Zeitalter eingestellt. Das ist prinzipiell ein normales menschliches Verhalten. Wenn wir uns diesen Denkfehler aber bewusst machen, können wir die negativen Auswirkungen verringern, und es wird uns leichter fallen, Veränderung anzunehmen.

Status-quo-Verzerrung

Status-quo-Voreingenommenheit ist ein irrationales Verlangen, das jeder Mensch schon mal erlebt hat. Es ist der Wunsch, die Dinge so zu belassen, wie sie sind – um zu vermeiden, dass sich irgendetwas ändern wird. Das ist keine gute Nachricht, wenn es um Innovationen geht, denn diese bringen unweigerlich Veränderungen mit sich. Allerdings erklärt diese Voreingenommenheit, warum es so vielen Unternehmen leichtfällt, viele Ideen zu generieren, sie aber nie in die Praxis umzusetzen: Bei erheblichen Unternehmensänderungen wird man nur allzu wahrscheinlich Gründe finden, warum es besser ist, die Idee nicht umzusetzen. Eine Status-quo-Voreingenommenheit erklärt auch, warum einige Unternehmen ständig Innovationen entwickeln, während andere Schwierigkeiten haben, einen Prozess der kontinuierlichen Verbesserung aufrechtzuerhalten. In Unternehmen, in denen Innovation die Norm ist, wird dieser Zustand irgendwann zum Status quo.

Ich glaube, dass die Voreingenommenheit gegenüber dem Status quo einer der Gründe dafür ist, dass Brainstorming und Crowdsourcing-Initiativen selten zu nennenswerten Innovationen führen. Da Dutzende, Hunderte oder sogar Tausende von Ideen zur Auswahl stehen, ist es sehr einfach, die Ideen auszuwählen, die keiner wesentlichen Änderung bedürfen. Wenn in diesen Ideenfindungstools Abstimmungen möglich sind, erhalten inkrementelle Verbesserungsideen tendenziell die meisten Stimmen – so können Manager die Legitimität ihrer Entscheidungen als beliebt untermauern.

Um diesem Denkfehler zu entkommen, ist es wichtig, dass Sie sich zunächst bewusst werden, dass es die Status-quo-Verzerrung gibt und dass sie Teil der menschlichen Natur ist. Wenn Sie Innovationen in Ihrem Unternehmen fördern möchten, fragen Sie sich daher, ob eine Idee erheblich vom Status quo abweicht. Setzen Sie nur Ideen um, bei denen die Antwort »Ja« lautet.

Wenn Sie andererseits versuchen, eine potenzielle bahnbrechende Innovation zu verkaufen, die zu Veränderungen führen wird, bedenken Sie, dass eine der Herausforderungen, mit denen Sie konfrontiert werden, eine Tendenz zum Status quo ist. Darauf sollten Sie beim Verkauf einer Idee eingehen. Sie könnten zum Beispiel zeigen, dass die Idee, obwohl es den Anschein hat, dass sie große interne Veränderungen mit sich bringen wird, in Wirklichkeit gar nicht so groß sein wird und die meisten Menschen wie gewohnt weiterarbeiten werden. Eine solche Bestätigung kann Menschen, die Überzeugungsarbeit leisten müssen, dabei helfen, ihre Status-quo-Voreingenommenheit zu überwinden.

Am wichtigsten ist, dass Sie sich in die Lage Ihrer Kollegen versetzen. Denken Sie darüber nach, wie Sie sich fühlen würden, wenn ein Kollege versuchen würde, Sie vom Wert einer Idee zu überzeugen, die möglicherweise Ihre Arbeitsweise oder Ihren Tagesablauf ändern würde. Das würde den meisten von uns nicht gefallen, egal, wie überzeugend die Idee auch sein mag.

Seien Sie sich auch Ihrer eigenen Status-quo-Voreingenommenheit bewusst. Wenn Sie für die Genehmigung von Ideen verantwortlich sind, stellen Sie sicher, dass Sie keine Ideen ablehnen, die zu einer Änderung führen würden, nur weil Sie die Änderung nicht wollen. Wenden Sie dazu verschiedene, strenge Regeln und Kriterien bei der Ideenauswahl an. Wenn Sie dennoch eine Idee ablehnen wollen, die zu einer betrieblichen Veränderung führen würde, analysieren Sie Ihre Entscheidung sorgfältig. Jede Idee, die betriebliche Veränderungen mit sich bringt, ist höchstwahrscheinlich kreativ. Innovationen erfordern per se eine Abkehr vom Status quo. Daher ist es sehr wahrscheinlich, dass hochinnovative Ideen keine Zustimmung bekommen. Und zwar nicht wegen der Idee an sich, sondern weil die Idee eine Änderung erfordern würde.

In der Welt der Bücher wurde dieser Denkfehler zu einem echten Abenteuerkiller. Statt mutig ins Unbekannte vorzustoßen, blieb der Verlag lieber in seiner gemütlichen, altbekannten Nische. Die Mitarbeiter setzten auf bewährte Autoren und sichere Strategien und vermieden jegliches Risiko. Das Problem dabei: In einer sich rasant wandelnden Branche können sie die Chance ihres Lebens verpassen. Neue Talente bleiben unentdeckt, aufstrebende Genres unbeachtet, und der Verlag bleibt auf der Stelle stehen, während die Welt an ihnen vorbeizieht. Es ging also darum, den Verlag davon zu überzeugen, das Abenteuer zu suchen und in unbekanntes Terrain vorzustoßen. Denn in dieser sich wandelnden Landschaft verbirgt sich die nächste große Erfolgsgeschichte. Um dorthin zu gelangen, mussten wir allerdings noch einen weiteren Denkfehler entlarven, der den Verlag bis dahin in seiner Komfortzone gefangen hielt.

Verlustaversion

Stellen Sie sich bitte kurz vor, dass Sie unerwartet 50 Euro in der Lotterie gewinnen. Wie fühlen Sie sich bei diesem Gedanken? Für die meisten Menschen fühlt sich ein Gewinn warm und sehr angenehm an. Und nun denken Sie bitte kurz an eine Situation, in der Sie um 50 Euro gewettet und verloren haben. Wie ist das Gefühl jetzt? Vermutlich fühlen Sie einen gewissen Ärger und eine Frustration, oder? Wir reagieren etwa 2,5-mal empfindlicher auf Verluste als auf Gewinne ähnlicher Größe. Unser Gehirn ist darauf programmiert, Verluste möglichst zu vermeiden. Das wiederum wirkt sich darauf aus, wie wir Entscheidungen in Bezug auf unsere Ressourcen treffen (die von Geld und Gegenständen, die wir besitzen, bis hin zu immateriellen Dingen wie Zeit und Mühe reichen). Unter Verlustaversion versteht man daher die Tendenz einer Person, lieber Verluste zu vermeiden, als einen gleichwertigen Gewinn zu erzielen. Diese Voreingenommenheit kann nützlich sein, da sie uns daran hindert, Entscheidungen zu treffen, die uns am Ende schlechterstellen könnten, allerdings kann sie auch zu irrationalen Entscheidungen führen. Ein Beispiel dafür sind erweiterte Garantien. Da Verbraucher große Angst davor haben, dass ihr neu gekauftes Produkt kaputtgeht, sind sie bereit, für eine Gewissheit zu zahlen, einen möglichen Verlust vermeiden zu können. Allerdings ist das Preis-Leistungs-Verhältnis sehr fragwürdig – und das nicht nur, weil beispielsweise Verbraucherrechtsrichtlinien diese oftmals abdecken. Vor allem entwickelt sich die Technologie von Geräten oft so schnell weiter, dass es manches Mal wirtschaftlich sogar sinnvoller wäre, eine neue Version zu kaufen, als Geld für die Reparatur ihrer alten Geräte auszugeben.

Da die Menschen jedoch so entschlossen sind, Verluste zu vermeiden, geben sie mehr Geld aus, als nötig wäre, um sich vor dem unangenehmen Verlustgefühl zu schützen. Diese Voreingenommenheit wirkt sich auf viele Aspekte unseres Lebens aus. Es gibt verschiedene Theorien darüber, warum wir Menschen von Natur aus verlustscheu sind. Die häufigsten davon sind evolutionärer und biologischer Natur. Evolutionspsychologen argumentieren, dass es einen adaptiven Vorteil hat, risikoavers zu sein: Schließlich ist es wahrscheinlicher, dass Sie überleben, wenn Sie am Ende weniger Gewinne erzielen, als wenn Sie verlieren, bis Sie überhaupt nichts mehr haben. Neurowissenschaftler weisen auf Gehirnscans hin, die zeigen, dass bestimmte Teile unseres Gehirns aktiviert werden, wenn wir mit einem Verlust konfrontiert werden, darunter auch solche, die Angst und Ekel verarbeiten.

Verlustaversion ist eine natürliche menschliche Tendenz, die uns vor schmerzhaften Verlusten bewahren soll. Allerdings gilt es zu verhindern, dass dieser Denkfehler unsere Entscheidungen negativ beeinflusst. Es gibt zwei Strategien, mit denen wir uns gegen diese Voreingenommenheit wehren können:

- **Den Verlust neu definieren:** Die Art und Weise, wie wir eine Transaktion definieren, beeinflusst unsere Wahrnehmung erheblich. Wenn Sie eine Entscheidung vorschlagen, versuchen Sie, die Optionen so zu formulieren, dass die potenziellen Vorteile hervorgehoben werden, anstatt die Risiken zu betonen.
- **Den Verlust ins rechte Licht rücken:** Eine einfache Möglichkeit, der Verlustaversion entgegenzuwirken, besteht darin, sich zu fragen, was das schlechteste Ergebnis wäre. Normalerweise hilft uns das, den Verlust und die damit verbundenen Gefühle ins rechte Licht zu rücken. Auf diese Weise können wir unsere Ängste überwinden und danach überlegen, ob es sich lohnt, eine Entscheidung zu treffen oder nicht.

Statt sich auf die Gestaltung fesselnder Geschichten oder innovativer Veröffentlichungsstrategien zu konzentrieren, hatten die Mitarbeiter im Verlag im Laufe der Jahre ein paar Strategien entwickelt, mit denen sie Stunden vergeudeten: Sie versanken in endlosen E-Mail-Threads, hielten vollkommen belanglose Meetings ab und verstrickten sich in bürokratischen Kleinigkeiten. Diese Zeitfresser führten dazu, dass wertvolle Ressourcen vergeudet wurden und der eigentliche Zweck, großartige Bücher zu schaffen und sie an die Leser zu bringen, in den Hintergrund geriet.

Der Fahrradschuppen-Effekt: Warum wir uns auf triviale Dinge konzentrieren

Wie können wir verhindern, dass wir Zeit mit unwichtigen Details verschwenden? Von Besprechungen bei der Arbeit, die sich ewig hinziehen, ohne dass etwas erreicht wird, bis hin zu wochenlangen E-Mail-Ketten, die das aktuelle Problem nicht lösen, scheinen wir übermäßig viel Zeit mit dem Unwichtigen zu verbringen. Wenn dann eine wichtige Entscheidung getroffen werden muss, haben wir kaum Zeit, uns dieser zu widmen. Das Parkinsonsche Gesetz besagt, dass sich Aufgaben entsprechend der ihnen zugewiesenen Zeit ausdehnen. Es gibt auch noch ein anderes, weniger bekanntes Parkinsonsches Gesetz der Trivialität, das in den 1950er Jahren ebenfalls vom britischen Marinehistoriker Cyril Northcote Parkinson geprägt wurde. Das Gesetz der Trivialität besagt, dass die Zeit, die für die Diskussion eines Themas in einem Unternehmen verwendet wird, umgekehrt proportional zu seiner tatsächlichen Bedeutung im Gesamtsystem ist. Das bedeutet, dass große, komplexe Themen am wenigsten diskutiert werden, während einfache, kleinere Themen die meiste Aufmerksamkeit bekommen. Das Gesetz der Trivialität[4] ist auch als Fahrradschuppen bekannt, nach der Geschichte, die Parkinson zur Veranschaulichung verwendet. Und diese geht wie folgt: Stellen Sie sich bitte eine Sitzung eines Finanzausschusses vor, bei der drei verschiedene Punkte besprochen werden sollen:

1. Ein Vorschlag für ein 10 Millionen Pfund teures Kernkraftwerk,
2. Ein Vorschlag für einen Fahrradschuppen im Wert von 350 Pfund,
3. Ein Vorschlag für ein jährliches Kaffeebudget von 21 Pfund.

Was, meinen Sie, wird passieren? Mit sehr großer Wahrscheinlichkeit wird am Ende der Ausschuss den Vorschlag für ein Kernkraftwerk in kurzer Zeit durchgehen, da zu viel Zeit verloren gegangen ist, um sich mit Details zu beschäftigen. Gemäß dem Gesetz der Trivialität wird Folgendes passieren: Zu Beginn wird der erste Punkt, das Kraftwerk, kurz angerissen. Dabei zeigt sich, dass die meisten Anwesenden nicht viel Wissen darüber haben. Das Mitglied, das das Wissen besitzt, weiß allerdings nicht, wie es den anderen alles in kurzer Zeit erklären soll. Zwar macht ein anderes Mitglied einen anderen Vorschlag, aber gefühlt ist die Aufgabe zu groß, sodass der Ausschuss gleich ablehnt, auch nur darüber nachzudenken. Deswegen verlagert sich die Diskussion auf den Fahrradschuppen. Hier fühlen sich die Ausschussmitglieder viel wohler, ihre Meinung zu äußern. Sie alle wissen, was ein Fahrradschuppen ist und wie er aussieht. Mehrere Mitglieder beginnen eine lebhafte Debatte über das bestmögliche Material für das Dach und wägen Optionen ab, die möglicherweise Einsparungen ermöglichen. Im Endeffekt wird viel länger und ausführlicher über den Fahrradschuppen diskutiert als über das Kraftwerk. Schließlich geht der Ausschuss zu dem letzten Punkt, dem jährlichen Kaffeebudget, über. Bei diesem Thema gibt es plötzlich nur noch Experten, denn jeder von ihnen kennt sich bestens mit Kaffee aus und hat ein ausgeprägtes Gespür für dessen Kosten und Wert. Bevor irgendjemand merkt, was passiert, wird länger über das Kaffeebudget von 21 Pfund als über das Kraftwerk und den Fahrradschuppen zusammen diskutiert. Am Ende läuft dem Ausschuss die Zeit davon und er beschließt, sich erneut zu treffen, um den Punkt über das Kraftwerk abzuschließen. Da alle zu dem Gespräch beigetragen haben, gehen sie zufrieden über den Ausgang dieser Sitzung ihrer Wege.

Je einfacher ein Thema ist, desto mehr Menschen haben eine Meinung dazu und desto mehr können daher auch etwas dazu sagen. Wenn etwas außerhalb unseres Kompetenzbereichs liegt, schweigen wir lieber, als dass wir unsere Meinung kommunizieren. Wenn etwas aber für uns verständlich ist, versuchen wir etwas zu sagen, auch wenn es nicht wirklich etwas Wertvolles ist, nur um uns nicht dumm zu fühlen. Jeder kann also etwas zum Thema Fahrradschuppen beitragen, um zu zeigen, dass er sich damit auskennt und eine Meinung dazu hat. Allerdings dürfen wir nicht jeder Meinung bei jedem Problem gleich viel Bedeutung beimessen. Es gilt, die Beiträge derjenigen hervorzuheben, die sich auch die Mühe gemacht haben, sich eine eigene Meinung zu bilden. Wenn wir selbst einen Beitrag leisten wollen, ist es wichtig, unsere Energie und unseren Fokus dort hineinzustecken, in dem wir auch etwas Wertvolles beitragen können, um so das Ergebnis einer Entscheidung positiv zu verbessern.

Das Wichtigste, das Sie tun können, um diesem Denkfehler zu entgehen und nicht der Verlockung der Trivialitäten zu verfallen, ist, sich den Zweck einer Besprechung oder Tätigkeit bewusst zu machen. Wenn Sie ein klares Ziel haben, nutzen Sie dieses als Linse, mit dessen Hilfe Sie alle anderen Entscheidungen filtern. Auf diese Weise können Sie auch viel leichter erkennen, dass es wahrscheinlich keine gute Idee ist, den Bau eines Kernkraftwerks und eines Fahrradschuppens in derselben Sitzung zu besprechen. Bedenken Sie auch immer, wen Sie zu einer Besprechung einladen oder wen Sie um seine Meinung bitten wollen – denn nicht jeder, der eine Meinung hat, kann auch wirklich etwas Sinnvolles beitragen. Wenn Sie also nicht möchten, dass Dinge nicht zum Abschluss kommen, vermeiden Sie es, Personen einzuladen, die wahrscheinlich nicht über relevante Kenntnisse und Erfahrungen verfügen.

Ein weiterer wichtiger Punkt ist, eine bestimmte Person mit der endgültigen Entscheidung zu betrauen. Wenn Sie Entscheidungen treffen, aber niemand die Verantwortung für deren Ausführung trägt, wird es nahezu unmöglich, einen Konsens zu erzielen. Die Diskussion zieht sich immer weiter hin. Vermeiden Sie es also, in eine unproduktive Trivialität zu verfallen, indem Sie klare Ziele gleich zu Beginn festlegen und die besten Leute an einen Tisch bringen, um eine produktive, konstruktive Diskussion zu führen.

Das Verlagshaus befand sich endlich an einem Wendepunkt seiner Geschichte. Die Mitarbeiter hatten erkannt, dass es an der Zeit war, das Ruder herumzureißen. Aber Innovation ist ein zweischneidiges Schwert, das mit Chancen und Risiken verbunden ist.

Innovation ist risikoreich

Innovationen sind immer mit Risiken – und auch mit Glück – verbunden. Der Begriff Risiko bezieht sich typischerweise nur auf Situationen, in denen die Wahrscheinlichkeiten des Ergebnisses im Voraus bekannt sind, wie etwa in den meisten Glücksspielsituationen, nicht jedoch auf Situationen, in denen die Wahrscheinlichkeitsverteilung unbekannt ist, wie etwa im Geschäfts- und Innovationsbereich. Das bedeutet, dass im Innovationskontext Risiko in hohem Maße gleichbedeutend mit Unsicherheit ist, da das Ergebnis im Voraus nicht bekannt ist.

Nun arbeiten Innovatoren per definitionem an etwas Neuem, bei dem es immer viel mehr unbekannte Faktoren gibt, als es bei der normalen Geschäftstätigkeit der Fall ist. Zum Beispiel:

- Wie können Sie Ihre Idee verwirklichen?
- Wie wird der Markt darauf reagieren?
- Wie werden wir damit das Leben unserer Kunden verändern?

Das bedeutet, dass bei Innovationen – vor allem bei denen disruptiver oder radikaler Natur – ein weitaus höheres Risiko besteht als bei der Weiterführung des Tagesgeschäfts. Risiko ist aber nicht unbedingt etwas Schlechtes: Das Eingehen von Risiken in einem unsicheren Umfeld kann zu besseren Ergebnissen als erwartet führen, während ohne Innovation eine 100-prozentige Wahrscheinlichkeit besteht, dass Sie Ihr Geschäft aufgeben müssen.

Nun sind im realen Leben die Dinge selten nur schwarz und weiß. Normalerweise geht es bei der eigentlichen Frage darum, wie man in einer bestimmten Situation kluge und wohlüberlegte Risiken eingeht. In der Praxis führt dies zu Fragen wie:

- Wie aggressiv müssen Sie vorgehen?
- Welche Ressourcen (Zeit, Budget, Menschen) sind Sie bereit zu investieren?

Die Frage, ob Sie mit einer Innovation erfolgreich sein können, hängt von vielen Faktoren ab, unter anderem Ihrer Branche, Ihrem Einsatz, Ihren Fähigkeiten, der Konkurrenz und vielen anderen dynamischen Umständen auf dem Markt. Dennoch ist es wichtig zu verstehen, was die möglichen Ergebnisse sein könnten, damit Sie wissen, was Sie auf der Reise erwartet, und sich entsprechend vorbereiten können – auch wenn Sie nicht alle Antworten haben oder nicht mal alle Fragen.

Nun sind in der Welt der Innovation viele Stolpersteine versteckt, die selbst die klügsten Köpfe in die Irre führen können. Deswegen werden wir uns auf den kommenden Seiten den Denkfehlern zuwenden, die mit Innovation eng verknüpft sind. Diese Fallstricke können das vielversprechendste Projekt zunichtemachen, wenn wir sie nicht erkennen und bewältigen.

Die Überlebenden-Verzerrung

Während des Zweiten Weltkriegs bekamen Wissenschaftler den Auftrag, die Flugzeuge, die von gefährlichen Missionen zurückkehrten, zu untersuchen, um herauszufinden, wie sie sie besser schützen konnten. Dabei gab es eine Frage: Wie konnte man die Flugzeuge stärker machen, ohne sie zu schwer oder zu langsam zu machen? Die Antwort lag in der Panzerung, die klug eingesetzt werden musste.[5] Die Ingenieure begannen damit, die Trefferstellen auf den Flugzeugen zu analysieren. Anhand dieser Daten dachten sie zunächst, es wäre am besten, alle roten Bereiche zu panzern, da sie von Kugeln getroffen worden waren. Ein Ingenieur stellte allerdings die Frage nach den Treffern am Triebwerk. Aufgrund dieser Frage bemerkten sie schnell, dass, wenn das Cockpit getroffen worden wäre, der Pilot nicht überlebt hätte. Das brachte sie zum Nachdenken. Sie hatten nur Daten von Flugzeugen, die nach Hause zurückgekehrt waren. Was aber ist mit denen passiert, die nicht zurückkamen? Nach genauerer Analyse wurde ihnen klar, dass sie die weißen Bereiche panzern mussten. Das war der entscheidende Unterschied, der ihre Flugzeuge sicherer machte und die Überlebensfähigkeit erhöhte.

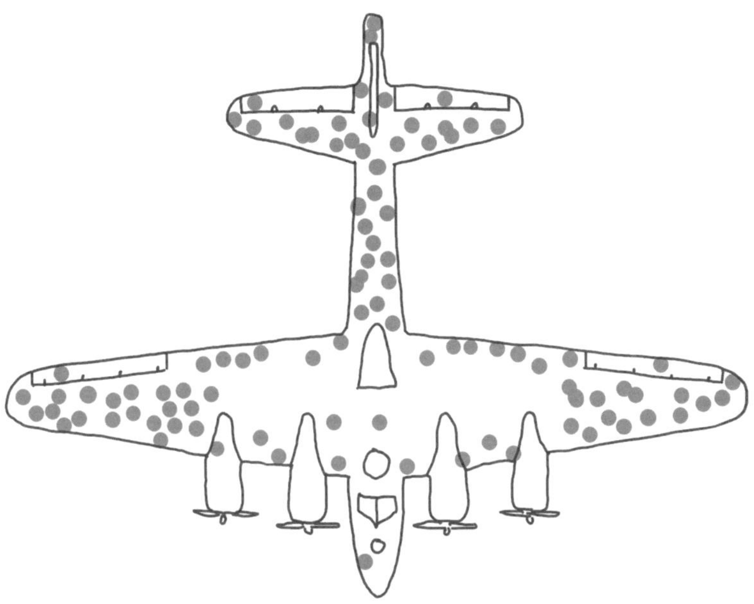

Abbildung 7: Die Überlebenden-Verzerrung am Beispiel von Militärflugzeugen[6]

Dieses voreingenommene Denken in der obigen Geschichte wird als Überlebenden-Verzerrung (*survivorship bias*) bezeichnet. Bei diesem Denkfehler konzentrieren wir uns auf Menschen oder Dinge, die es durch einen Auswahlprozess geschafft haben, und übersehen gleichzeitig diejenigen, die es nicht geschafft haben. Das wiederum führt auf verschiedene Weise zu falschen Schlussfolgerungen. Wenn Menschen zu Beginn eines Projekts nach Beispielen suchen, orientieren sie sich oft an erfolgreichen Projekten. Das ist durchaus sinnvoll, und Sie können viel daraus lernen. Aber wenn Sie wirklich etwas lernen wollen, sollten Sie mit denjenigen sprechen, die etwas Ähnliches versucht haben und dabei gescheitert sind. Wenn man scheitert, verspürt man starke Emotionen und denkt oft darüber nach, was man beim nächsten Mal anders machen würde. Diese Teams werden einige gut durchdachte Ideen haben, wie sie die Risiken und Probleme, die letztendlich zum Scheitern geführt haben, mindern können.

Versuchen Sie, sich nicht in die Irre führen zu lassen, und schränken Sie nicht die Möglichkeiten ein, die Ihnen zur Verfügung stehen. Stellen Sie sicher, dass Sie alle Optionen in Betracht ziehen und sich nicht nur auf die Ideen und Ratschläge der erfolgreichen Teams verlassen, sondern auch auf diejenigen, die keinen Erfolg hatten. Sie werden überrascht sein, was Sie von diesen lernen können.

Das Hot-Hand-Phänomen

Das Hot-Hand-Phänomen hat einen ungewöhnlichen Ursprung: So besagt ein Sprichwort, dass Sportler »hot hands« haben, wenn sie wiederholt punkten. Der Sportler auf Erfolgskurs wird – dem Glauben nach – auch bei einem weiteren Versuch mit größerer Wahrscheinlichkeit erneut erfolgreich sein. Wenn wir Vorhersagen treffen, vergessen wir oft, Zufälligkeiten zu berücksichtigen, und gehen eher davon aus, dass eine kleine Menge repräsentativ für eine größere Stichprobe ist. Das Hot-Hand-Phänomen führt dazu, dass wir einen kleinen Datenpool wie eben die Eröffnungsminuten eines Spiels als besseren Indikator für die zukünftige Leistung heranziehen als einen durchschnittlichen Prozentsatz, der auf der Grundlage der Leistung einer längeren Zeitspanne berechnet wird.

Auch bei Innovation glauben wir, dass unser Erfolg anhalten wird, wenn wir aufgrund des Hot-Hand-Trugschlusses eine Siegesserie haben. In Wirklichkeit haben aber viele innovative Entwicklungen mehr mit Zufall zu tun. Wir werden dann bei unserer Arbeit nachlässig, weil wir glauben, dass unser Glück anhalten wird, und verlieren auf diese Weise eine Menge Geld. Führungskräfte treffen oft Entscheidungen oder Annahmen auf der Grundlage einer kleinen Stichprobe von Beobachtungen. Außerdem verhalten wir uns häufig entsprechend den Vorhersagen anderer Menschen, beispielsweise entscheiden wir, was wir anziehen, basierend auf der Vorhersage des Wetterberichts, oder wir entscheiden, wie wir investieren, basierend auf den von Ökonomen erwarteten Trends auf dem Aktienmarkt. Als Menschen neigen wir dazu, Muster und Trends zu finden, um die Welt zu verstehen. Diese Tendenz erschwert es uns jedoch, den Zufall zu erkennen, da wir Daten zu Mustern zusammenfassen, die nicht unbedingt existieren. Das führt dazu, dass wir glauben, dass unabhängige Ereignisse tatsächlich voneinander abhängig sind.

Kleine Zahlen verhalten sich oft nicht so wie große Zahlen. So kann es zum Beispiel passieren, dass Sie bei einem Münzwurf fünfmal hintereinander »Zahl« erhalten, wenn Sie die Münze nur fünfmal werfen. Da die Wahrscheinlichkeit, dass Kopf oder Zahl kommt, bei 50 zu 50 liegt, gehen wir von einer »heißen Hand« aus. Wenn Sie die Münze allerdings 100 Mal geworfen haben, ist es viel wahrscheinlicher, dass die Gesamtzahl der »Zahl« eher bei 50 Prozent liegt.

Es ist verführerisch zu denken, dass wir nach einem erfolgreichen innovativen Durchbruch eine Art magisches Händchen entwickelt haben, das uns unaufhaltsam zum nächsten Triumph führen wird. Doch leider ist die Realität komplexer. Innovation ist von Unsicherheit und Risiko geprägt, und der Erfolg in der Vergangenheit ist keine Garantie für zukünftigen Erfolg. Wenn wir uns blind auf unsere bisherigen Erfolge verlassen, übersehen wir innovative Gelegenheiten oder stürzen uns in übermäßige Risiken. Jede neue Idee und jeder neue Schritt muss eigenständig bewertet werden. Nur so können wir die Chancen nutzen und die Herausforderungen der Innovation meistern.

Es gibt mehr als nur Disruption

Wenn wir über Innovationen sprechen, ist der Begriff »Disruption« oft das, was uns in den Sinn kommt. Disruption ist mehr als nur eine Erfindung: Sie kann ganze Branchen umkrempeln und auf den Kopf stellen. Kein Wunder, dass wir uns von disruptiven Innovationen angezogen fühlen, schließlich haben sie Start-ups in Multimilliarden-Dollar-Unternehmen verwandelt und scheinbar unbesiegbare Giganten hervorgebracht. Das Streben danach, das nächste Google oder Apple zu werden (und die Furcht, den Weg von Kodak oder Polaroid zu gehen), fesselt unsere Aufmerksamkeit. Aber hier ist das Paradoxe: Die meisten erfolgreichen Innovationen sind nicht ausschließlich disruptiv. Erfolgreiche Unternehmen mögen vielleicht mit einer Disruption begonnen haben, doch danach folgte oft eine Kette von kontinuierlichen Innovationen, die sich über Jahre erstreckten. Einfach nur den Markt aufzumischen, ohne die Ausdauer für langfristigen Erfolg, ist keine effektive Strategie. Schauen wir zurück: In den späten 1970er Jahren gab es Dutzende PC-Hersteller, doch die meisten von ihnen scheiterten, als IBM in den Markt eintrat und kontinuierlich bessere Produkte entwickelte. Frühe Internet-Suchmaschinen wurden von Yahoo überholt, und Yahoo wurde dann von Google mit einem überlegenen Suchalgorithmus überflügelt.

Der Schlüssel zum Erfolg liegt in einem ausgewogenen Mix aus disruptiven und kontinuierlichen Innovationen. Eine Zauberformel gibt es nicht. Unternehmen müssen ihr eigenes Wertversprechen finden, und disruptive Strategien können der Weg dorthin sein. Aber sobald ein Unternehmen gegründet ist, muss es auch verstehen, wie es den Wert der Innovation schützen und steigern kann. Denn Innovation ist nicht nur eine Momentaufnahme, sondern ein langfristiger Prozess, der die Spitze erreicht, wenn Disruption und Kontinuität Hand in Hand gehen. Innovation kann in vielen Unternehmen zu einem wahrhaft frustrierenden Unterfangen werden. Oft werden enthusiastisch verschiedene Initiativen gestartet, doch allzu häufig enden sie in einem Wirrwarr aus Frustration – sei es, weil der ersehnte Erfolg ausbleibt oder weil kurzfristige Erfolge nicht von Dauer sind. Das, was viele Organisationen übersehen, ist die dringende Notwendigkeit einer klaren Innovationsstrategie. Eine Strategie ist nichts weniger als die kunstvolle Aneinanderreihung von Verhaltensregeln, die ein Unternehmen benötigt, um seine Wettbewerbsziele zu erreichen. Eine gute Strategie fungiert als Wegweiser und hilft, fundierte Entscheidungen zu treffen, Ziele und Prioritäten zu klären und das gesamte Unternehmensverhalten in Einklang zu bringen. Unternehmen haben in der Regel verschiedene Strategien, sei es für Marketing, Vertrieb, Finanzierung, Personal oder Beschaffung. Aber allzu oft fehlt eine Strategie, die die Innovationsbemühungen definiert und nahtlos mit den Geschäftszielen verknüpft.

Das Dilemma besteht darin, dass alle Innovationsanstrengungen rasch ins Stocken geraten, wenn niemand den Weg vorgibt, wie nach neuen Lösungen gesucht werden soll, wie Ideen in handfeste Konzepte umgewandelt werden und welche Projekte die Verfolgung wert sind. Es gibt keine Universallösung, die für alle Unternehmen gleichermaßen funktioniert. Sie können sicherlich von anderen lernen, doch letztendlich müssen Sie eine Innovationsstrategie entwickeln, die genau zu Ihren individuellen Wettbewerbsanforderungen passt.

Vier Arten der Innovation

Eine faszinierende Herangehensweise zur Gestaltung Ihrer persönlichen Innovationsstrategie ergibt sich aus der »Innovation Landscape Map« von Gary Pisano[7]. Diese Karte charakterisiert Innovation in zwei spannenden Dimensionen: zum einen im Grad, in dem ein Unternehmen sich bei Innovation auf technologischen Wandel konzentriert, und zum anderen im Grad der Veränderung im Geschäftsmodell. Jede Dimension erstreckt sich auf einem Kontinuum und erschafft so vier verschiedene Kategorien von Innovation. Dabei wird sichtbar, inwiefern potenzielle Innovation zum bestehenden Geschäftsmodell und den technischen Fähigkeiten eines Unternehmens passt.

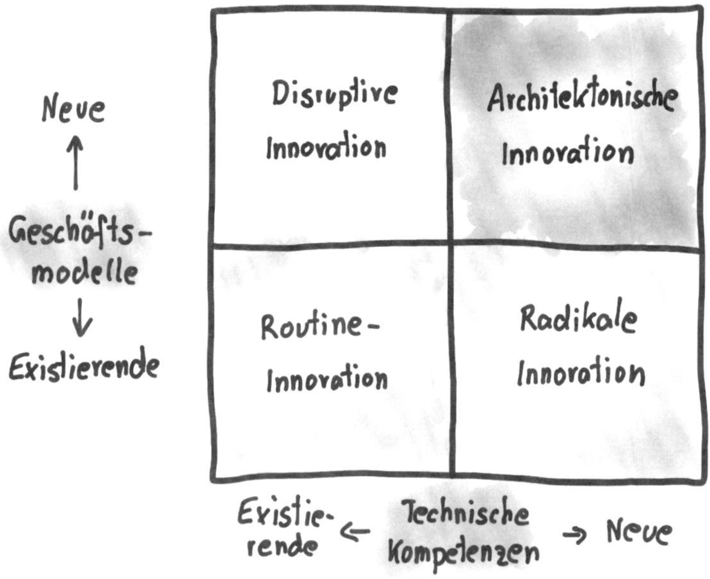

Abbildung 8: Vier Arten der Innovation nach Pisano

Sehen wir uns die vier verschiedenen Arten der Innovation im Detail an:

- **Routineinnovationen – die bewährte Evolution:** Hierbei handelt es sich um Innovationen, die auf den bereits vorhandenen technologischen Stärken eines Unternehmens aufbauen und nahtlos in das bestehende Geschäftsmodell passen. Es ist, als würde man eine vertraute Melodie in einem neuen Arrangement spielen. Denken Sie zum Beispiel an einen Autohersteller, der ein neues Modell auf den Markt bringt. Routineinnovationen sind die sanften Verbesserungen, die unsere Erwartungen erfüllen und unsere Zufriedenheit steigern.
- **Disruptive Innovation – der Revolutionär:** Dieser Typ von Innovation bricht radikal mit dem etablierten Geschäftsmodell eines Unternehmens, erfordert jedoch nicht zwangsläufig den Erwerb völlig neuer technologischer Fähigkeiten. Ein gutes Beispiel sind Mitfahrdienste, die das Geschäftsmodell vom Produkt-

verkauf zum Service verlagern, jedoch nicht auf brandneue Technologien angewiesen sind – sie nutzen bereits vorhandene (wie Autos). Disruptive Innovationen sind die Störenfriede, die die Regeln neu schreiben.

- **Radikale Innovation – der Technologiepionier:** Das ist das genaue Gegenteil der disruptiven Innovation. Hier sind völlig neue Technologien erforderlich, die das bestehende Geschäftsmodell jedoch weitgehend unberührt lassen. Ein Beispiel sind Elektrofahrzeuge im Automobilmarkt – sie erfordern eine revolutionäre Veränderung in der Technologie, aber im Kern bleibt das Geschäftsmodell das gleiche. Radikale Innovationen sind die wagemutigen Pioniere, die in unbekannte Gewässer vordringen.
- **Architektonische Innovation – der Alleskönner:** Das ist die Kategorie, die alles miteinander verknüpft – neue Technologie und ein völlig neues Geschäftsmodell. Es ist wie ein orchestriertes Werk, bei dem jede Note perfekt ins Bild passt. Denken Sie an ein Automobilunternehmen, das ein autonom fahrendes Auto entwickelt und dann durch Mitfahrgelegenheiten in einen florierenden Service umwandelt. Architektonische Innovationen sind die Alleskönner, die die Zukunft formen und den Weg für noch unentdeckte Möglichkeiten ebnen.

Wenn Sie nun eine Innovationsstrategie festlegen, geht es vor allem um die Überlegung, wie Ihr Unternehmen die verschiedenen Arten von Innovationen geschickt in seine Geschäftsstrategie einwebt und welche Ressourcen es zuweist. Viele sehen in radikalen und disruptiven Innovationen den Schlüssel zum Wachstum und zum Gipfel des Erfolgs. Doch überraschenderweise sind es oft die scheinbar unscheinbaren, routinemäßigen Innovationen, die den wahren Motor für den Erfolg eines Unternehmens antreiben. Hier können Sie Ihre Stärken voll entfalten, anstatt auf Unbekanntes zu setzen. Es ist nicht die Frage, welche Innovationsstrategie besser ist – es ist das harmonische Zusammenspiel verschiedener Innovationsarten, das den Triumph ausmacht. Schauen wir auf Giganten wie Microsoft und Apple: Sie konnten nicht ohne die radikalen Versuche in der Vergangenheit die Früchte der routinemäßigen

Innovationen ernten, die sie heute so erfolgreich machen. Doch Vorsicht ist geboten: Ein Unternehmen, das einmal den disruptiven Sprung gewagt hat, sollte sich nicht auf seinen Lorbeeren ausruhen. In dieser schnelllebigen Welt werden diejenigen, die aufhören zu innovieren, schnell von neuen Marktteilnehmern überholt.

Innovationsstrategien sind keine starren Gebilde, sondern lebendige Wesen, die ständig wachsen und sich weiterentwickeln müssen, um gegenüber dem Wettbewerb zu bestehen. Eine gute Innovationsstrategie erfordert vor allem eines: ein kontinuierliches Experimentieren, Lernen und Anpassen, um immer im Takt der Zeit zu bleiben.

Wie Sie Ihre Innovationsstrategie finden

Bei einer Strategie geht es um Verpflichtungen und das Festlegen von Verhaltensrichtlinien, die alle in dieselbe Richtung führen, um ein gemeinsames Ziel zu erreichen. Eine gute Strategie zeichnet sich durch ihre Klarheit aus: Die Ziele und Prioritäten sind für alle im Unternehmen transparent, und sämtliche Anstrengungen sind auf dieses Ziel ausgerichtet. In vielen Unternehmen gibt es klare Geschäftsstrategien, die verschiedene Bereiche wie Marketing, Finanzen und Vertrieb umfassen. Doch überraschenderweise fehlt oft eine Strategie, die Innovationen in den Fokus rückt.

Ohne eine Innovationsstrategie laufen Unternehmen Gefahr, dass verschiedene Abteilungen unterschiedliche Prioritäten setzen. Das Marketing sieht Chancen zur Stärkung der Marke durch neue Produkte, der Vertrieb hat täglich mit Kundenanfragen zu tun, und die Forschung erkennt Potenzial in neuen Technologien. Vielfalt in Sichtweisen ist wichtig, aber ohne eine Strategie zur Integration und Ausrichtung dieser Perspektiven bleibt die Kraft der Vielfalt ungenutzt oder kann sogar zerstörerisch wirken. Ohne eine Innovationsstrategie können Innovationsbemühungen versanden, Teams sich fragmentieren und die Zusammenarbeit im Unternehmen erodiert. Der Erfolg von Innovation hängt davon ab, wie ein Unternehmen nach neuen Herausforderungen und Lösungen sucht, Ideen in Konzepte umwandelt und welche Projekte Priorität genießen. Ein Unternehmen ohne Innovationsstrategie kann diese Entscheidungen nicht effektiv treffen.

Einfach die Strategie eines anderen Unternehmens zu kopieren, ist allerdings keine gute Idee. Es gibt keine Einheitslösung für Innovationsstrategien, die für alle funktioniert. Sich inspirieren lassen ist sinnvoll, doch Sie benötigen eine maßgeschneiderte Strategie, die zu Ihren Zielen, Werten und Kunden passt. Ihre Innovation sollte einen klaren Mehrwert bieten, sei es eine Kostenersparnis, eine Leistungssteigerung oder eine bequemere, einfachere oder bessere Lösung für Ihre Kunden.

Betrachten wir die vier Quadranten von Innovationsarten von vorhin nochmals (radikal, architektonisch, disruptiv oder routinemäßig): Experten betonen oft radikale oder disruptive Innovationen als Wachstumstreiber. Ich hingegen setze auf eine ausgewogene Mischung und sehe insbesondere in routinemäßigen Innovationen das Potenzial. Doch welche Strategie wirklich am besten zu Ihrem Unternehmen passt, ist eine unternehmensspezifische Entscheidung, die abhängig von Kundenbedürfnissen, Technologieentwicklung, Wettbewerb und mehr ist.

Die Kernfrage, die jede Innovationsstrategie beantworten muss, lautet: Wie können wir echten Mehrwert für unsere Kunden und unser Unternehmen schaffen? Sobald Sie darauf die Antwort gefunden haben, wissen Sie auch, welche Art von Innovationsstrategie am besten zu Ihnen passt. Kulturelle Veränderungen sind in Unternehmen alles andere als einfach. Wenn ein Unternehmen ernsthaft in die Welt der Innovation eintauchen möchte, braucht es neue Regeln. Es ist, als ob ein neuer Vertrag geschlossen wird. Der alte Vertrag verliert seine Gültigkeit, und das kann auf Widerstand stoßen, besonders von jenen, die sich unter den alten Regeln wohlgefühlt und Erfolg gehabt haben. Eine innovative Kultur fordert scheinbar paradoxes Verhalten und führt manchmal zu Verwirrung. Wenn ein Projekt scheitert, sollen wir es dann feiern oder die Verantwortlichen zur Rechenschaft ziehen? Es gibt keine eindeutige Antwort, denn alles hängt von den Umständen ab: War das

Scheitern vermeidbar? Gab es Probleme, die bereits bekannt waren und anders hätten angegangen werden können? Es ist entscheidend, solche Fragen offen zu diskutieren, denn fehlende Klarheit kann zu Verwirrung und Widerstand führen. Zudem sind nicht alle Verhaltensweisen, die für eine innovative Kultur erforderlich sind, nahtlos auf ein bestehendes System übertragbar. Jemand, der Innovation als universelles Konzept betrachtet, könnte die Einführung von Regeln als Kreativitätskiller empfinden. Und Menschen, die sich bisher hinter der Anonymität verstecken konnten, werden sich ungern plötzlich in die Verantwortung ziehen lassen. Die Anpassung an neue Regeln erfolgt nicht für alle gleich leicht.

Darüber hinaus erfordert jede Kulturveränderung Zeit und sollte schrittweise erfolgen. In einer Innovationskultur ergänzen sich Verhaltensweisen und das gesamte System verändert sich. Zum Beispiel erfordert die Toleranz gegenüber Misserfolgen Menschen, die Unsicherheiten bewältigen können. Misserfolge sollten nicht einfach gefeiert werden, sondern es muss analysiert werden: War der Fehler produktiv oder kontraproduktiv? Produktive Fehler liefern wertvolle Erkenntnisse, während schlecht entwickelte Produkte nach großem Aufwand einfach schlecht sind.

Der Aufbau einer innovativen Kultur erfordert spezielle Maßnahmen. Führungskräfte müssen sich bewusst sein, dass eine innovative Kultur herausfordernd ist und nicht nur aus Spielereien besteht. Die Aussicht auf Freiheit und Zusammenarbeit wird viele begeistern, aber sie müssen auch die damit verbundene Verantwortung erkennen. Es gibt keine Abkürzungen oder vorgefertigten Pläne für den Aufbau einer Innovationskultur. Eine Innovationsabteilung zu gründen, ohne die Organisation umfassend zu ändern, führt nur zur Übertragung der alten Kultur auf die neue. Innovative Kulturen benötigen starke Führung, um die Balance zu halten. Eine falsch verstandene Toleranz gegenüber Misserfolgen kann zu Nachlässigkeit führen, während zu viel Druck Risikoscheu erzeugen kann. Beide Extreme sind unproduktiv. Innovation erfordert ein geschicktes Ausbalancieren der Kräfte, eine Herausforderung, der sich Führungskräfte bewusst stellen müssen. Der Schlüssel liegt in der Schaffung psychologischer Sicherheit.

Erste Schritte zur psychologischen Sicherheit am Arbeitsplatz

Der Aufbau einer Kultur psychologischer Sicherheit ist eine Reise – und kein Ziel. Es ist auch kein Prozess, der einfach über Nacht entsteht. Sie können den Prozess aber mit ein paar wichtigen Schritten in Gang setzen und am Laufen halten. Dabei ist es von größter Bedeutung, dass die Führungsebene diese Kultur aktiv vorlebt. Es reicht nicht aus, nur wohlklingende Worte zu verwenden: Es ist entscheidend, mit gutem Beispiel voranzugehen.

Beginnen Sie mit der gemeinsamen Definition und Betonung der psychologischen Sicherheit, und überlegen Sie gemeinsam, warum sie für das Unternehmen von solcher Bedeutung ist und wie Sie sofort damit beginnen können, Ihre Teams auf eine neue und offene Art und Weise zu führen. Es erfordert sowohl proaktives Handeln als auch die Fähigkeit, auf Mitarbeitervorschläge positiv zu reagieren, selbst wenn sie nicht unbedingt das widerspiegeln, was Sie hören möchten. Mit positiver Reaktion meinen wir hier nicht nur Jubel, sondern die Anerkennung des Muts, Bedenken zu äußern oder Fragen zu stellen.

Menschen überwachen ständig ihre Umgebung und heften sich besonders an Negatives. Wenn Sie negative Konsequenzen ansprechen, sollten Sie vorsichtig sein. Ihre Reaktion als Führungskraft trägt erhebliches Gewicht. Achten Sie auf Ihre eigene Körpersprache und Ihr Verhalten, und vermitteln Sie Offenheit und Dankbarkeit, auch angesichts von Herausforderungen. Wenn Sie einen Fehler machen (und das tun wir alle), entschuldigen Sie sich aufrichtig und zeitnah.

Begrüßen Sie die Neugier

Neugier ist der Funke, der neue Ideen entfacht. Indem Führungskräfte ihre Mitarbeiter aktiv ermutigen, Fragen zu stellen und alte Denkweisen zu hinterfragen, fördern sie innovative Lösungen. Neugier erfordert auch eine bestimmte Art der Interaktion. Wir können Fehler bemängeln und uns beschweren, oder wir können sie als Ausgangspunkt für Diskussionen darüber nutzen, warum etwas passiert ist und wie wir gemeinsam Lösungen finden können.

Gesunde Konflikte fördern

Konflikte sind in jedem Unternehmen unvermeidlich, da Menschen miteinander interagieren. Es ist unmöglich und ungesund, sie zu vermeiden. Die Frage ist, wie Sie auf Konflikte reagieren. Die Förderung und konstruktive Lösung von gesunden Konflikten erfordert effektive Kommunikation, die sich auf Themen und nicht auf Personen konzentriert, sowie das Streben nach Verständnis anstelle von Einigung.

Transparenz auf allen Ebenen praktizieren

Jeder im Unternehmen ist gefordert, transparent zu agieren. Das bedeutet, dass Fehler eingestanden werden und offen um ehrliches Feedback gebeten wird. Wenn sich zum Beispiel zeigt, dass eine Entscheidung schlecht war, sollte derjenige, der die Entscheidung getroffen hat, sich auch sicher fühlen, diesen Fehler einzugestehen und die Erkenntnisse daraus weiterzugeben, anstatt sie unter den Teppich zu kehren. Ehrlichkeit ist ansteckend. Wenn offen darüber gesprochen wird, führt das zu Respekt und zu einer offenen Diskussion darüber, was das nächste Mal vielleicht anders gemacht werden kann. Ein weiteres wesentliches Element von Transparenz ist der Zugang zu Wissen: Sei es zu Wissen, wo man die Information über einen Kunden herausfindet oder wer im Unternehmen wer ist. Je transparenter und offener Information zugänglich ist, desto besser werden die Beziehungen innerhalb des Unternehmens.

Die Verschmelzung von Beruflichem und Persönlichem akzeptieren

Mit dem Übergang zur Arbeit von zu Hause aus sind die Grenzen zwischen Arbeit und Leben verschwommen. Teams auf der ganzen Welt begannen, über persönliche Herausforderungen zu sprechen, die zuvor als tabu oder als unangenehm galten, wie Kinderbetreuung, psychische Gesundheit und die täglichen Herausforderungen der Arbeit von zu Hause aus.

Diese Gespräche sind noch immer unglaublich wichtig und müssen fortgesetzt werden, denn sie sind ein wesentlicher Bestandteil unseres täglichen Lebens. Sie ermöglichen auch Einblicke in die Lebenswelt der Mitarbeiter und können auf diese Weise die Arbeitsstruktur verbessern.

Vergessen Sie nicht die regelmäßige Überprüfung Ihres Ansatzes
Der Aufbau psychologischer Sicherheit ist eine kontinuierliche Reise. Um sicherzustellen, dass Ihre Bemühungen Früchte tragen, sollten Sie Ihre Mitarbeiter regelmäßig nach ihrer Meinung fragen und Feedback einholen. Geben Sie ihnen die Möglichkeit, offen zu antworten, und nehmen Sie deren Rückmeldungen ernst.

Stellen Sie regelmäßig Fragen wie:

- Haben Sie das Gefühl, dass Ihre Ideen gehört werden?
- Fühlen Sie sich unwohl, jemand anderen aus dem Unternehmen um Hilfe zu bitten?
- Haben Sie das Gefühl, dass Ihr Team Ihnen wirklich zuhört, wenn Sie Ihre Gedanken äußern?
- Haben Sie eine Idee oder ein Anliegen zurückgehalten, aus Angst, abgewiesen oder nicht ernst genommen zu werden?

Nehmen Sie die Erkenntnisse aus diesen Antworten vor allem ernst: Wenn 70 Prozent im Unternehmen der Meinung sind, dass sie sich sicher fühlen, müssen Sie trotzdem eine Änderung ansteuern, um auch die anderen 30 Prozent zu erreichen.

Vergessen Sie auch nicht, den Mitarbeitern für ihre Teilnahme an dieser Umfrage zu danken, und sagen Sie ihnen, dass Sie ihr Feedback ernst nehmen. Teilen Sie dann den Aktionsplan mit und bitten Sie sie, dabei mitzuarbeiten, um neue und kreative Wege zur Behebung des Problems zu finden.

In Zeiten akuter Unsicherheit ist es eine sehr schlechte Idee, so weiterzumachen wie bisher. Stattdessen sind Kreativität, Experimentierfreudigkeit, Lernen und Flexibilität gefragt, aber diese können sich für die Mitarbeiter riskanter denn je anfühlen. Führungskräfte sind auf den Beitrag der Ideen, Perspektiven, Talente und Erkenntnisse ihrer Mitarbeiter angewiesen. Kurz gesagt: Sie sind auf psychologische Sicherheit angewiesen, wenn sie die volle Leistungsfähigkeit ihrer Mitarbeiter für die Bewältigung der bevorstehenden Herausforderungen nutzen wollen.

Echte Innovation statt Innovationstheater

Unser Buchverlag hatte verstanden, dass er in einer digitalen Ära zunehmend mit Herausforderungen konfrontiert sein wird. Die Führungsebene hatte erkannt, dass Innovation der Schlüssel zur Zukunft sein musste. Doch statt eine echte Transformation zu initiieren, entschied sich der Verlag zunächst für den Weg des »Innovationstheaters«. Und das sah so aus: Der Verlag ließ Pauken und Trompeten erklingen, als er teure Innovationstrainings und Workshops für seine Mitarbeiter organisierte. Diese Veranstaltungen waren ein Spektakel für sich, bei denen Mitarbeiter in kreativen Übungen Ideen in Hülle und Fülle produzierten. Die Räume strahlten vor Kreativität, und die Ideen sprudelten nur so. Zusätzlich zu den Workshops schrieb der Verlag interne Innovationswettbewerbe aus. Die Mitarbeiter wurden ermutigt, innovative Ideen einzureichen, und es gab verlockende Preise für die vielversprechendsten Vorschläge. Die Gewinner wurden gefeiert, und ihre Ideen erhielten Lob und Anerkennung. Die Führungsebene des Verlags sprach öffentlich über die Bedeutung von Innovation und betonte immer wieder, dass Innovation das Gebot der Stunde sei. In leidenschaftlichen Reden wurden große Visionen und ehrgeizige Ziele für die Zukunft skizziert.

Doch trotz des glänzenden Scheins des Innovationstheaters wurde bald klar, dass es sich um eine Illusion handelte. Die Workshops blieben isolierte Events, bei denen die Ideen nach ihrem kurzen Auftritt im Rampenlicht sang- und klanglos verschwanden. Es fehlte an einer nachhaltigen Umsetzung. Die Innovationswettbewerbe erzeugten zwar kurzfristige Begeisterung, aber die prämierten Ideen wurden nie in die Tat umgesetzt. Die Unterstützung und die Ressourcen, die für die Verwirklichung dieser Ideen nötig waren, fehlten. Die großen Worte der Führungsebene erwiesen sich als hohle Phrasen. Es wurde viel über Innovation gesprochen, aber es fehlten konkrete Schritte und Maßnahmen zur Förderung von Innovation. Die Kluft zwischen den visionären Reden und der Realität wurde immer offensichtlicher.

Die Mitarbeiter des Verlags begannen, das Innovationstheater zu durchschauen. Sie erkannten, dass echte Innovation mehr als nur Showmanship erfordert. Die Frustration in der Belegschaft wuchs, da sie sich nicht ernsthaft ermutigt fühlte, innovative Ideen einzubringen. Schließlich wurde klar, dass der Verlag dringend einen echten Wandel brauchte. Es war an der Zeit, das Innovationstheater zu beenden und sich auf eine nachhaltige Innovationsstrategie zu konzentrieren. Die Führungsebene musste die Mitarbeiter ermutigen, echte Veränderungen voranzutreiben, und ihnen die Unterstützung und Ressourcen bieten, die sie dafür benötigten.

Der Verlag hat den ersten Schritt gesetzt, indem er erkannte, dass das Innovationstheater nur eine Illusion war. Nun befindet er sich in der Phase der strategischen Neuausrichtung. Die vier Quadranten der Innovation werden untersucht, um herauszufinden, welcher Ansatz am besten zu den Zielen des Verlags passt. Die Implementierung dieser Strategie wird Zeit in Anspruch nehmen, aber der Verlag ist entschlossen, den Weg zur echten Innovation zu beschreiten. Die Mitarbeiter werden ermutigt, Ideen einzubringen, und es werden Mechanismen geschaffen, um sicherzustellen, dass diese Ideen Gehör finden und umgesetzt werden.

Die Zukunft bleibt ungewiss, aber der Verlag hat die Botschaft verstanden: Echte Innovation erfordert mehr als nur Theater – sie erfordert Engagement, Ausdauer und die Bereitschaft zur Veränderung. Und so geht die Reise weiter, auf der Suche nach neuen Wegen in einer sich ständig wandelnden Welt. Der Weg zur vollständigen Transformation wird sicherlich Herausforderungen mit sich bringen, aber die Erfahrungen aus dem Prozess des Umdenkens und der strategischen Planung zeigen, dass der Verlag auf dem richtigen Weg ist, um in einer sich ständig verändernden Verlagslandschaft relevant und wettbewerbsfähig zu bleiben. Wir werden weiterhin die Entwicklungen in diesem spannenden Transformationsprozess beobachten und sind gespannt darauf, welche innovativen Wege der Verlag in Zukunft einschlagen wird.

Ausrede Nr. 6: Wir müssen uns auf unsere internen Ziele konzentrieren, um erfolgreich zu sein

Wie Sie Ihren Erfolg bei der Kundenzentrierung messen und warum das wichtig für die Motivation der Mitarbeiter ist

»Culture eats strategy for breakfast.«

– Peter Drucker

Viele von uns finden Sinn in ihrer Arbeit. Etliche Untersuchungen weisen sogar nach, dass Sinnhaftigkeit für uns wichtiger ist als jeder andere Aspekt unserer Arbeit – sogar wichtiger als die Bezahlung, Aufstiegsmöglichkeiten oder die Arbeitsbedingungen. Wenn wir unsere Arbeit als sinnvoll empfinden, sind wir engagierter, motivierter und zufriedener. Auch ein prall gefüllter Geldbeutel vermag auf Dauer nicht zu trösten, wenn uns die Arbeit leer und bedeutungslos erscheint. Früher oder später landen wir entweder auf dem Krankenbett oder reichen die Kündigung ein.

Erstaunlich ist, dass viele Unternehmen diese Erkenntnis entweder belächeln oder schlichtweg ignorieren. So erging es auch einem unserer früheren Kunden. Schon beim ersten Betreten des Firmensitzes wurde deutlich, wie sehr das Unternehmen auf Erfolg fokussiert war. Eine Mitarbeiterin führte uns durch einen beeindruckenden Eingangsbereich. Nachdem wir die Sicherheitskontrolle passiert hatten, landeten wir in einer geschäftigen Empfangshalle. Ein riesiges Gemälde des Gründers lächelte uns von der Wand herab an, als würde er mit wachsamen Augen unser Tun verfolgen. Unsere Schritte hallten auf dem glänzenden Marmorboden wider, während in den Büros emsiges Treiben herrschte. Obwohl uns jeder, dem wir begegneten, freundlich begrüßte, lastete doch eine spürbare Anspannung und düstere Atmosphäre in der Luft.

Dieser Eindruck bestätigte unsere ersten Gefühle nach unserer Kontaktaufnahme mit dem Unternehmen. Die Mitarbeiter waren unbestreitbar hochmotiviert und leistungsorientiert. Bei unseren vorherigen Gesprächen am Telefon erfuhren wir, dass das Unternehmen bereits mehrere Anläufe unternommen hatte, den Design-Thinking-Ansatz in Projekte zu integrieren, jedoch mit eher enttäuschenden Resultaten. Neue Ideen für Produkte und Dienstleistungen waren entstanden, doch sie passten nicht in das Gesamtbild der Unternehmensziele und -vision, weshalb sie rasch wieder verworfen wurden. Nun hatte die neue Unternehmensführung den Kurs geändert und setzte auf frischen Wind, um die eingefahrenen Strukturen aufzubrechen und neue Horizonte zu erkunden.

Sandwichmanager

Dieses weitverbreitete Phänomen haben wir bereits in zahllosen Organisationen unterschiedlicher Couleur beobachtet: Ein Unternehmen erstrahlt auf den ersten beiden Ebenen in hellem Glanz, doch auf der dritten Ebene treten schwerwiegende Herausforderungen zutage. Die besagten Ebenen, um die es hier geht, sind in Abbildung 9 zu sehen.

Die Erfolgsgeschichte solcher Unternehmen basiert auf mehreren Pfeilern: Erstens zeichnen sie sich durch einen effizienten Betriebsablauf aus, der auf langjähriger Erfahrung im Kerngeschäft und der Nutzung von Skaleneffekten beruht. Ob es sich um eine Bank handelt, die Einlagen und Kredite perfekt beherrscht, einen Lebensmittelhändler, der Einkauf und Logistik optimiert hat, oder ein Logistikunternehmen mit einem effizienten Fuhrpark und hoher Flexibilität – sie alle profitieren von diesen Stärken. Diese Unternehmen sind aber auch deswegen erfolgreich, weil das Topmanagement in den letzten Jahren überwiegend sehr gute und nur selten schlechte Entscheidungen getroffen hat. Solange die Balan-

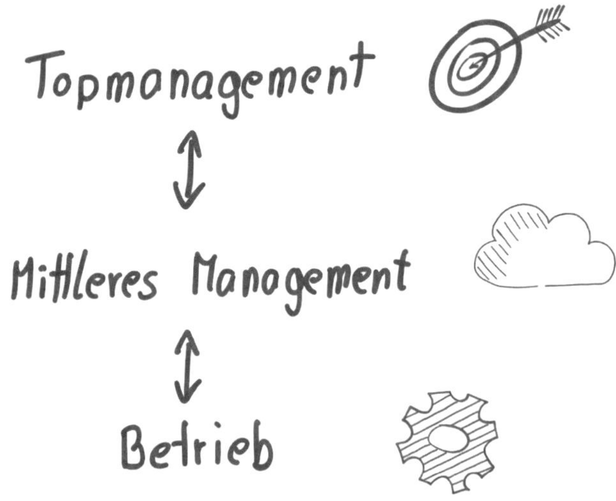

Abbildung 9: Sandwichmanager

ce in Richtung der guten Entscheidungen geht, ist alles im grünen Bereich. Wenn aus den schlechten Entscheidungen hinreichend gelernt wurde, sind sie sogar im leuchtend grünen Bereich.

Doch gerade hier offenbart sich eine Herausforderung, die in vielen Unternehmen auf mittlerer Managementebene, oft auch als Sandwichposition bezeichnet, bekannt ist. Das mittlere Management steht täglich vor einem komplexen Machtgefüge, da Macht in der dynamischen Welt zwischenmenschlicher Beziehungen aktiviert und erlebt wird. Im Umgang mit Vorgesetzten tendieren wir dazu, einen respektvollen und weniger einflussreichen Verhaltensstil anzunehmen, während wir gegenüber Untergebenen einen selbstbewussten und machtvollen Ansatz verfolgen. Das Nicht-Erfüllen dieser erwarteten Rollen führt rasch zu sozialen Konflikten und Verwirrung. Daher haben Menschen ein natürliches Talent, die von ihnen erwarteten Rollen zu erlernen und zu spielen.

Von Sandwichführungskräften wird jedoch erwartet, dass sie zwischen Interaktionen sehr unterschiedliche Rollen einnehmen und zwischen Machtverhältnissen mit hoher und niedriger Ausprägung wechseln. Dieser Druck ist enorm: Sie erhalten strategische Ziele von ihren Vorgesetzten und müssen diese dann mit ihren Teams umsetzen. Das bringt sie oft in einen Konflikt zwischen verschiedenen Erwartungen und Ansprüchen und führt zwangsläufig zu unangenehmen und gelegentlich widersprüchlichen Anforderungen. Es erfordert eine erhebliche psychologische Anpassungsfähigkeit, von einer Aufgabe mit einer speziellen Denkweise zu einer anderen mit völlig unterschiedlicher Denkweise zu wechseln. Diese widersprüchlichen Rollen erzeugen nicht nur emotionale Belastungen, sondern spiegeln auch die Spannung zwischen unvereinbaren sozialen Erwartungen wider. Zusätzlich können die körperlichen Belastungen, die mit diesen Konflikten einhergehen, das Risiko für eine Vielzahl gesundheitlicher Probleme erhöhen – von Bluthochdruck bis hin zu Herzerkrankungen. Sie beeinträchtigen auch die kognitive Leistungsfähigkeit und die Fähigkeit, sich auf eine Aufgabe zu konzentrieren, ohne abgelenkt zu werden. Kurz gesagt, die Aufgabe des mittleren Managements birgt eine Vielzahl von Herausforderungen, die oft übersehen werden. Besonders in unseren Design-Thinking-Projekten, die häufig tiefgreifende Veränderungen in der Organisation bewirken, spielt das mittlere Management eine zentrale Rolle bei der Umsetzung dieser Veränderungen.

Aber zurück zu unserer Fallstudie. Das Unternehmen, das uns mit seinen imposanten Räumen und Gebaren beeindruckt (und eingeschüchtert) hat, war übrigens eine Versicherung, die regional und länderübergreifend als Allspartenversicherer tätig ist. Das Unternehmen bietet also eine breite Palette von Versicherungsprodukten in verschiedenen Segmenten an, wie zum Beispiel Lebens-, Kranken-, Sach- und Haftpflichtversicherungen.

Wir wurden von der Bereichsleiterin für Vertrieb und Marketing beauftragt, ein aktuelles Problem zu lösen, das zwei ihrer Vorgesetzten im Topmanagement besonders stört: Über viele Jahre hinweg konnte das Unternehmen mit Stolz auf eine stabile und treue Kundenbasis blicken. Doch in den vergangenen zwei Jahren hat sich dieses Bild drastisch verändert: Es verließen immer mehr langjährige Kunden das Unternehmen, und der einstige Vorsprung, den es gegenüber der Konkurrenz aufgebaut hatte, schmolz unaufhaltsam dahin. Unsere Mission bestand darin, die Gründe für diesen Kundenschwund zu ergründen und bestenfalls Maßnahmen zu ergreifen, um ihn zu stoppen. Ein zusätzliches Problem ergab sich: Während der neue Geschäftsführer entschlossen war, mithilfe von Design Thinking frischen Wind in die ehrwürdigen Mauern zu bringen, hegte das Mitarbeiterkollektiv skeptische Gedanken hinsichtlich dieser Methode und ihrer potenziellen Auswirkungen auf sein täglichen Arbeitsalltag.

Entsprechend der Design-Thinking-Philosophie haben wir ein interdisziplinäres Team zusammengestellt, bestehend aus Vertretern aus den Vertriebsregionen, dem Marketing, dem Kundenservice, aber auch aus dem Aktuariat und der Leistungsabwicklung. Gemeinsam haben wir in mehreren Workshops die Stakeholder zusammengebracht.

Interdisziplinäre Teams

Wenn wir mit Führungskräften über die Zusammenstellung ihres Design-Thinking-Teams sprechen, kommt immer dieselbe Frage »Wer soll im Team sein?« Um dieser Frage auf den Grund zu gehen, haben wir uns intensiv mit zwei Arten von Teams auseinandergesetzt, die uns im Laufe der Zeit immer wieder begegnet sind: jene, die erfolgreich herausragende Lösungen entwickeln, und jene, die Schwierigkeiten haben, Lösungen zu erarbeiten und sie dann umzusetzen. Dabei sind uns folgende Muster aufgefallen.

Interdisziplinäres Denken

Ein entscheidender Unterschied zwischen den weniger erfolgreichen und den erfolgreichen Teams besteht darin, wie sie ihr Team definieren. Die Mitglieder weniger erfolgreicher Teams beschränken sich oft auf Kollegen aus ihrer unmittelbaren Arbeitsumgebung – Personen, mit denen sie bereits eng zusammenarbeiten. In diesen Teams finden sich häufig die gleichen Gesichter, die in derselben Abteilung arbeiten oder einen ähnlichen Hintergrund haben. Erfolgreiche Teams hingegen gehen über die Grenzen ihres gewohnten Umfelds hinaus. Sie suchen nach Experten, die normalerweise nicht direkt mit ihrer Arbeit verbunden sind – Entwickler, Produktmanager, Vertriebsmitarbeiter und Führungskräfte. Ihr Ziel dabei ist es, eine Vielfalt an Perspektiven einzubeziehen und frische Ideen aus verschiedenen Bereichen zu integrieren.

Anders ausgedrückt: Während weniger erfolgreiche Teams in ihrem gewohnten Kreis verweilen, erweitern erfolgreiche Teams ihren Horizont und nehmen alle ins Boot, die Einfluss auf die Lösung und die Benutzererfahrung haben.

So hat das Team aus unserer Fallstudie zum Beispiel einen Anwalt hinzugefügt. Dieser Anwalt war integraler Bestandteil des Teams, nahm an Meetings und Workshops teil und war bei Gesprächen anwesend. Als es darum ging, rechtliche Aspekte in den Entwurf zu integrieren, verstand der Anwalt bereits die zugrunde liegenden Prinzipien und Ziele und konnte die rechtlichen Anforderungen in dieser Perspektive formulieren. Das Team strebte danach, die Sichtweise des Anwalts zu verstehen und gemeinsam an einer Lösung zu arbeiten, die die Unternehmensinteressen schützte.

Das erweiterte Team

In vielen Unternehmen, die wir begleiten, gibt es oft eine einzige Person, die für Innovation und Design Thinking verantwortlich ist. Wir gingen davon aus, dass diese Einzelkämpfer eine andere Herangehensweise an die Teamarbeit verfolgen würden als größere Gruppen. Überraschenderweise stellten wir fest, dass die erfolgreichen Einzelkämpfer immer ein größeres Team zur Unterstützung heranzogen und niemals allein agierten. Diese Personen erkannten rasch, dass sie allein nicht die Vielfalt an Perspektiven bieten konnten, die für erstklassige Lösungen erforderlich sind. Um fundierte Entscheidungen zu treffen, benötigten sie einfach die Expertise und den Input anderer.

Schwerpunkt auf Fähigkeiten und Kompetenzen

Wenn wir einen Projektleiter baten, der Schwierigkeiten hatte, innovative Lösungen zu entwickeln, sein Team zu beschreiben, erhielten wir oft Antworten wie: »Mein Team besteht aus zwei Mitarbeitern aus dem Marketing, einem aus dem HR-Bereich und einem IT-Spezialisten.« Diese Antworten konzentrierten sich fast ausschließlich auf die Rollen der Teammitglieder. Im Gegensatz dazu vermieden erfolgreiche Projektleiter es, ihre Teams durch Rollen zu definieren, sondern sprachen stattdessen über die Fähigkeiten und Kompetenzen, die das gesamte Team repräsentierte. Sie sagten beispielsweise: »In unserem Team kümmert sich jemand um die externe Kommunikation mit Kunden, ein anderer ist für das Personalmanagement verantwortlich, und ein Dritter beherrscht die IT-Sprache perfekt und entwickelt Lösungen.« Dieser subtile, aber entscheidende Unterschied ermöglichte es den Teams, flexibler zu agieren.

Darüber hinaus bemerkten wir Unterschiede in der Herangehensweise an Schulungen und die Verbesserung von Fähigkeiten. Teams, die nicht auf Rollen fixiert waren, nutzten verschiedene Methoden, um die Fähigkeiten im gesamten Team zu stärken. Sie suchten nach Möglichkeiten, wie einzelne Teammitglieder die notwendigen Fähigkeiten entwickeln konnten, sei es durch Online-Schulungen, Konferenzen oder Schulungen. Diese Teams pflegten eine Kultur des lebenslangen Lernens, die durch einfache, kostengünstige Mittel wie gemeinsame Mittagessen, Diskussionsgruppen oder Webinare gefördert wurde. Auf diese Weise entstand ein gemeinsames Verständnis dafür, was in diesem Projekt erwartet wurde und wie jeder seinen Beitrag leisten konnte.

Der Ort macht den Unterschied

Eine zentrale Erkenntnis unserer eigenen Forschung war, dass nahezu jedes erfolgreiche Team am selben physischen Standort arbeitete. Während es viele Beispiele für verteilte Teams unter den weniger erfolgreichen Teams gab, fanden wir kaum ein Beispiel unter den erfolgreichen Teams, bei denen die Teammitglieder nicht räumlich zusammenarbeiteten. Die Arbeit mit Remote-Teams brachte zusätzliche Komplexitäten in den Prozess ein, die Teams vor Ort nicht hatten. Die physische Nähe ermöglicht eine effizientere Kommunikation und erleichtert die Durchführung produktiver Gespräche. Es ist einfach, Ideen auszutauschen, Notizen an die Wand zu kleben, verschiedene Ansichten und Perspektiven zu teilen, wenn man nur wenige Meter voneinander entfernt ist. Das Gleiche über zeitversetzte elektronische Kanäle zu erreichen, ist schwierig, wenn nicht unmöglich. Die Entwicklung erstklassiger Lösungen und innovativer Ideen ist bereits eine anspruchsvolle Aufgabe. Die zusätzlichen Komplikationen, die mit der Arbeit in Remote-Teams einhergehen, machen dies noch schwieriger. Mentoring, interdisziplinäres Training und andere Aspekte, die zum Wachstum erfolgreicher Teams beitragen, gestalten sich in Remote-Teams ebenfalls wesentlich komplexer. Hybride Teams, bei denen einige Mitglieder vor Ort arbeiten und andere remote tätig sind, erfordern besondere Aufmerksamkeit. Diskussionen und Aktivitäten, an denen die Remote-Teammitglieder nicht teilnehmen können, führen oft zu einer weiteren Entfremdung zwischen den Teammitgliedern.

☞ Wir raten stets dazu, Ihr Team bewusst zu erweitern und über die Grenzen Ihres Kernteams hinauszublicken, wenn Sie innovative Lösungen entwickeln möchten. Wer sonst könnte Einfluss auf Ihr Projekt haben? Nutzen Sie diese Gelegenheit und schaffen Sie eine Kultur des lebenslangen Lernens, in der jeder seine Fähigkeiten erweitert. Legen Sie Wert auf effektive Kommunikation im Team und mit den Benutzern. All dies mag offensichtlich erscheinen, dennoch sind wir immer wieder überrascht, wie viele Teams, trotz ihres besseren Wissens, diese bewährten Praktiken nicht anwenden.

In unserem Untersuchungsprozess haben wir umfassende Kundenbefragungen durchgeführt und wichtige Erkenntnisse im Team ausgetauscht, die schließlich zu einer unerwarteten Enthüllung führten: Eine überwältigende Mehrheit der abgewanderten Kunden fühlte sich von den jüngsten Vertriebskampagnen der Versicherung belästigt. Viele dieser befragten Kunden waren über Jahrzehnte hinweg treu bei dieser Versicherungsgesellschaft, haben Versicherungen für ihre Kinder und sogar Enkelkinder abgeschlossen. Doch dann zogen sie die Notbremse, da sie das Gefühl hatten, dass das Unternehmen sie nicht mehr ansprach oder verstand.

Lassen Sie mich Ihnen ein Beispiel geben: Nehmen wir Kurt, inzwischen im stolzen Alter von 68 Jahren, Vater und Großvater. Kurt hatte vor über 40 Jahren seine erste Police bei dieser Versicherung abgeschlossen. Über die Jahre hinweg hatte er eigenhändig Versicherungen für die gesamte Großfamilie ausgewählt und lediglich für Details oder den eigentlichen Vertragsabschluss einen Vertriebsmitarbeiter der Versicherung konsultiert. Doch vor etwa zwei Jahren wurde ihm ein neuer Versicherungsberater zugeteilt, der von da an regelmäßig Kontakt zu ihm aufnahm. Anfangs freute sich Kurt über die gesteigerte Aufmerksamkeit, doch nach und nach hatte er den Eindruck, dass der neue Berater ihm unnötige Policen aufschwatzen wollte, die seine Familie gar nicht benötigte. Der Höhepunkt seiner Empörung kam, als dieser Berater persönlich vorbeikam und versuchte, Kurt durch Schauergeschichten von unzureichend versicherten Menschen in Angst zu versetzen, die aufgrund von Unterversicherung ihr gesamtes Hab und Gut verloren hatten. Jedenfalls hatte Kurt nach diesem Vorfall genug. Die Konsequenz war, dass er kurzerhand sämtliche Versicherungsverträge kündigte und zur Konkurrenz wechselte.

Leider waren Geschichten wie diese keine Seltenheit. Nahezu alle langjährigen Kunden, die dem Unternehmen den Rücken kehrten, hatten eine ähnliche Erfahrung zu teilen. Die Ursache? Das Problem des sogenannten Incentive-Superresponse.

Incentive-Superresponse-Tendenz

Wenn Vorstände in Unternehmen Belohnungen für das Erreichen von Zielen in Aussicht stellen, neigen die meisten Manager in der Regel dazu, mehr Energie darauf zu verwenden, diese Ziele zu erreichen, anstatt sich auf das Wachstum und den Erfolg des Unternehmens zu konzentrieren. Die Erklärung hierfür ist recht einfach: Wenn Anreize ins Spiel kommen, reagieren Menschen auf diese Anreize und richten ihre Handlungen nicht mehr zwangsläufig auf das übergeordnete Unternehmensziel aus. In den meisten Fällen erweisen sich Anreize als wirksamere Motivation als die Ausrichtung auf Werte oder Visionen.

Daher sollten Sie, wenn Versicherungsvertreter Ihnen bestimmte Produkte empfehlen, stets wachsam sein und zunächst herausfinden, ob ihr Interesse tatsächlich Ihrem persönlichen Wohlstand gilt oder ob möglicherweise Provisionen im Spiel sind, die bei Vertragsabschlüssen ausgeschüttet werden. Wirkungsvolle Anreize schaffen eine Verbindung zwischen Absicht und Belohnung. Im alten Rom etwa musste ein Ingenieur bei der Einweihung seiner selbst errichteten Brücke darunterstehen. Dies war für den Ingenieur selbst die stärkste Motivation, eine äußerst stabile Brücke zu bauen. Hingegen verfehlen schlechte Anreize nicht nur ihr Ziel, sondern führen mitunter dazu, dass Menschen unehrliche Methoden anwenden, ähnlich wie einige unserer Versicherungsmakler. Um diese Problematik zu umgehen, ist es ratsam, auf den gesunden Menschenverstand zurückzugreifen und über Werte und Visionen zu sprechen. Noch wirkungsvoller ist es jedoch, die individuellen Motivationen und Ziele der betroffenen Personen zu identifizieren und gezielt anzusprechen.

Ein Problem dabei ist jedoch, dass (insbesondere monetäre) Anreize oft die natürliche Motivation verdrängen können. In einer Studie wurde beispielsweise die schweizerische Bevölkerung gefragt, ob sie dem Bau einer Mülldeponie in ihrer Nähe zustimmen würde. 50,8 Prozent antworteten zunächst positiv, aus verschiedenen Gründen wie Fairness und sozialen Beschäftigungsmöglichkeiten. Als die Forscher jedoch erneut nachfragten und jedem Bürger eine

Entschädigung von 5000 Franken anboten, sank die Unterstützung für die Mülldeponie auf 24,6 Prozent. Der Grund dafür war, dass der monetäre Anreiz als Bestechung aufgefasst wurde und dadurch das Bedürfnis und die Verpflichtung der Bürger, sich für das Gemeinwohl einzusetzen, beeinträchtigte. Immer wenn Menschen aus nicht monetären Gründen handeln, können diese Gründe durch Bezahlung verdrängt werden. Anders ausgedrückt: Die finanzielle Motivation übertrumpft oft die intrinsische Motivation.

Anreize beschränken naturgemäß unseren Fokus, was in klaren Situationen vorteilhaft ist. Doch wenn der Weg unklar ist, können Anreize und ein eng gefasster Fokus unsere Kreativität hemmen und die Fähigkeit zum freien Denken einschränken. Selbst gesetzte Ziele sind in der Regel förderlich, während von anderen auferlegte Ziele problematisch sein können. Wie alle äußeren Anreize neigen sie dazu, unseren Blickwinkel zu begrenzen. Der Preis dafür ist hoch: Das umfassende Denken, das für die Entwicklung innovativer Lösungen erforderlich ist, wird eingeschränkt, und verschiedene Verhaltensweisen werden reduziert. Durch das Anbieten einer Belohnung signalisiert derjenige, der sie anbietet, wie beispielsweise ein Arbeitgeber, dass die Aufgabe an sich unattraktiv ist. Dieses anfängliche Signal und die darauffolgende Belohnung zwingen die Mitarbeiter auf einen Pfad, den sie nur schwerlich verlassen können.

Was hat das alles mit unserer Versicherung zu tun, fragen Sie sich? Nun, unser Unternehmen ist einem verhängnisvollen Trend erlegen, einer Incentive-Superresponse-Tendenz, die alles verändert hat. Unsere Befragungen und Forschungen haben ein auffälliges Muster enthüllt: Langjährige Kunden, die einst treu waren, brachen plötzlich ihre Bindungen ab, kündigten Verträge oder wollten einfach keine neuen Versicherungen mehr abschließen. Der Wandel begann schleichend, fast unmerklich, und blieb deshalb lange Zeit unbemerkt. Erst als die Zahlen im Segment der treuen Kunden bedrohlich sanken, schrillten bei der Organisation die Alarmglocken. Gemeinsam mit erfahrenen Mitarbeitern begannen wir, die Ursachen für dieses Verhalten zu ergründen. Letztendlich gelang es uns, ein beunruhigendes Muster zu entschlüsseln. Vor etwas mehr als drei Jahren führte die Vertriebsabteilung ein neues Anreizprogramm ein. Das Unternehmen war stets stolz auf seine loyale Kundenbasis, die maßgeblich zum Erfolg beigetragen hatte. Genau hier setzte das Programm an: Es zielte darauf ab, die Loyalität der Kunden zu stärken und die Kundenbeziehungen zu vertiefen. Neue Verkaufsziele wurden definiert und mit strengen Leistungskennzahlen verknüpft. Vertriebsmitarbeiter wurden mit Extraboni belohnt, wenn sie folgende Ziele erreichten:

- Steigerung der Kundenbasis um fünf oder mehr Produkte,
- Verkauf zusätzlicher Produkte an Kunden mit fünf oder mehr Produkten.

Unsere Vertriebsmitarbeiter nahmen sich diese Ziele zu Herzen und begannen, zufriedenen Kunden unaufhörlich neue Produkte aufzuschwatzen, bis die Zufriedenheit schwand.

Im Fall von Kurt ging unser Vertriebsmitarbeiter sogar noch weiter und wandte fragwürdige Methoden an. Es gehört sicherlich zur Aufgabe eines guten Versicherungsmaklers, potenzielle Risiken aufzuzeigen – schließlich ist das der Sinn einer Versicherung. Leider neigen einige Makler dazu, über das Ziel hinauszuschießen. In diesem Fall erzählte man Geschichten von Kunden, die entweder gar nicht oder nicht ausreichend versichert waren und dadurch ihr gesamtes Vermögen verloren. Solche Horrorgeschichten können zwar kurzfristig beeindrucken und zu vermehrten Abschlüssen führen, doch langfristig schädigen sie die Kundenbeziehung. Genau das zeigte sich in unserem Unternehmen nach zwei bis drei Jahren.

Solche ehrgeizigen Ansätze ziehen oft unangenehme und unerwartete Konsequenzen nach sich. Die Geschichte unseres Unternehmens offenbart ein klassisches Beispiel für Goodharts Gesetz: Wenn ein Maß zur Zielgröße wird, verliert es seinen ursprünglichen Wert. Dieser Paradigmenwechsel führte dazu, dass die Qualität der Kundenbeziehung vernachlässigt wurde, während quantifizierbare Kennzahlen in den Vordergrund traten, und damit begannen die Probleme. Sehen wir uns genauer an, was Goodharts Gesetz eigentlich ist.

Wenn Kennzahlen zu Problemen werden – Goodharts Gesetz

Ich liebe es, kulinarische Überraschungen für meinen Mann zu zaubern. Um immer wieder neue Geschmackserlebnisse auszukosten, gönnen wir uns jede Woche eine Lieferung mit vielfältigen Rezepten und den passenden Zutaten. Doch leider schleicht sich ein ärgerliches Muster ein: Die Lieferung der Kochbox bleibt nicht selten aus (obwohl die App hartnäckig »zugestellt« anzeigt), oder es fehlen ausgerechnet die kniffligen, schwer zu beschaffenden Zutaten. Frustriert schrieb ich eine Zeit lang regelmäßig an den Kundensupport, doch jedes Mal stieg mein Unmut.

Erinnern Sie sich an Ihr letztes Ärgernis dieser Art? Vielleicht war es die Reinigung, die Ihr Hemd verschwinden ließ, oder Ihre Lieblingsgaststätte, die eine Bestellung vermasselte. Ganz gleich wo und wann es geschah, es hinterließ sicherlich einen bitteren Nachgeschmack. Wenn solche Pannen sich häufen, besteht leicht die Gefahr, dass Ihre Bindung zu diesem Unternehmen brüchig wird. Bei mir war es nicht anders: Irgendwann war die Geduld am Ende und das Abonnement gekündigt.

Manchmal sind solche Probleme schlicht menschlichem Versagen zuzuschreiben. Doch nicht selten steckt eine andere Facette dahinter – nämlich Kennzahlen oder Metriken. In vielen Service-Hotlines beispielsweise wird Ihnen die voraussichtliche Wartezeit mitgeteilt, zweifelsohne eine Kennzahl zur Messung der Mitarbeiterleistung. Im Falle von Lieferdiensten dürfte es eine Metrik geben, die die Kundenbindung oder die Anzahl der Beschwerden verfolgt. All diese Faktoren sind sogenannte Leistungsmetriken.

Stellen Sie sich vor, ein Unternehmen führt eine neue Leistungsmetrik ein. Oder nehmen Sie an, in einer Social-Media-App wird eine Metrik zur Messung des Nutzerengagements eingeführt. In den meisten Fällen kommt es dann leider zu einem unerwünschten Nebeneffekt: Die Qualität der Nutzererfahrung leidet. Hier wirkt Goodharts Gesetz. Der renommierte britische Ökonom Charles Goodhart brachte es 1975 auf den Punkt: »Wenn eine Maßnahme zum Ziel wird, ist sie keine gute Maßnahme mehr.«[1] Anders ausgedrückt: Wenn wir eine Metrik als Zielvorgabe verwenden, verändert sich das menschliche Verhalten so, dass die Metrik selbst zum primären Ziel und nicht mehr zur zuverlässigen Messgröße für die tatsächliche Leistung wird. Diese Kennzahlen verfälschen die Wirklichkeit, und im schlimmsten Fall können sie den sogenannten Hawthorne-Effekt auslösen. Der Hawthorne-Effekt wurde während einer mehr als achtjährigen Studie in einer Fabrik entdeckt.[2] In dieser Untersuchung wurden verschiedene Umweltbedingungen für die Arbeiter verändert (wie Beleuchtung, Sauberkeit und Arbeitsplatzanordnung), um deren Auswirkungen auf die Produktivität zu analysieren. Das Ergebnis der Studie war, dass die Produktivität der Arbeiter durch diese Umweltveränderungen stieg. Doch später stellte sich heraus, dass allein die Tatsache, dass die Arbeiter beobachtet wurden, den Anstieg in der Produktivität verursachte.

Ein weiteres Beispiel aus unserer Unternehmensberatung illustriert diesen Effekt: Ein Callcenter-Manager führte eine neue Regel ein, um den Umsatz zu steigern. Die Mitarbeiter wurden fortan nach der Anzahl der getätigten Anrufe entlohnt. In kurzer Zeit verdoppelten die Mitarbeiter ihre Anrufe pro Tag, um die Ziele zu erreichen. Die Zahlen sahen gut aus, doch dann besuchte die Geschäftsführerin das Callcenter und erfuhr, dass die Mitarbeiter nun Anrufe schnell abwickelten, ohne sich zu verabschieden. Die neue Metrik hatte unbeabsichtigt dazu geführt, dass Geschwindigkeit wichtiger wurde als Höflichkeit.

Das ist Goodharts Gesetz. Wenn wir uns ein bestimmtes Ziel setzen, neigen wir dazu, dieses Ziel zu erreichen, unabhängig von den Konsequenzen. Wenn wir deswegen andere wichtige Aspekte einer Situation vernachlässigen, kann das ganz schnell zu gravierenden Problemen führen.

Wenn Ziele festgelegt werden, können sie nicht mehr als Mittel zur Messung von Erfolg verwendet werden, da die Mitarbeiter ihre Leistung und Prozesse einfach anpassen, um diese spezifischen Ziele zu erreichen. Häufig führt dieser obsessive Fokus auf das Erreichen bestimmter Ziele dazu, dass die Aufmerksamkeit und die Anstrengungen von wichtigeren Gesamtzielen, die im Kontext der Unternehmensstrategie liegen, abgelenkt werden:

- In der Kolonialzeit Indiens wollten die britischen Herrscher die Rattenpopulation dezimieren und boten Geld für jede tote Ratte. Goodharts Gesetz kam ins Spiel: Unternehmungslustige Inder begannen Ratten zu züchten, um sie dann zu töten und die Belohnung zu kassieren. Das war weitaus einfacher, als wilde Ratten zu jagen, führte jedoch zu einem Anstieg der Gesamtrattenpopulation.
- Bei Wells Fargo standen die Mitarbeiter unter enormem Druck, so viele neue Kunden wie möglich durch Cross-Selling zu gewinnen. Goodharts Gesetz sorgte dafür, dass die Mitarbeiter, um ihre Quoten zu erfüllen, heimlich neue Konten eröffneten – ohne das Wissen der Kunden.
- In der Sowjetunion sollte die Produktion von Eisennägeln gesteigert werden. Dementsprechend wurden die Fabriken angewiesen, möglichst viele Nägel herzustellen. Die Folge: Die Fabriken änderten ihre Prozesse, um Millionen winziger Nägel zu produzieren, die praktisch nutzlos waren.

Indem der Callcenter-Manager eine Kennzahl zur Erfolgsmessung einführte, ermunterte er die Mitarbeiter, sich auf die Erreichung dieser spezifischen Zielvorgabe zu konzentrieren. Dabei wurde die Höflichkeit vernachlässigt. Menschen reagieren auf Anreize, doch darüber hinaus tendieren sie dazu, sich an den Maßstäben zu orientieren, nach denen sie gemessen werden.

Wie lässt sich Goodharts Gesetz überwinden?

Zunächst einmal ist es entscheidend, dass Sie klare Ziele vor Augen haben – doch hierbei geht es nicht nur um das »Was«, sondern auch um das »Warum«. Ist Ihre Unternehmensstrategie klar formuliert und für alle verständlich kommuniziert? Dann sollten Sie sicherstellen, dass, bevor Ziele für Teams und Einzelpersonen festgelegt werden, die Frage gestellt wird: Gibt es Situationen, in denen diese Ziele erreicht werden können, ohne dass sie im Einklang mit der Gesamtstrategie stehen? Im Anschluss daran passen Sie die Ziele nach Bedarf an.

Sobald Sie das Goodharts Gesetz verinnerlicht haben, können Sie seine Auswirkungen in zahlreichen Lebensbereichen erkennen – und bestenfalls minimieren. Goodharts Gesetz ist eine Erinnerung an die Notwendigkeit geeigneter Metriken. Wenn beispielsweise Änderungen an der Benutzeroberfläche einer Website vorgenommen werden, ist es erforderlich, deren Wirksamkeit zu überprüfen. Das geschieht oft mithilfe von Statistiken. Doch wenn wir erkennen, dass eine einzige Kennzahl negative Nebeneffekte haben kann, überdenken wir eher, wie wir den Erfolg messen. Ähnlich wie der Callcenter-Manager seine Mitarbeiter anhand einer Kombination aus Anrufmenge und Kundenzufriedenheit beurteilen sollte, können wir durch die Berücksichtigung verschiedener Faktoren bessere Modelle entwickeln.

Obwohl die meisten von uns gerne eine einzige Zahl hören, die eine Analyse zusammenfasst, ist es in den meisten Fällen sinnvoller, mehrere Werte zu betrachten. Wenn wir uns ausschließlich auf ein Ziel konzentrieren und dabei andere, ebenso wichtige Aspekte vernachlässigen, riskieren wir, dass unsere Lösung die Situation nicht wirklich verbessert. Wenn Sie also objektiv die beste Lösung finden möchten, denken Sie an Goodharts Gesetz und betrachten Sie nicht nur eine einzelne Kennzahl, sondern eine Vielzahl von verschiedenen Faktoren. Denn bei der Festlegung von Metriken geschieht oft Folgendes: Statt menschliches Verhalten lediglich zu beobachten, wird es beeinflusst und verändert. Wenn Metriken genutzt werden, um Kundenzentrierung zu messen, und sie das

Verhalten der Nutzer verändern, stehen wir vor einer ethischen Frage.

Denken Sie etwa an unser Beispiel mit der Versicherung, in dem Mitarbeiter nach der Anzahl der abgeschlossenen Versicherungen bewertet werden. In solchen Fällen neigen Mitarbeiter dazu, fragwürdige Tricks anzuwenden, um die gewünschte Messgröße zu erreichen. Oft genug wird das Wohl des Kunden gegenüber etablierten Kennzahlen in den Hintergrund gedrängt – und das darf nicht passieren.

Leider gibt es zahllose Metriken, die dazu verwendet werden, Verhalten zu regulieren und zu messen. Doch wir messen nicht nur das Verhalten anhand der Metrik – wir ändern es. Hinter der Festlegung einer bestimmten Metrik gibt es oft sekundäre Motive, doch in den meisten Fällen geht es letztlich um Gewinnsteigerung oder -vermeidung. Das führt in der Regel zu Beeinträchtigungen bei der Nutzererfahrung. Wenn beispielsweise ein Lebensmittelversandhändler misst, wie oft Beschwerden über die Qualität der Lebensmittel eingehen, liegt der Fokus weniger auf der Bereitstellung eines guten Kundenerlebnisses als vielmehr auf dem Spiel mit den Zahlen. Diese Art des Verhaltens findet sich in fast jedem Unternehmen. Metriken sind subtil und meist schwer zu identifizieren, es sei denn, Sie betrachten die Konstruktion eines bestimmten Systems genauer.

Stellen Sie sich ein großes soziales Netzwerkunternehmen wie Facebook oder Twitter vor. Mithilfe von Algorithmen und Metriken können sie entscheiden, welche Inhalte die meiste Aufmerksamkeit erhalten. Doch ein Algorithmus ist ein menschliches Konstrukt und kann beeinflusst werden. Zudem erhalten Inhalte, die an den Anfang eines Feeds verschoben werden, naturgemäß mehr Aufmerksamkeit. Dies bedeutet, dass ein »Gefällt mir« oder »Retweet« weitere davon nach sich zieht. Wir gehen oft davon aus, dass dieser Prozess organisch und objektiv durch Metriken und Algorithmen gesteuert wird. Doch es sind noch andere Kräfte im

Spiel: Stellen Sie sich vor, Sie sitzen in einer Vorstandssitzung eines solchen Unternehmens, und ein einflussreiches Mitglied der Versammlung erklärt, dass die Aktien des Unternehmens gefallen seien. Sie legen detailliert dar, wie das Unternehmen mehr Nutzerengagement und Wachstum erreichen muss, um die Zahlen wieder in die Höhe zu treiben. Die Kennzahlen in dieser Situation beginnen, das Produkt zu formen. Unternehmen erzielen oft höhere Gewinne durch gesteigertes Wachstum und mehr Nutzerengagement. Kontroverse Nachrichten erhöhen das Engagement, was zu mehr Klicks und dadurch zu höheren Werbeeinnahmen führt. Am Ende leidet jedoch häufig nur eines: das Nutzererlebnis.

Wenn das Messen von Fortschritt, Nutzung oder Wachstum zum primären Ziel wird, wird der eigentliche Zweck oft vernachlässigt. Mitarbeiter setzen dann alles daran, die Prognosen zu erfüllen, und vergessen dabei die ursprüngliche Mission oder Vision des Unternehmens: die Bedürfnisse der Kunden zu erfüllen, nicht die des Unternehmens. Das Ziel sollte immer sein, die bestmögliche Nutzererfahrung zu bieten. Wenn dann Entscheidungen getroffen werden, die im Interesse des Unternehmens, aber auf Kosten der Nutzererfahrung liegen, wird es zu einem schmutzigen Spiel. Diese Entscheidungen werden nicht von bösen Menschen mit bösen Absichten getroffen. Sie werden von ganz normalen Mitarbeitern wie Ihnen und mir getroffen, die einfach nur ihren Job machen und ihre Familien versorgen möchten. Wenn Menschen gezwungen sind, bestimmte Zahlen zu erreichen, um Boni zu erhalten, neigen sie automatisch dazu zu manipulieren. Und wenn ihr Verhalten von einer Reihe von Kennzahlen beeinflusst wird, wirkt sich dies auch auf das Verhalten der Kunden aus. Die Metrik darf nie zum eigentlichen Ziel werden – das Kundenerlebnis ist das eigentliche Ziel.

Beschreibungen des Problemfelds

Beschreibungen des Problemfelds sind wie Karten, die uns helfen, das Gelernte zu ordnen und für das gesamte Team verständlich zusammenzufassen. Sie können das auf unterschiedliche Weise tun:

- Sie können Ihrem Team mitteilen, was behoben werden muss (Problembeschreibung). Wir haben beispielsweise darauf hingewiesen, dass die Kunden beim Abschluss von Versicherungen frustriert und verunsichert waren, weil sie zu kompliziert waren.
- Sie können ein Nutzererlebnis entwerfen, das individuelle Aspekte beinhaltet und die Voraussetzungen für personalisierte Ergebnisse schafft, sodass die Herausforderungen und Einschränkungen bei der Gestaltung der Projektziele mitgewirkt haben.
- Kontextbezogene Aussagen liefern Hintergrundinformationen über die Kunden, das Unternehmen oder die Technologie, wie zum Beispiel: Unsere Kunden wollen schnell und unkompliziert die für sie passende Versicherung abschließen. Die Versicherung bietet unterschiedliche Versicherungsmodelle an, die je nach Kunden ausgewertet werden.

Solche Aussagen können Sie in allen Formen und Größen entwickeln. Das Wichtigste aber ist, dass Sie nicht vergessen, dass nichts davon in Stein gemeißelt ist. All diese Aussagen spiegeln lediglich Ihr aktuelles Verständnis wider. Schreiben Sie Ihre Erkenntnisse gemeinsam im Team auf, sobald Sie eine Vorstellung davon haben, wie die verschiedenen Aussagen aussehen könnten, und überarbeiten Sie diese im Laufe des Projekts immer wieder. In den verschiedenen Problemstellungen werden die Hindernisse und Schwierigkeiten beschrieben, die Menschen davon abhalten, ihre Ziele zu erreichen. Sie dienen nicht nur dazu, diese Hürden zu identifizieren, sondern bilden auch die Grundlage für die Bewertung von Ideen und ermöglichen es, die entscheidende Frage zu stellen: »Löst meine Idee tatsächlich dieses Problem?« Jedoch reicht es meistens nicht aus, sich allein auf die Problemstellung zu verlassen, um vorgeschlagene Lösungen zu beurteilen. Keine einzelne Aussage kann sämtliche Herausforderungen, Beschränkungen und Anforderungen umfassen. Eine gut ausgearbeitete Problembeschreibung kann jedoch sicherstellen, dass Ihr Lösungsansatz die richtigen Schwerpunkte setzt und in die korrekte Richtung führt.

In Bezug auf unsere Versicherungsangelegenheit lautete die Problemstellung: Kunden sind frustriert über den Versicherungsabschluss, weil sie Informationen erhalten, die sie nicht verstehen, und sich von zu aggressivem Verkaufsdruck belästigt fühlen.

Interessanterweise hat allein diese Problemstellung oft genug unsere Neugier geweckt und uns dazu angeregt, nach verschiedenen Lösungsansätzen zu suchen. Von diesem Punkt an wollten wir beispielsweise verstehen, was genau die Kunden frustrierte, warum die Informationen in einem schwer verständlichen juristischen Jargon verfasst waren und wie wir innerhalb der gesetzlichen Vorgaben Änderungen vornehmen könnten. Je mehr wir erfuhren und ermittelten, desto genauer konnten wir diese Feststellung verfeinern.

Erstellen von Problembeschreibungen

Die Kunst der Problembeschreibung kann für die meisten anfangs eine knifflige Aufgabe sein. Oftmals liegt dies daran, dass man unsicher ist, welche Informationen für das Projektteam am wichtigsten sind. Doch der Schlüssel liegt darin, den Fokus auf die Nutzer des Produkts zu richten und die Hürden zu beleuchten, die diese Nutzer überwinden müssen. Stellen Sie sich vor, Sie wären ein Reporter und müssten die Situation möglichst knapp und prägnant für ein breites Publikum zusammenfassen. Ihr Ziel ist es sicherzustellen, dass das Kernteam, erweiterte Teammitglieder, Stakeholder und Führungskräfte die Essenz des Problems verstehen.

In den letzten zwei Jahren verzeichnet die Versicherung einen drastischen Kundenrückgang. Weder gelingt es, neue Kunden zu gewinnen, noch bestehende Verträge zu verlängern oder zu erweitern. Das hat zu einem deutlichen Gewinnrückgang geführt. Bestehende Versicherungskunden sind unzufrieden mit der aktuellen Betreuung. Sie erwarten, dass ihre Makler sie umfassend über Neuerungen in ihren Policen informieren und dies zu ihrem Vorteil tun.

Die Problembeschreibung dient als Nachricht, die die aktuelle Lage skizziert. Sie stellt für das Team eine klare Aufgabe dar: »Unser Projekt muss dieses Problem lösen.«

Die Fünf-Warum-Technik

Eine Methode, um das zugrunde liegende Problem zu ergründen, ist die Fünf-Warum-Technik. Beginnen Sie mit einer grundlegenden Problemstellung, und stellen Sie sich dann fünfmal die Frage »Warum?«.

Problem: Wir benötigen eine neue Vertriebsstrategie.

- Warum? Wir verlieren Kunden.
- Warum? Weil sie zur Konkurrenz wechseln.
- Warum? Weil sie unzufrieden mit der aktuellen Betreuung sind.
- Warum? Weil sie das Gefühl haben, dass der Makler nicht in ihrem Interesse handelt, sondern die Interessen der Versicherung vertritt und ihnen unnötige Policen aufdrängt.
- Warum? Weil die Fokussierung weniger auf der Kundenbindung liegt als vielmehr auf dem Erreichen von Verkaufszielen.

Diese Abfolge von Warum-Fragen ergibt eine Problembeschreibung, die auf die zugrunde liegende Herausforderung hinweist. Doch nun gilt es, diese Beschreibung in eine Aussage zu gießen. Muss diese Aussage zwingend in einem einzigen Satz eingefangen werden? Nicht zwingend. Auf diese Weise skizzieren Sie jedoch die Herausforderungen, denen sich Ihr Projekt stellen muss. Die Kunst der Problembeschreibung kennt viele Facetten und ist nicht auf eine einzige Aussage beschränkt. Eine praktische Methode ist die Verwendung einer Vorlage, in der Sie die Lücken für Ihre Zielgruppe, deren Bedürfnisse, die Vorzüge des Produkts, die Hauptunterscheidungsmerkmale und eventuell noch ein oder zwei weitere Punkte ausfüllen.

Eine solche Vorlage könnte beispielsweise so aussehen:

[Nutzer] haben ein [Bedürfnis], um [Ziel] zu erreichen.

Je präziser und spezifischer Sie bei jeder dieser Angaben sind, desto aussagekräftiger wird Ihre Problembeschreibung. Es macht viel mehr Spaß, sich mit einem Problem auseinanderzusetzen, wenn es nicht nur um »Kunden« geht, sondern beispielsweise um »Kunden, die mit der aktuellen Betreuung unzufrieden sind«.

Formulieren Sie eine Hypothese

Eine andere Möglichkeit, eine Fragestellung, also die Design Challenge, zu formulieren, besteht darin, sie in Form einer Hypothese auszudrücken. Hierbei handelt es sich um eine Annahme über das Produkt, die Sie auf den Prüfstand stellen wollen. In einer Hypothese werden entscheidende Aspekte wie Nutzerbedarf, Auswirkungen auf das Produkt und erwartete Ergebnisse hervorgehoben. Sie umfasst im Grunde genommen die Grundthese, die Begründung und die erwarteten Verhaltensweisen der Benutzer:

Durch die Neuschulung unserer Vertriebsmitarbeiter können sie nicht nur die Vorteile für den Kunden besser vermitteln, sondern auch eine tiefere Kundenbindung aufbauen, indem sie maßgeschneiderte Angebote erstellen. Das wird das Vertrauen des Kunden in die Versicherung stärken und schneller zu Abschlüssen führen.

Im Grunde handelt es sich um eine Art von Richtig-oder-falsch-Test. Hypothesen basieren auf einer grundlegenden These und schlagen eine Lösung vor, die daraufhin getestet wird, um herauszufinden, ob sie tatsächlich funktioniert.

Das Problem visualisieren

Bilder haben eine faszinierende Wirkung, da sie sofort ansprechend sind und die zentrale Herausforderung deutlich verdeutlichen können. Ein gutes Beispiel ist die Versicherung, bei der wir den Prozess eines Vertragsabschlusses visuell dokumentiert haben. Da dieser Prozess neu war, waren viele Details noch nicht ausgearbeitet. Daher haben wir Hinweise eingefügt, um offene Fragen zu kennzeichnen. Hier sind einige weitere Möglichkeiten, um Kommentare in verschiedene Arten von Diagrammen zu integrieren:

- **Flussdiagramme:** Diese zeigen ineffiziente, ineffektive oder schlecht definierte Teile von Prozessen auf.
- **Sitemaps und Strukturdiagramme:** Sie sind besonders nützlich für Websites, um bestehende Organisationen oder Hierarchien darzustellen und schlecht entwickelte Bereiche der Website hervorzuheben.
- **Mentale Modelle:** Hier werden Nutzerbedürfnisse mit verfügbaren Inhalten verglichen und Lücken hervorgehoben.
- **Konzeptmodelle:** Diese stellen die aktuelle Struktur eines Unternehmens oder Prozesses dar und zeigen dann Möglichkeiten zur Verbesserung auf.

Diese Visualisierungen sind im Grunde »Problembilder«. Beginnen Sie mit einer Darstellung des aktuellen Zustands, und fügen Sie dann eine Ebene hinzu, um zu zeigen, was nicht funktioniert oder verbessert werden könnte.

Unabhängig von Ihrer Methode zur Problembeschreibung sollten Sie den Prozess genauso wichtig nehmen wie das Ergebnis. Verbringen Sie nicht zu viel Zeit damit, nach den perfekten Worten zu suchen. Bringen Sie stattdessen Ihre Ideen auf Papier, damit Ihr Team darauf aufbauen kann. Es gibt jedoch typische Fallen, in die man beim Formulieren von Design Challenges tappen kann:

1. **Zu weit oder zu breit gefasst:** Eine Design Challenge kann leicht zu allgemein werden, wodurch es schwierig wird, klare Aussagen zu treffen. Zum Beispiel, wenn Sie über »den Nutzer« sprechen, ohne zu präzisieren, wer dieser Nutzer eigentlich ist.
2. **Zu präskriptiv:** Die Herausforderung besteht darin, das Problem zu identifizieren, ohne sich bereits auf Lösungen festzulegen. Es ist wichtig, nicht zu früh in die »Wie«-Denkweise zu verfallen, sondern beim »Was« zu bleiben.

Machen Sie sich jedoch keine allzu großen Sorgen darüber, denn eine Design Challenge ist ein dynamisches Werkzeug, das angepasst werden kann. Sie dient als Orientierungshilfe für Ihr Team und kann helfen, den Lösungsprozess in Gang zu setzen. Und wenn sie einmal nicht funktioniert, ist das mindestens genauso aufschlussreich, um herauszufinden, warum.

Wie man Kundenzentrierung messen kann

Gute Führungskräfte haben klare Erwartungen an ihre Teams: Sie fordern nicht nur Lösungen, sondern echten Mehrwert. Sie wollen, dass ihre Teams über das reine Bereitstellen von Lösungen hinausgehen und tatsächlich etwas schaffen, das einen spürbaren Nutzen für Kunden und somit für das Unternehmen bringt. Doch das Wort »Wert« ist oft zu abstrakt, um Menschen wirklich zu motivieren und auf einen gemeinsamen Kurs einzuschwören. Diese Vagheit führt oft dazu, dass es schwer ist, den Fortschritt der Arbeit zu verfolgen und zu bewerten. Ein Grund dafür ist, dass jeder »Wert« auf unterschiedliche Weise interpretiert wird. Führungskräfte denken in der Regel auf Unternehmensebene. Für sie ist »Wert« eine Auswirkung, und zwar ein detaillierter Effekt, der je nach ihrer Position im Unternehmen variiert. Im Gegensatz dazu betrachten Teams »Wert« oft als Ressourcen, Aktivitäten und Ergebnisse. Daher ist es entscheidend, über Ergebnisse und die Konsequenzen dieser Ergebnisse zu sprechen, um ein gemeinsames Verständnis zu schaffen, das in die Praxis umgesetzt werden kann.

Unser Geschäftsführer in der Versicherung möchte den Gewinn steigern. Das ist ein finanzielles Ziel. Das Team hingegen könnte unter »Wert« verstehen, dass es zu wenige Kunden gibt, weil die bestehenden Kunden keine Verträge verlängern oder keine Neukunden hinzukommen. Wenn das Team glaubt, dass es durch fragwürdige Methoden die Kundenzahl erhöht, wäre das ein Ergebnis. Das würde in diesem Szenario so aussehen:

- Ziel: Neukunden zum Vertragsabschluss bewegen.
- Symptom: Bestehende Kunden sind teilweise irritiert.
- Ergebnis: Möglicherweise mehr Vertragsabschlüsse, aber auch mehr verärgerte Bestandskunden.

Wenn Teams klar definierte Ergebnisse vor Augen haben, wird die Verfolgung des Fortschritts einfacher:

- Führungskräfte und Teams können die Hypothesen überprüfen, an denen die Teams arbeiten.
- Sie können den Fortschritt in Richtung der angestrebten Ergebnisse überwachen.
- Sie können konkrete Maßnahmen betrachten: Ändert sich das Verhalten der Menschen?

In unserem Fall sollte das Team in der Lage sein, den Fortschritt seiner Arbeit zu messen und darüber zu berichten, ob es neue Kunden gewinnt und diese tatsächlich neue Verträge abschließen.

Oftmals arbeiten Teams an der Verbesserung von Funktionen oder an der Erarbeitung neuer Lösungen einzig aufgrund eines intuitiven Gefühls, dass es das Richtige ist. Aber dieses intuitive Gefühl ist schwer zu vermitteln und für Führungskräfte selten überzeugend. Wenn Teams stattdessen durch Modelle aufzeigen können, dass ihre Arbeit direkt dazu beiträgt, eine geschäftliche Wirkung zu erzielen, die den Führungskräften am Herzen liegt, sind Gespräche viel fundierter und Teams und Führungskräfte werden viel besser aufeinander abgestimmt. Führungskräfte, die Ergebnisse nutzen möchten, um den Fortschritt wichtiger Initiativen zu verfolgen, befinden sich häufig in einer schwierigen Lage. In den meisten Situationen werden Initiativen nicht im Hinblick auf ihre Ergebnisse geplant. Stattdessen ist es viel wahrscheinlicher, dass sie im Hinblick auf die entwickelten Funktionen oder im Hinblick darauf, wie sie einen versprochenen Liefertermin oder einen anderen Meilenstein einhalten, geplant und verfolgt werden. Für Führungskräfte in dieser Situation gibt es eine einfache Frage, mit der sie das Gespräch über Ergebnisse beginnen können:

»Welche Verhaltensweisen (Benutzer/Kunden/ Mitarbeiter) hat diese Initiative hervorgerufen, die zu Geschäftsergebnissen führen?«

Diese Frage ist der Schlüssel zum Verfolgen des Fortschritts, da sie das Gespräch weg von den Funktionen und hin zur Wertschöpfung lenkt. Beispielsweise könnte ein Team an einer E-Mail-Marketingkampagne arbeiten. Die Marketingteams sind es in der Regel gewohnt, ihren Erfolg daran zu messen, was die Leute mit ihren E-Mails machen. Öffnen sie sie? Reagieren sie auf die Handlungsaufforderungen? Sind die daraus resultierenden Maßnahmen für das Unternehmen wertvoll? Tragen sie sich aus dem Newsletter aus? Andere Initiativen verfügen jedoch tendenziell nicht über diese Art der Messung. Besonders schlimm sind interne Technologieinitiativen. Wenn Teams beispielsweise interne Systeme neu formulieren, melden sie den Fortschritt häufig anhand der Anzahl der abgeschlossenen Systemfunktionen. Stattdessen wäre es besser, den Fortschritt anhand neuer organisatorischer Verhaltensweisen zu messen, die durch ihre Arbeit entstehen:

- Wie ist beispielsweise das Verhältnis der Benutzer des neuen Systems zu denen des alten Systems?
- Wie viele dieser Nutzer können durch die Initiative einen neuen Geschäftsprozess nutzen?
- Werden durch diese Initiative neue Geschäftsprozesse erschlossen, die wiederum zu positiven Ergebnissen führen?

Manchmal wehren sich Menschen gegen Technologien. Dann behaupten sie beispielsweise, dass sie nicht von einem System auf ein anderes umsteigen können, bis das neue System fertig ist. Aber hier zeigt sich die Macht der Ergebnisse: Kein digitales System ist jemals wirklich vollständig, und umgekehrt können selbst sehr kleine Teile eines neuen digitalen Systems beginnen, Wert zu generieren, bevor der Rest des Systems bereit ist. Wenn wir also darauf bestehen, dass wir den Wert anhand der Ergebnisse messen – wie viele neue Benutzer das neue System nutzen –, können wir Teams dazu ermutigen, ihre Pläne zu ändern, um die angestrebten Ergebnisse zu liefern. Anstatt für einen mythischen zukünftigen Zustand mit »vollständigen Funktionen« zu planen (denken Sie daran, Software ist nie vollständig), können wir schrittweise planen, dadurch die Wertschöpfung frühzeitig erkennen und diesen Wert dann durch kontinuierliche, inkrementelle Bereitstellung steigern. So können wir den Fortschritt anhand von Ergebnissen messen. Bestehen Sie darauf, dass die Teams im Hinblick auf Ergebnisse planen, und fragen Sie dann wiederholt:

»Welche neuen Verhaltensweisen hat Ihre Arbeit hervorgebracht, die einen Mehrwert für das Unternehmen schaffen?«

Ein radikales Umdenken

Als wir bei der Versicherung die Wirkung von Anreizen erkannten und ihre unmittelbaren Auswirkungen auf das Geschäft aufdeckten, reagierte das Unternehmen entschlossen. Die Praxis, Makler auf Provisionsbasis zu entlohnen, wurde eingestellt, und stattdessen erhielten sie ein stabiles monatliches Gehalt. Zeitgleich kommunizierte das Unternehmen seine Vision, allerdings so, dass die Vision als Leitbild und nicht mehr als Ergebnis fungierte.

Diese Umstellung war von entscheidender Bedeutung, um sicherzustellen, dass die Mitarbeiter nicht erneut in Versuchung gerieten, fragwürdige Methoden anzuwenden. Es ist nämlich erstaunlich leicht, Wege zu finden, wie Kunden unbeabsichtigt Verträge verlängern oder sich anmelden. Hierin liegt das Problem, wenn Geschäftsergebnisse als Ziele dienen: Diese Ziele sind von den tatsächlichen Kundenerfahrungen entkoppelt.

Einen Kunden dazu zu bewegen, seinen Vertrag zu verlängern, kann eine positive oder negative Erfahrung sein. Ein Anstieg der Verlängerungsraten allein sagt wenig darüber aus, ob der Service dahinter verbessert oder verschlechtert wurde.

Um zu einem Nutzerergebnis zu gelangen, stellen Sie sich die Frage: *»Wenn wir bei der Bereitstellung dieses Produkts (oder dieser Dienstleistung oder Funktion) exzellente Arbeit leisten, wie verbessern wir damit das Leben eines Menschen auf eine Weise, die wirklich zählt?«*

In unserem Fall haben wir uns die Frage gestellt: Wenn wir die Kunden dazu bewegen können, ihre Versicherungspolicen zu verlängern, wie können wir gleichzeitig ihr Leben verbessern? Diese Frage geht weit über den simplen Transaktionsabschluss hinaus. Sie zwingt uns dazu, den Fokus auf die Art und Weise der Transaktion zu legen und sicherzustellen, dass sie für unsere Kunden einen positiven Unterschied macht. In Bezug auf Haushaltsversicherungen haben wir erkannt, dass sich insbesondere junge Menschen, die zum ersten Mal eine eigene Wohnung beziehen, Sorgen um mögliche Zwischenfälle machen, aber auch die Kosten einer Versicherung berücksichtigen müssen. Diese Erkenntnis motivierte unser Team dazu, die Funktionen der bestehenden Online-Anwendung zu verbessern. Durch die App können Haushaltsversicherungskunden beispielsweise im Falle eines Wasserschadens sofort über die Anwendung Hilfe anfordern und den Fortschritt ihrer Anfrage verfolgen.

Diese Initiative vermittelte den Kunden das Gefühl, dass die Versicherung nicht nur ein Dienstleister ist, sondern sich aktiv um sie kümmert und Unterstützung bietet. Bei der Entscheidung zur Verlängerung ihrer Police konnten die Kunden eine Zusammenfassung ihrer Erfahrungen mit der App einsehen und sehen, wie sie dazu beigetragen hat, in kritischen Momenten Hilfe zu leisten. Das Ziel des Teams war dabei nicht nur ein Geschäftsergebnis (eine höhere Beibehaltung von Versicherungspolicen bei Haushaltsversicherungskunden), sondern vielmehr ein Nutzerergebnis – nämlich jungen Wohnungsinhabern ein gesteigertes Sicherheitsgefühl zu vermitteln. Durch diese Herangehensweise konzentrierten sich die Teammitglieder auf die konkreten Bedürfnisse der Nutzer, anstatt abstrakte geschäftliche Herausforderungen wie die Kundenbindung allgemein zu behandeln.

Natürlich sind Geschäftsergebnisse nach wie vor wichtig, aber sie kommen erst ins Spiel, nachdem das Team seine Nutzerziele erreicht hat. Wenn das Team gute Arbeit leistet, steigt die Kundenbindung automatisch. In unserem Fall führte die positive Nutzererfahrung dazu, dass die Versicherung weiterempfohlen wurde, was zu einem Anstieg der neuen Versicherungsabschlüsse führte. Mit umfangreichen Nutzerforschungsdaten konnte das Team außerdem problemlos die spezifischen Geschäftsergebnisse mit seinen Nutzerergebnissen verknüpfen. Sie konnten aufzeigen, wie Kunden, die von den geplanten Verbesserungen profitierten, zu den angestrebten Geschäftsergebnissen beitrugen. Das Team konnte die geschäftliche Seite dieser Interaktionen veranschaulichen, beispielsweise durch die Steigerung der Versicherungsabschlüsse, und verdeutlichen, wie eine verbesserte Nutzererfahrung zu besseren Geschäftsergebnissen führte.

Ausrede Nr. 7: Wir müssen sowieso das tun, was von oben verlangt wird

Warum Kundenzentrierung mehr Selbstorganisation und Selbstverantwortung verlangt

»Man kann nicht in die Zukunft schauen und sich eine Lösung ausdenken. Man muss sich die Zukunft selbst erarbeiten.«

– *Alan Kay*

Bevor ich mit meinem Mann unser eigenes Unternehmen gegründet habe, habe ich in unterschiedlichen Unternehmen gearbeitet, aber nirgendwo meine wirkliche Heimat gefunden. Ich bin eben ein sehr freiheitsliebender Mensch. Deswegen blutet mir immer ein wenig das Herz, wenn wir in Unternehmen beraten, in dem die Mitarbeiter ihre eigenen Freiheiten nicht einmal ansatzweise ausleben. Die Ausrede, die wir in solchen Unternehmen häufig hören, lautet: »Wir müssen sowieso das tun, was von oben verlangt wird«. Wenn ich das höre, will ich den Mitarbeiten am liebsten eine Rückfrage stellen: »Müsst ihr das wirklich?« Aber ich mache es nicht, weil es nichts bringen würde. Denn die Ursache, die zu dieser Ausrede führt, ist wie immer vielschichtiger.

Stellvertretend für diese Ausrede möchte ich Ihnen nun ein Unternehmen vorstellen. Es klingt wie ein Thriller aus der Wirtschaftswelt – eine Geschichte, die sich in verschiedensten Ecken dieser Welt abspielen könnte. Manchmal größer, manchmal kleiner, vielleicht in verschiedenen Branchen, aber mit einem gemeinsamen Rätsel. In diesem Szenario dreht sich alles um ein globales Unternehmen, das eine Vielzahl von Bauteilen für Industriekunden herstellt, insbesondere im Bereich Automotive, Avionik und Automatisierung. Sein Hauptsitz ist in Italien, doch unsere Reise führte uns zu einer deutschsprachigen

Niederlassung, die nicht nur eine Vertriebseinheit beherbergte, sondern auch ein beeindruckendes Entwicklungszentrum.

Unsere Mission bestand darin, eine Reihe von Workshops zu moderieren, die sich der »Erschließung neuer Geschäftsfelder« verschrieben hatten, neudeutsch auch als »New Business Development« bekannt. Das Unternehmen hatte den technologischen Wandel der letzten Jahre ein wenig verschlafen und strebte nun eine Neuausrichtung an, und zwar mithilfe der Design-Thinking-Methodik. Wir planten und führten diese Workshopreihe durch, und bei einigen Gelegenheiten waren nicht nur das örtliche Management, sondern auch hochrangige Führungskräfte aus Italien anwesend, die uns versicherten, dass sie uns im Falle von Schwierigkeiten zur Seite stehen würden. »Managementunterstützung von ganz oben, was will man mehr?«, dachten wir uns.

Die Auswahl der teilnehmenden Personen war perfekt: eine bunte Mischung aus den hellsten Köpfen des Unternehmens, hochmotivierte Profis, die ihre Aufgaben in Perfektion beherrschten – sei es im Vertrieb, im Marketing oder als technische Produktexperten. Der Workshop verlief eigentlich reibungslos, bis zu dem Punkt, an dem ein einziger Satz das Ganze auf den Kopf stellte. Dieser Satz lautete: »Das will man nicht.« Er wurde wiederholt von verschiedenen Personen ausgesprochen, insbesondere dann, wenn unkonventionelle Ideen aufkamen. Diese Worte führten dazu, dass die Ideen wie eine heiße Kartoffel fallengelassen wurden, und das Geschehen nahm seinen gewohnten Lauf, als hätte es diese innovativen Ansätze nie gegeben. Es war ein Mysterium, das unsere Neugier weckte.

Bei einer dieser Ideen ging es um die Erschließung von neuen Bauteilen, die für die Elektromobilität wichtig sind. Als E-Mobilisten der ersten Stunde fanden wir die Idee toll. In einer kurzen Pause nahmen wir unseren direkten Ansprechpartner zur Seite und fragten ihn, was hinter diesem mysteriösen »Das will man nicht« stecke, und warum eine derart vielversprechende Idee nicht weiterverfolgt werden sollte. Die Antwort war verblüffend: »Ach, da gibt es einen Vorstandsbeschluss, der besagt, dass dieses Thema nicht in unsere Strategie passt.« Glücklicherweise befand sich an diesem Tag ein Mitglied des Vorstands im Gebäude, das den Workshop am Morgen mit einem kurzen Impuls gestartet hatte. Wir nutzten diese Gelegenheit und begaben uns auf die Suche nach dem Vorstandsmitglied, um konkret nachzufragen, warum diese Idee nicht in die Unternehmensstrategie integriert werden sollte. Zuerst wirkte der Manager verwirrt und hatte keine Ahnung, worum es ging. Dann erklärte er uns, dass es definitiv keinen Vorstandsbeschluss zu diesem Thema gebe. Für uns wurde die Situation plötzlich klar: Der flüchtige Satz »Das will man nicht« schien immer dann zum Einsatz zu kommen, wenn jemand im Unternehmen – aus welchen Gründen auch immer – ein Thema stoppen wollte. Ein angeblicher Vorstandsbeschluss, der nie existierte und nur subtil angedeutet wurde, schien perfekt dazu geeignet zu sein. Doch die große Frage blieb: Warum funktionierte diese Taktik so erstaunlich gut?

Autoritätsfehler: Warum Sie nicht immer auf Ihren Chef hören sollten

Ganz gleich, ob es sich um eine Ärztin, einen Berater oder eine Führungskraft handelt: Manchmal folgen wir unhinterfragt jedem Ratschlag, den wir von einer Autoritätsperson erhalten, auch wenn wir eigentlich intuitiv bereits wissen, dass der empfohlene Ansatz falsch, ineffizient oder im schlimmsten Fall sogar schädlich ist. Warum tun wir das eigentlich? Eine Erklärung dazu liefert der sogenannte »Autoritätsfehler« (Autoritäts-Bias), bei dem wir uns unabhängig vom eigentlichen Inhalt von der Meinung einer Autoritätsperson beeinflussen lassen. Wie alle kognitiven Verzerrungen ist auch der Autoritätsfehler eine mentale Abkürzung, die unser Gehirn nutzt, um Zeit und Energie bei der Entscheidungsfindung zu sparen. Keine Frage: Es ist sinnvoll, glaubwürdigen Experten zu vertrauen und sie um Rat zu fragen, wenn es um Dinge geht, von denen wir wenig oder gar keine Ahnung haben. Allerdings entstehen Probleme, wenn wir uns zu sehr auf diese Aussagen verlassen und davon ausgehen, dass bestimmte Autoritätspersonen über mehr Wissen oder Fähigkeiten verfügen, als es tatsächlich der Fall ist. Denn das kann fatale Folgen – beruflicher und persönlicher Natur – nach sich ziehen.

Die Auswirkungen des Autoritätsfehlers

Blinder Gehorsam kann die Entscheidungsfindung in vielen Bereichen beeinflussen, beispielsweise im Gesundheitswesen und in der Wirtschaft – mit erheblich negativen Folgen. In einer Studie über die übermäßige Verschreibung von Antibiotika fragten Forscher beispielsweise angehende Ärzte, warum sie Patienten, die aller Wahrscheinlichkeit nach eine Virusinfektion hatten, dennoch Antibiotika verschreiben würden, obwohl Antibiotika nur gegen Bakterien wirken. Die Grundaussage war, dass sie ihren Patienten diese verschreiben würden, weil ihr Vorgesetzter das auch so gemacht habe. Im Wesentlichen vertrauten sie der Autorität ihrer Vorbilder, obwohl sie wussten, dass die Antibiotika bei ihren Patienten sehr wahrscheinlich nicht wirken würden.

Es gibt aber auch Unternehmen, die sich den Autoritätsfehler zunutze machen: Eine geschickte Marketingabteilung der Tabakindustrie schaltete in den 1930er und 1940er Jahren Werbung mit der Behauptung, dass mehr Ärzte ihre Marke gegenüber der Konkurrenz weiterempfohlen hätten. Für die Anzeigen, die sie in medizinischen Fachzeitschriften publizierten, bauten sie vorab Beziehungen zu Ärzten auf. Sie zielten darauf ab, dass Menschen, wenn sie glaubten, dass Ärzte Zigaretten empfehlen, denken würden, Zigaretten seien ein harmloses Produkt. Erst als die gesundheitsschädlichen Auswirkungen des Tabaks nicht mehr zu leugnen waren, mussten sie ihre Strategien ändern. Deswegen finden sich heutzutage vermehrt bestimmte Triggerworte wie »frei von Zusatzstoffen« und »natürlich« auf den Schachteln, um die Tabakprodukte gesünder erscheinen zu lassen, als sie sind.

Die gute Nachricht lautet, dass Sie bewusste Maßnahmen ergreifen können, um sicherzustellen, dass Ihr instinktives Vertrauen in Menschen, die Sie als Experten wahrnehmen, nicht zu Fehlentscheidungen führt.

Wie Sie mit dem Autoritätsfehler umgehen können

Eine Möglichkeit, mit der Autoritätsverzerrung umzugehen, besteht darin, unsere Annahmen über Autoritätspersonen generell zu überdenken. So neigen Menschen dazu zu glauben, dass Experten bei Entscheidungen zu 100 Prozent objektiv seien. Tatsächlich glauben einige Experten selbst, dass sie von Vorurteilen befreit seien oder ihre Vorurteile durch bloße Willenskraft überwinden könnten – ein Phänomen, das Psychologen als »Expertenimmunität« bezeichnen. Natürlich sind diese Annahmen falsch, aber wir nehmen uns selten die Zeit, sie zu berücksichtigen, wenn wir uns entscheiden, den Rat einer Autoritätsperson anzuwenden. Wenn Sie eine Autoritätsperson sind, die Informationen an andere weitergibt, sollten Sie sich ebenfalls unbedingt darüber im Klaren sein, wie sich Voreingenommenheit auf Ihre Mitarbeiter auswirken kann. Um Autoritätsvoreingenommenheit zu mildern und gleichzeitig Vertrauen aufzubauen, stellen Sie sicher, dass Sie mehrere Perspektiven auf das Thema aufzeigen, das Sie ansprechen möchten, und erläutern Sie verschiedene Fakten, die die unterschiedlichen Positionen stützen oder widerlegen.

Anstatt sich auf Ihr bisheriges Fachwissen zu verlassen, bleiben Sie auf dem Laufenden und integrieren Sie neue und neuartige Forschungsergebnisse in Ihr Portfolio. Ermutigen Sie dazu, Fragen zu stellen, die Ihr Fachwissen zu diesem Thema infrage stellen könnten. Und wenn Sie einen Fehler machen, stehen Sie dazu. Erklären Sie, warum er passiert ist und was es für die Zukunft bedeutet. Denken Sie daran, dass Autoritätsvoreingenommenheit sehr häufig vorkommt und auftritt, wenn wir die Meinung einer Autoritätsperson als richtig akzeptieren, ohne deren Hintergrund, Fähigkeiten, Wissen oder mögliche Vorurteile zu berücksichtigen. Es kann dazu führen, dass wir schlechte Entscheidungen für uns selbst und andere Menschen treffen.

Neue Erwartungstheorie

Damit ein Ideenworkshop erfolgreich ist, wie im Fall unseres Industrieunternehmens, das neue Geschäftsfelder entwickeln wollte, müssen die am Workshop teilnehmenden Personen einen Vorteil davon haben, Ideen zu teilen. Das klingt erst einmal banal, ist aber zentral für den Erfolg: Was haben Mitarbeitende davon, eine Idee zu teilen und Innovationen zu wagen? Eine Antwort darauf gibt die »Neue Erwartungstheorie« nach Kahneman und Tversky. In der Wirtschaftstheorie ging man einst davon aus, dass alle wirtschaftlichen Entscheidungen auf einer rationalen Grundlage getroffen werden, basierend auf der Wahl zwischen zwei oder mehr Alternativen. Allerdings zeigte sich, dass der Mensch sich im Allgemeinen nicht rational verhält und viele der Entscheidungen auf erlernten Verhaltensweisen beruhen und daher nicht immer gute ökonomische Entscheidungen mit sich bringen. Die neue Erwartungstheorie von Daniel Kahneman und Amos Tversky beschreibt die Art und Weise, wie Menschen zwischen unterschiedlichen Alternativen wählen, wenn mit diesen Entscheidungen ein gewisses Maß an Unsicherheit und Risiko verbunden ist.

Der Auslöser für die Forschung von Kahneman und Tversky war die Beobachtung, dass Menschen unter bestimmten Umständen risikoavers sind, während sie in anderen Situationen risikofreudig agieren. Die klassische Ökonomie geht davon aus, dass Menschen die Risiken eines Ereignisses gut einschätzen und daher logische und auch gute Entscheidungen treffen können. Eine weitere Annahme besteht darin, dass Verlust und Gewinn für uns gleich sind. So sollten wir in der Theorie genauso glücklich sein, 50 Euro zufällig auf der Straße zu finden, wie wir unglücklich wären, wenn ein Windstoß uns den Schein aus den Händen reißt und wir das Geld nie wiedersehen.

Die neue Erwartungstheorie widerspricht diesen Annahmen nicht nur, vielmehr gehen die Vertreter dieser Theorie sogar davon aus, dass Menschen schlecht darin sind, Risiken einzuschätzen, und dass wir über den Verlust einer Sache mehr Schmerz empfinden als Freude über den Gewinn. Natürlich ziehen wir alle einen Gewinn einem Verlust vor. Aber Kahneman und Tversky schlugen vor, dass ein Verlust einen größeren emotionalen Einfluss auf uns hat als ein gleichwertiger Gewinn. Wir werden also eher versuchen, einen Verlust zu vermeiden, als einen Gewinn anzustreben. Dies gilt auch dann, wenn unsere Optionen zum gleichen Ergebnis führen. Die neue Erwartungstheorie besagt weiter, dass wir Entscheidungen auf der Grundlage interner Heuristiken (»Faustregeln«) treffen und dass wir Ergebnisse nicht anhand ihrer Wahrscheinlichkeit, sondern anhand der Referenzpunkte messen, die durch unsere internen Heuristiken festgelegt werden. Wir nehmen diesen Bezugspunkt und kommen zu dem Schluss, dass es ein »Verlust« ist, wenn etwas Geringeres passiert, und wenn etwas Größeres passiert, ein »Gewinn«. Es sind diese Heuristiken, die den Entscheidungsprozess danach ermöglichen. Sobald eine Entscheidung gefallen ist, werden wir versuchen, diese Entscheidung zu rationalisieren. Wir werden uns so verhalten, als hätten wir die Wahrscheinlichkeit eines Ergebnisses berechnet und das bessere Ergebnis bewusst gewählt. Der Grundgedanke kann auch gut durch eine Wertfunktion dargestellt werden, dessen Nullpunkt dieser Referenzpunkt ist (siehe Abbildung 10). Die Kurve ist S-förmig und asymmetrisch: Die Wertfunktion ist für Verluste steiler als für Gewinne, mögliche Verluste werden also höher bewertet als mögliche Gewinne.

Hier stehen wir vor einem faszinierenden Dilemma, das den Unterschied zwischen dem, was Menschen sagen, dass sie tun werden, und dem, was sie tatsächlich tun, aufdeckt. Das ist der Grund, warum es so entscheidend ist, sich mit diesen Theorien auseinanderzusetzen, insbesondere, wenn Sie sich mit menschlichen Bedürfnissen und Verhaltensweisen befassen. Menschen zeigen ein bemerkenswertes Verhalten, wenn es um Risiken geht. Sie tendieren dazu, mutiger zu sein, wenn die Verlustchancen mäßig oder die Gewinnchancen gering sind. Gleichzeitig sind sie eher risikoavers, wenn mäßige Gewinnchancen und geringe Verlustchancen bestehen. Dieses Verhalten ist oft kontraintuitiv und hängt stark davon ab, wie die betreffende Person Gewinne und Verluste bewertet.

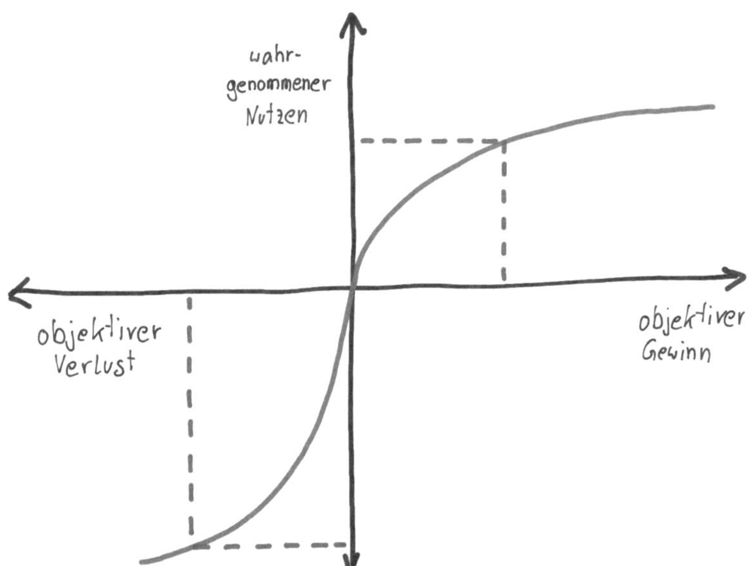

Abbildung 10: S-förmige Wertefunktion

Um dies zu verdeutlichen, betrachten wir ein Beispiel: Ihnen wird die Möglichkeit geboten, 100 Euro zu erhalten, aber auf zwei verschiedene Arten. Die erste Option ist, einfach die 100 Euro in bar zu nehmen. Die zweite Möglichkeit besteht darin, zunächst 200 Euro zu erhalten und dann 100 Euro zurückzugeben. Das Ergebnis ist dasselbe, aber die meisten Menschen wählen die erste Option. Warum? Weil wir den Schmerz des Verlustes vermeiden, auch wenn wir insgesamt davon profitieren würden. Unsere Reaktion wird noch komplexer, wenn Unsicherheit ins Spiel kommt. Angenommen, Sie haben die Wahl zwischen definitiven 3 000 Euro und der Möglichkeit, 4 000 Euro zu erhalten oder nichts. In diesem Fall bevorzugen die meisten Menschen die sicheren 3 000 Euro. Wir neigen dazu, einen garantierten Gewinn einer unsicheren Chance ohne Gewinn vorzuziehen. Aber hier wird es wirklich interessant: Unsere Risikobereitschaft stellt sich auf den Kopf, wenn die Entscheidung eher auf Verlust als auf Gewinn ausgerichtet ist. Wenn Menschen vor die Wahl gestellt werden, entweder definitiv 3 000 Euro zu verlieren, oder der

Möglichkeit, 4 000 Euro zu verlieren, oder nichts, würden sich die meisten für die zweite Option entscheiden. Anders ausgedrückt: Wir sind bereit, ein größeres Risiko einzugehen, um vielleicht den Verlust zu vermeiden, selbst wenn die Chance, nichts zu verlieren, gering ist! Und schließlich, und das ist noch irrationaler, verlieren wir jegliche Angst vor Risiken, wenn der potenzielle Gewinn groß genug ist, selbst wenn die Chance, ihn zu erzielen, minimal ist. Ein klassisches Beispiel hierfür ist der Kauf von Lottoscheinen, begleitet von der Hoffnung, ein Vermögen zu gewinnen, obwohl wir wissen, dass die Wahrscheinlichkeit, enttäuscht zu werden, bei den Ziehungen ziemlich hoch ist.

Die Art und Weise, wie Menschen Gewinn und Verlust wahrnehmen, ist so individuell wie ihre Perspektiven. Ein spannendes Dilemma ergibt sich daraus: Wir könnten wertvolle Chancen verpassen, indem wir es versäumen, anderen Menschen den Nutzen unseres Vorschlags zu verdeutlichen, einfach weil wir diesen Nutzen selbst nicht erkannt haben. Noch problematischer wird es, wenn wir nicht einmal wissen, welche Verlustängste sie hegen, und daher nicht in der Lage sind, sie vor diesen potenziellen Verlusten zu schützen. Nehmen wir zum Beispiel die Situation, in der Sie eine Abteilungsrestrukturierung vorschlagen, die zahlreiche Vorteile mit sich bringen würde. Doch eine einzelne Person könnte sich vehement gegen diesen Vorschlag wehren, aus Angst, ihren aktuellen Platz zu verlieren. Dies könnte dazu führen, dass sie ihre Kollegen davon überzeugt, Veränderungen zu meiden. Das Faszinierende dabei ist, dass all diese Reaktionen oft unlogisch sind: Wenn wir eigentlich Risiken eingehen sollten, scheuen wir sie, und wenn wir sie vermeiden sollten, stürzen wir uns kopfüber hinein.

Warum ist das für Sie von Bedeutung? Hier sind zwei wichtige Erkenntnisse:

1. Sie könnten falsche Entscheidungen treffen, wenn es darum geht, welche Projekte unterstützt werden sollen. Diese Entscheidungen könnten auf Ihrer persönlichen Wahrnehmung von

Risiken basieren und nicht auf einer objektiven Einschätzung der tatsächlichen Risiken.

2. Durch die Art und Weise, wie Sie das Risiko einer Produkteinführung kommunizieren, können Sie maßgeblich beeinflussen, ob die beteiligten Personen eher risikofreudig oder risikoavers reagieren. Das ist ein fesselndes Element, das Ihre Herangehensweise an die Gestaltung von Chancen und Verlusten revolutionieren kann.

Das Beispiel unseres Industrieunternehmens, das Bauteile für die Automotive- und Avionik-Branche herstellt, bietet eine prägnante Illustration für die Herausforderungen, die sich aus der neuen Erwartungstheorie ergeben. Das Unternehmen stand vor der Wahl, ob es die bewährte Produktion von Bauteilen für traditionelle Verbrennungsmotoren beibehalten oder das Risiko eingehen soll, in die Produktion von Komponenten für Elektrofahrzeuge zu investieren. Die neue Erwartungstheorie besagt, dass die Führungskräfte in diesem Unternehmen eher dazu neigen, die sichere Variante zu wählen, also die Fortführung der Produktion für Verbrennungsmotoren. Die Angst vor Verlusten ist in diesem Fall besonders ausgeprägt. Das Unternehmen hat möglicherweise bereits beträchtliche Ressourcen in die bestehende Produktionsinfrastruktur und das Know-how für Verbrennungsmotoren investiert. Eine Umstellung auf die Produktion von Komponenten für Elektrofahrzeuge erfordert erhebliche Investitionen in Forschung und Entwicklung sowie Änderungen in der Fertigung.

Gemäß der neuen Erwartungstheorie überwiegt die Abneigung gegenüber dem Risiko der Innovation. Die Manager könnten die möglichen Verluste, die mit der Umstellung verbunden sind, als gravierender empfinden als die potenziellen Gewinne aus dem neuen Marktsegment. Im Gegensatz dazu könnte ein Start-up, das sich auf Elektromobilität spezialisiert, weniger Angst vor Verlusten haben, da es noch kein etabliertes Einkommen aus der herkömmlichen Produktion von Verbrennungsmotorbauteilen hat. Diese Unternehmen sind eher bereit, das Risiko einer Innovation einzugehen, da sie weniger zu verlieren haben und die potenziellen Gewinne aus dem neuen Marktsegment als attraktiver betrachten.

Die Anwendung der neuen Erwartungstheorie beschränkt sich nicht nur auf große strategische Entscheidungen in Unternehmen, sondern findet auch auf kleinerer Ebene Anwendung, beispielsweise in Innovationsworkshops: Manche Mitarbeiter in unseren Workshops haben gezögert, eine innovative Idee zu teilen, selbst wenn sie bereits im Raum »fühlbar« war, weil sie ihren bestehenden Status innerhalb des Teams oder des Unternehmens verteidigen wollten. Die Furcht, durch eine als »dumm« oder riskant empfundene Idee negativ aufzufallen und damit seinen Status zu gefährden, kann nach der neuen Erwartungstheorie größer sein als die möglichen Gewinne aus der Idee. So entstand die gängige Formulierung »Das will man nicht«, um es erst gar nicht zu einer bedrohlichen Situation kommen zu lassen.

Das Beispiel zeigt, dass sich insbesondere etablierte Unternehmen bewusst machen müssen, wie menschliche Verhaltensmuster ihre Innovationsentscheidungen beeinflussen. Wir müssen also Strategien entwickeln, um die Innovationsbereitschaft zu fördern und den Übergang zu neuen Technologien zu erleichtern.

Endowment-Effekt

Stellen Sie sich vor, Sie melden sich für die kostenlose Testversion eines Premium-Spotify-Kontos an, nur um es zu nutzen und zu sehen, wie es ist. Nachdem die kostenlose Testversion abgelaufen ist, wollen Sie es vermutlich weiterhin nutzen. Dazu müssen Sie aber das Abo abschließen, was Sie vermutlich machen werden. Das ist ein einfaches Beispiel dafür, wie der Endowment-Effekt funktioniert. Wenn der Benutzer das Gefühl hat, dass etwas ihm gehört, gibt er mehr aus, um es weiterhin zu verwenden. Der Begriff »Endowment Effect« stammt aus der Verhaltensökonomie. Die Psychologen Daniel Kahneman, Jack Knetsch und Richard Thaler erklärten das Konzept des Endowment-Effekts zum ersten Mal in ihrer Arbeit 1990 *Experimental Tests of the Endowment Effect and the Coarse Theorem*. Der Endowment-Effekt beschreibt, dass Menschen für das, was sie derzeit haben, mehr Geld bezahlen würden als für ein Objekt, das sie nicht besitzen. Menschen neigen also dazu, einem Objekt, das sie besitzen, einen größeren Wert beizumessen als einem Objekt, das sie nicht besitzen. Der Endowment-Effekt ist ein Nebenprodukt der Verlustaversionstheorie, die besagt, dass Menschen Verluste über Gewinne stellen. Unser Gehirn ist psychologisch darauf ausgelegt, sich an Objekte zu binden, auch ohne eine emotionale Bindung zu ihnen. Die Bindung erfolgt in der Regel sofort dann, wenn wir eine erste Berührung mit dem Objekt hatten. Auch wenn sie unbewusst war, schenken wir dadurch dem Produkt mehr Bedeutung, Qualität und Wert. Ein wichtiger Faktor, der den Endowment-Effekt hervorruft, ist das Gefühl der Eigenverantwortung des Nutzers. Wenn Sie dem Nutzer ein Produkt anbieten, das an seine eigenen Bedürfnisse angepasst werden kann, entsteht beim Benutzer eine emotionale Bindung mit dem Produkt.

Erlernte Hilflosigkeit

Werden Denkfehler, wie oben beschrieben, in Unternehmen nicht aufgelöst, kommt dies einer Blockade gleich. *Wir müssen sowieso das tun, was von oben verlangt wird,* also warum überhaupt neue Ideen entwickeln? Das Bittere dabei ist, dass diese Blockade selbstgemacht ist! Es ist eine Form der erlernten Hilflosigkeit, die in vielen, insbesondere großen, Organisationen häufig anzutreffen ist. Wenn ich tue, was von oben verlangt wird, muss ich mich nicht anstrengen, ich muss nicht selbst denken, und außerdem kann mir dann auch nichts passieren, weil ich mich ja an alle Regeln gehalten habe.

Die Energie, als wir mit diesem Team aus dem Industrieunternehmen arbeiteten, war nicht einfach zu beschreiben. Ich spürte eine Art Hilflosigkeit – ein Gefühl der Hoffnungslosigkeit angesichts seiner Unfähigkeit, die Kontrolle über seine Situation zu übernehmen und wirksame Maßnahmen zu ergreifen. Da die meisten Mitarbeiter, mit denen wir zusammenarbeiten, sonst Selbstvertrauen ausstrahlen, selbst wenn sie ihre Verletzlichkeit zum Ausdruck bringen, erschienen uns diese Ausdrücke untypisch. Es waren die ersten Anzeichen erlernter Hilflosigkeit.

Nun ist es immer schwierig, mit Menschen zu arbeiten, die gerade in besonders angespannten Situationen sind. Gerade wenn ein Change im Unternehmen vorgeht, sind viele Änderungen notwendig, und das bringt auch viele Rückschläge mit sich. Scheitern ist unvermeidlich. Aber wie wir mit diesem Scheitern umgehen, beeinflusst auch, wie wir unsere zukünftigen Ziele angehen. Es handelt sich um einen Feedbackzyklus, der manchmal schiefgehen kann, wenn er nicht sorgfältig geprüft wird. Insbesondere das Erleben von Misserfolgen kann zu einer psychologischen Reaktion führen, die als erlernte Hilflosigkeit bezeichnet wird.

Erlernte Hilflosigkeit ist ein mentaler Zustand, bei dem jemand, der wiederholt widrige Situationen ertragen muss, nicht mehr in der Lage oder willens ist, diese Situationen zu vermeiden. Das geschieht, weil frühere Erfahrungen Sie haben glauben lassen, dass Sie nicht in der Lage sind, ihnen aus dem Weg zu gehen. Im Wesentlichen haben Sie sich selbst (und Ihr Gehirn) darauf trainiert zu glauben, dass Sie keine Kontrolle über die Situation haben, und versuchen es daher nicht einmal. Es ist gefährlich, unseren Geist mit einschränkenden Überzeugungen über das zu füllen, was wir erreichen können (oder nicht). All diese Gedanken erzeugen einen Kreislauf selbstzerstörerischen Denkens. Und wenn Sie sich mitten in diesem Kreislauf befinden, werden Ihre Motivation und Ihre Gesamtproduktivität unweigerlich leiden. Erlernte Hilflosigkeit resultiert aus negativ konditioniertem Lernen und läuft größtenteils unbewusst ab. Wenn Sie die hilflosen Gefühle der Negativität erleben, machen Sie die Erfahrung, dass es besser ist, wenn Sie aus Angst vor Misserfolg oder Ablehnung keine neuen Dinge ausprobieren. Und wenn diese Erfahrungen ausreichend sind, wird die Übernahme einer anderen Einstellung höchst problematisch.

Im Grunde ist erlernte Hilflosigkeit eine Form der Konditionierung. Konditionierung basiert auf der Idee, dass menschliches Verhalten durch Assoziationen und Reaktionen in der Umwelt erlernt wird. Anders ausgedrückt: Wenn etwas verstärkt oder belohnt wird, ist die Wahrscheinlichkeit höher, dass wir dieses Verhalten noch einmal wiederholen. Wenn wir hingegen bestraft werden, ist es wahrscheinlicher, dass wir dasselbe Verhalten in Zukunft vermeiden.

Das Verlernen dieser Assoziation und das Dekonditionieren der Reaktion erfordert ein wenig Übung:

Nehmen Sie ein optimistisches Mindset an.

Identifizieren Sie zunächst Ihr eigenes Mindset. Überlegen Sie dazu, wie Sie für sich Ereignisse erklären, die in Ihrem Alltag passieren. Die Muster hierfür sind eng mit der erlernten Hilflosigkeit verknüpft. Es kommt alles auf die Unterschiede zwischen Optimismus und Pessimismus an. Das Hauptziel beim Verlernen der erlernten Hilflosigkeit ist die Übernahme eines optimistischeren Erklärungsstils. Psychologen glauben, dass man erlerntes Hilflosigkeitsverhalten ändern kann, indem man die Art und Weise ändert, wie man die Ursachen von Ereignissen in seinem Leben betrachtet. Das wird als »Attributionsstil« oder »Erklärungsstil« bezeichnet. Ihr Attributionsstil kann auf drei Arten kategorisiert werden:

Intern versus extern (persönlich)

Hierbei geht es um die Art und Weise, wie Sie die Ursache eines Ereignisses erklären und wem Sie die Verantwortung dafür zuschreiben. Wenn Sie ein Ereignis als intern einstufen, sehen Sie sich selbst als Ursache und nicht als externen Faktor. Zum Beispiel »Ich mache immer alles falsch«. Wenn Sie hingegen sagen, dass »dieses oder jenes Ereignis Schuld für mein Versagen ist«, dann suchen Sie die Ursache extern.

Stabil versus temporär (permanent)

Diese Attribute zeigen, ob ein Ereignis eine dauerhafte Auswirkung haben wird oder nicht. Zum Beispiel »Ich werde immer unterbrochen, wenn ich in einer Besprechung etwas sage. Das passiert mir ständig, das war schon in der Kindheit so« (stabil), im Gegensatz zu »Ich wurde unterbrochen, weil dem Kollegen dazu eine wichtige Ergänzung eingefallen ist, und wir sind dann einfach nicht mehr auf das Thema zu sprechen gekommen« (temporär).

Global versus spezifisch (pervasiv)

Dabei wird der Kontext eines Ereignisses in den Mittelpunkt gerückt: Es geht darum, ob die Situation in allen Umgebungen konsistent oder spezifisch für eine Umgebung ist. Zum Beispiel »Ich finde diese Besprechungen mit dem ganzen Team mühsam, nie geht dabei etwas weiter« (global) versus »Heute hat das Team-Meeting wirklich nichts gebracht« (spezifisch).

Pessimisten verfallen in Muster erlernter Hilflosigkeit, indem sie persönliche Situationen wie folgt betrachten:

- Intern: »Etwas stimmt mit mir nicht ...«
- Stabil: »Das wird wieder passieren, ich weiß es ...«
- Global: »Ich werde die Besprechung vergeigen ...«

Optimisten vermeiden Muster erlernter Hilflosigkeit, indem sie persönliche Situationen wie folgt betrachten:

- Extern: »Ich habe heute nicht genug geschlafen und konnte daher nicht so klar denken wie sonst ...«
- Temporär: »Das ist wahrscheinlich ein einmaliger Vorfall ...«
- Spezifisch: »Meine Schwäche liegt in diesem einen Bereich, nicht in allen ...«

Wenn Sie Ihr Muster herausgefunden haben, wissen Sie, an welchem der drei Attributionsstile Sie arbeiten sollten, um Ereignisse positiver zu bewerten. Jedes Mal, wenn Sie einer Situation einen Sinn geben wollen, versuchen Sie, diesen bewusst optimistisch zu wählen.

Eine weitere Methode, um erlernte Hilflosigkeit zu überwinden, ist, ein Grundprinzip der Selbstwahrnehmung zu verstehen: Sie haben jederzeit und immer die Kontrolle. Psychologische Untersuchungen haben gezeigt, dass der Glaube, dass ein Scheitern außerhalb Ihrer Kontrolle liegt oder dass sich eine Situation wahrscheinlich nicht ändern wird, mit einer schlechteren Leistung und einer geringeren Selbstwirksamkeit verbunden ist. Studien haben nun gezeigt, dass gerade das Setzen von Zielen zu Verhaltensänderungen führt, da sie den Wunsch steigern, auf eine bestimmte Art und Weise zu handeln (Motivation). Sie können dazu die SMART-Methode anwenden.

SMARTe Ziele

Ein SMARTes Ziel wird durch seine fünf Schlüsselaspekte oder -elemente definiert. Natürlich können Sie auch ohne diese fünf Aspekte ein Ziel setzen, aber es wird Ihnen helfen, effektiv dranzubleiben. Werfen wir einen genaueren Blick auf die fünf Elemente von SMARTen Zielen:

- Spezifisch: Spezifische Ziele haben ein gewünschtes Ergebnis, das klar verstanden wird. Dies kann beispielsweise eine Verkaufszahl oder ein Produkteinführungsziel sein. Ganz gleich, um welches Ziel es sich handelt, es sollte so formuliert sein, dass alle mit dem Ziel einverstanden sind. Definieren Sie, was erreicht werden soll und welche Maßnahmen ergriffen werden müssen, um dieses konkrete Ziel zu erreichen.
- Messbar: Zahlen helfen Ihnen, den Fortschritt zu verfolgen. Definieren Sie, welche Daten Sie zur Messung des Ziels verwenden werden, und legen Sie eine Methode zur Erfassung fest.

- Erreichbar (Achievable): Ziele müssen erreichbar sein, um die Motivation aufrechtzuerhalten, sie zu erreichen. Es ist gut, sich hohe Ziele zu setzen, aber meistens sind gerade zu Beginn kleine Ziele angenehmer.
- Realistisch: Ziele sollten mit der Mission des Unternehmens im Einklang stehen. Setzen Sie sich Ziele nicht nur als Übung, um etwas zu tun. Eine Möglichkeit festzustellen, ob das Ziel relevant ist, besteht darin, den Hauptnutzen für das Unternehmen zu definieren.
- Zeitgebunden (Time-bound): Ziele sind im Idealfall an eine Frist gebunden. Ein Ziel ohne Deadline bringt nicht viel.

Erlernte Hilflosigkeit ist ein gefährlicher Zustand für jedes Unternehmen. Es verringert die Motivation und Produktivität und wirkt sich negativ auf die gesamte Unternehmenskultur aus. Das Befolgen dieser Schritte wird Ihnen helfen, diesen erlernten Geisteszustand zu überwinden. Indem Sie innehalten und über Ihren aktuellen Zustand nachdenken, können Sie Ihr Gehirn wieder aktivieren und Ihre Situation in die Hand nehmen. Und Sie werden lernen, dass Sie jederzeit die Macht und Kontrolle haben – und dass es wichtig ist, was Sie denken und tun.

In unserem Ideenworkshop mit dem Industrieunternehmen mussten wir diese Blockaden, von der Überbetonung von Autorität über die Risikoaversion bis hin zur erlernten Hilflosigkeit, überwinden. Ein paar Tipps, wie das geht, zeigen die folgenden Methoden. Sie alle laufen darauf hinaus, die Selbstorganisation und Selbstverantwortung zu stärken. Aber zuerst betrachten wir einen Weg, wie es nicht funktioniert.

Seid jetzt kreativ!

Appelle wie »Seid jetzt kreativ« oder »Seid jetzt ganz spontan« funktionieren nicht, wenn man gegen erlernte Hilflosigkeit vorgehen will. Ebenso beliebt ist die Aufforderung »Think outside the box«, sinngemäß übersetzt mit »Sieh über den Tellerrand hinaus«. Sie impliziert, Annahmen zu hinterfragen und Einschränkungen zu testen. So weit, so gut. Die Sache ist nur die: Jede Person, die diesen Satz sagt, verrät damit, dass sie dem eigenen Rat nicht folgt. Denn würde diese Person zur Lösung des vorliegenden Problems beitragen, würde sie eine konkrete Idee oder Lösung anbieten – und nicht den Satz sagen.

Woher kommt eigentlich diese Aufforderung? In den frühen 1970er Jahren war ein Psychologe namens J. P. Guilford einer der ersten Forscher, der es wagte, eine Studie[1] über Kreativität durchzuführen. Eine von Guilfords berühmtesten Studien war das Neun-Punkte-Rätsel (siehe Abbildung 11). Dabei wurden die Probanden aufgefordert, alle neun Punkte mit nur vier geraden Linien zu verbinden, ohne den Bleistift vom Papier zu nehmen. Heutzutage kennen viele Menschen dieses Rätsel und seine Lösung, aber in den 1970er Jahren traf das nur auf wenige Menschen zu, obwohl es das Rätsel schon fast ein Jahrhundert gab.

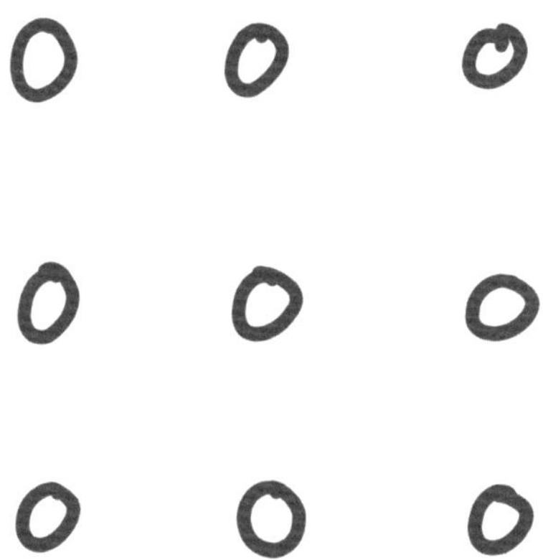

Abbildung 11: Übung: Verbinden Sie alle neun Punkte mit nur vier geraden Linien

Wenn Sie selbst schon einmal versucht haben, dieses Rätsel zu lösen, werden Sie vermutlich bestätigen, dass die ersten Versuche darin bestehen, Linien innerhalb des imaginären Quadrats zu ziehen. Die eigentliche Lösung besteht allerdings darin, die Linien so zu zeichnen, dass sie über den durch die Punkte definierten Bereich hinausgehen (siehe Abbildung 12).

Die Teilnehmenden der Studie zensierten ihr eigenes Denken, indem sie die möglichen Lösungen auf diejenigen innerhalb des imaginären Quadrats beschränkten (sogar diejenigen, die das Rätsel schließlich lösten). Auch wenn sie angewiesen wurden, von einer solchen Lösung Abstand zu nehmen, waren sie nicht in der Lage, eine andere Lösung außerhalb des Raums zu sehen. Nur 20 Prozent gelang es, aus der illusorischen Gefangenschaft auszubrechen und ihre Linien im weißen Raum um die Punkte fortzusetzen. Die Lösung besteht darin, eine allgemeine, aber unausgesprochene Einschränkung zu ignorieren, die bei Rätseln wie diesem normalerweise auftritt. Die Implikation ist, dass wir ständig Einschränkungen erfinden und diese nicht herausfordern. Die Symmetrie, die Einfachheit der Lösung und die Tatsache, dass 80 Prozent der Teilnehmer von den Grenzen des Quadrats geblendet waren, führten Guilford zu der vereinfachten Schlussfolgerung, dass Kreativität erfordert, über die Grenzen hinauszugehen. Das Neun-Punkte-Rätsel und der Ausdruck »über den Tellerrand hinausdenken« wurden zu Metaphern für Kreativität. Kürzlich wiederholten verschiedene Forscher die Studie. Sie gaben der Gruppe noch dazu explizit den Rat, »über den Tellerrand hinauszudenken«. Das Ergebnis? Die Lösungen waren dieselben wie aus der ersten Studie. Es gab keine wesentlichen Änderungen oder neuen Ansätze.

Jemandem zu sagen, dass er einfach etwas anders machen soll, macht es für die betreffende Person nicht einfacher. Unser Gehirn versucht immer, so effizient wie möglich zu arbeiten. Die Annahme von Regeln und Einschränkungen ist Teil der Aufgabe unseres Gehirns. Als Führungskraft ist es weitaus sinnvoller, kreatives Denken zu fördern und ein gesundes Umfeld zu schaffen, in dem interessante Ideen erforscht werden, als einfach an-

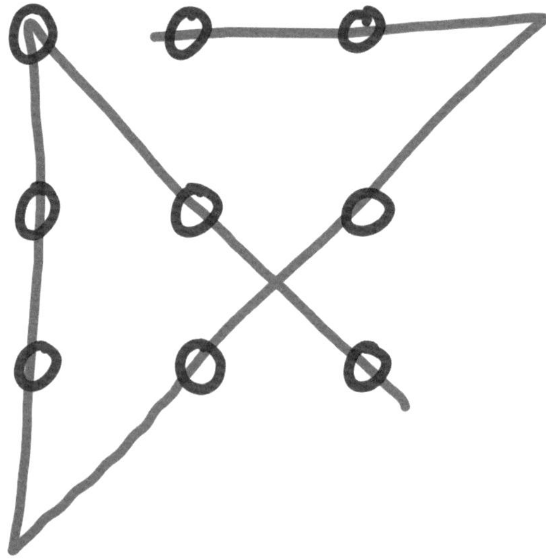

Abbildung 12: Lösung der Übung

dere dazu aufzufordern, »out oft he box« zu denken. Sie können aber trotzdem etwas von diesem Satz mitnehmen: Hinterfragen Sie Ihre eigenen Einschränkungen und Wahrnehmungen und bewerten Sie neu, was Sie für wahr halten. Im Neun-Punkte-Rätsel ist die Box die falsche Einschränkung, aber bei einem Projekt könnte eine hinderliche Annahme darin bestehen, dass Sie von einer Frist ausgehen, die so nicht stimmt, oder von einer Anforderung eines Kunden, die neu definiert werden kann. Erstellen Sie eine Liste aller Einschränkungen, von denen Sie annehmen, dass sie wahr sind, und überprüfen Sie sie. Ändern Sie die, die nicht mehr gelten, um so neue Möglichkeiten und Wege zu erforschen. Solche Appelle funktionieren nicht, weil sie wieder nur die Vernunft ansprechen.

Wie kann man nun in einem Workshop mit Menschen arbeiten, die Risiken überbewerten, die unter ihrer erlernten Hilflosigkeit leiden, die sich nicht mehr trauen, Regeln zu brechen, die tun, was von oben verlangt wird? Wir erlauben ihnen, die Regeln zu brechen. Und das geht folgermaßen.

Kill the Company

»Kill the Company« ist eine Methode, bei der Sie Ihre Fantasie einsetzen können, um Ihre eigene Organisation zu zerstören. Indem Sie in die Schuhe Ihres größten Konkurrenten schlüpfen, decken Sie schnell Ihre eigenen Schwächen auf. Der Trick dahinter ist ganz einfach: Wenn Sie wissen, was Sie verwundbar macht, können Sie leichter Katastrophen vermeiden. Besser noch: Sie haben dadurch die Chance, Probleme und Herausforderungen in Chancen zu verwandeln. Die meisten Unternehmen treffen Entscheidungen hauptsächlich aufgrund ihrer Stärken. Sie stellen Fragen wie »Was können wir erreichen, wenn wir uns auf unsere Stärken oder unseren USP konzentrieren?« Schwächen erhalten bei weitem nicht so viel Aufmerksamkeit. Genauso wie kritische Mitarbeiter. Auch sie werden in den meisten Fällen nicht unbedingt dazu ermutigt, ihre Bedenken laut zu äußern. Sich auf seine Stärken zu konzentrieren, ist verständlich, aber nicht immer sinnvoll. Vor allem, wenn wir anfangen, Anzeichen zu ignorieren, die darauf hindeuten, dass etwas nicht in Ordnung ist. »Kill the Company« ist eine Kreativtechnik, die genau zu diesem Zweck eingesetzt wird. Mit dieser Technik ermitteln Sie Schwachstellen und Bedrohungen, sodass Sie diese Erkenntnisse zu Ihrem Vorteil nutzen können.

Die Methode besteht aus drei Schritten:

1. Gemeinsames Analysieren über Möglichkeiten zur Zerstörung der eigenen Organisation,
2. Ermittlung der größten Bedrohungen und
3. Generierung von Ideen für Lösungen und Chancen.

Schritt 1: Wie können wir unser Unternehmen zerstören?

Fragen Sie die Teilnehmer: »Stellen Sie sich vor, Sie arbeiten für unseren größten Konkurrenten. Was könnten Sie tun, um unser Unternehmen zu eliminieren?« Geben Sie den Teilnehmern Zeit, so viele Ideen wie möglich aufzuschreiben. Schließlich sind die Möglichkeiten, ein Unternehmen zu zerstören, nahezu unbegrenzt: von ähnlichen oder besseren Produkten über Datenlecks und Unternehmensspionage bis hin zu einem neuen Dienst, der Ihr Produkt irrelevant macht, und so weiter. Wenn es den Teilnehmern schwerfällt, viele verschiedene Möglichkeiten zu finden, »das Unternehmen zu zerstören«, können Sie an dieser Stelle auch unterschiedliche Kreativtechniken einsetzen.

Schritt 2: Die größten Bedrohungen ermitteln

Gruppieren Sie alle Ideen. Achten Sie darauf, dass es Gruppen mit guten und weniger guten Ideen gibt. Das sind Bereiche oder Themen, denen Sie besondere Aufmerksamkeit widmen sollten. Listen Sie die drei größten Risiken auf.

Schritt 3: Lösungen generieren und Chancen identifizieren

Der letzte Teil der Übung besteht darin, vorbeugende Maßnahmen zu erarbeiten. Erarbeiten Sie gemeinsam im Team Ideen, um den größten Gefahren vorzubeugen. Wie können Sie sicherstellen, dass Ihr Unternehmen nicht von einer Katastrophe heimgesucht wird? Neben präventiven Maßnahmen können Sie diesen letzten Teil der Übung auch dazu nutzen, über weitere Möglichkeiten nachzudenken. Was bei der Umsetzung durch einen Konkurrenten eine Bedrohung darstellen würde, könnte für Sie selbst eine enorme Chance sein, wenn Sie selbst in die Lösung investieren. Potenzielle Initiativen können Ihrem Unternehmen Auftrieb geben und Sie motivieren, neue Chancen zu entdecken beziehungsweise anderen Unternehmen zuvorzukommen.

Die Macht, Ihr Unternehmen zu »töten«

Was »Kill the Company« so wirkungsvoll macht, ist, dass Sie den Teilnehmern die Erlaubnis geben, offen, ehrlich und vor allem kritisch gegenüber der eigenen Organisation zu sein. Dadurch ermöglichen Sie es denjenigen, die genau wissen, was im Unternehmen wirklich vor sich geht, direkt auf Schwachstellen hinzuweisen, die sonst möglicherweise übersehen würden. Die meisten wollen nicht auf Schwächen angesprochen werden beziehungsweise meistens ist es nicht erwünscht. Viel lieber wollen die Menschen positive Geschichten hören, als zu erfahren, was anders oder verbessert werden sollte. Die Übung »Kill the Company« gibt Ihren Mitarbeitern genau diese Freiheit und lädt sie dazu ein, ihrem Frust Luft zu machen. Während der Übung steht es ihnen frei, alles anzugreifen, was ihnen an der Organisation nicht gefällt. Indem Sie wie Ihr Konkurrent denken, schaffen Sie eine Art »psychologische Distanz«. Mit dem Abstand zum Problem fällt es Ihnen vermutlich leichter, kreative Lösungen zu finden. Dadurch können die Teilnehmer einfacher über radikale neue Ansätze nachdenken.

Was wäre, wenn ...?

Was sind Ihre größten Hindernisse für Innovationen? Normalerweise sind es Regeln, Normen und Prozesse, die Sie gerne abschaffen würden, aber nicht können. Jedes Unternehmen hat sie. Wie auch in unserem Fallbeispiel gibt es – egal in welcher Organisation oder Branche – immer jemanden, der sagt: »Oh, das könnten wir hier nie machen. Wir müssen Regeln befolgen.« Die Sache ist nur die: Die meisten dieser Regeln sind selbst auferlegt – und selbst heilige Regeln können hinterfragt und gegebenenfalls zerstört werden.

Als Design-Thinking-Beraterin ist es meine Aufgabe, alte Denkweisen aufzudecken und neue Prozesse zu konzipieren. Eine verblüffend einfache Frage, die dazu führt, beginnt mit den Worten: Was wäre, wenn ...? Frische Ideen und Ansätze sind das, was Unternehmen erfolgreich macht. Sie schaffen Erinnerungen, die Mitarbeiter und Kunden im Idealfall ein Leben lang begleiten. Entscheidend für Innovation ist, dass wir uns auch bewusst die Zeit nehmen, um nachzudenken. Ein weiteres Hindernis stellen unsere Denkflüsse dar. Je weiter wir in unserer Karriere vorankommen, desto mehr Fachwissen entwickeln wir. Obwohl das an sich eine gute Sache ist, wird es schnell zum Problem, wenn es darum geht, neue Ideen zu finden. Es ist einfacher, Gründe zu finden, warum etwas nicht funktioniert. Schon bald wird neuen, innovativen Ideen keine Beachtung geschenkt. Sie werden fast sofort abgeschaltet, noch bevor sie überhaupt die Chance haben, zum Leben zu erwachen.

Die »Was wäre, wenn«-Methode bietet einen Rahmen, der uns dabei hilft, unsere eigenen Denkströme zu überwinden. Wie? Indem wir die starren und oft auch konventionellen Regeln in unseren Unternehmen und Branchen infrage stellen. Diese scheinbar so einfache Frage hat schon einige der brillantesten Geschäftsideen der letzten Jahrzehnte hervorgebracht – nur, indem sie gesellschaftliche Regel infrage gestellt hat.

- Spotify: Was wäre, wenn wir Musik nicht als Album besitzen würden?
- Uber: Was wäre, wenn jedes Auto ein Taxi sein könnte?
- Netflix: Was wäre, wenn ich nicht in die Videothek zum Ausleihen eines Films müsste?

Durch die Infragestellung einer Kernregel, die meist vor Jahrzehnten und aus einem kollektiven Denkfluss heraus innerhalb einer Branche entstanden ist, konnten bahnbrechende neue Ideen entstehen, die wiederum ganze Branchen auf den Kopf gestellt haben. Um dasselbe in Ihrer eigenen Organisation zu erreichen, können Sie die »Was wäre, wenn«-Methode in drei Schritten implementieren.

Schritt 1: Schreiben Sie alle Regeln auf

Der erste Schritt des Prozesses besteht darin, alle Regeln aufzulisten, die derzeit in dem Bereich gelten, den Sie ändern möchten. Achten Sie darauf, dass Sie nicht mit Annahmen oder Verallgemeinerungen arbeiten, sondern mit Fakten. Um eine vollständige Liste der Regeln zu erstellen, ist es hilfreich, den gesamten Prozess, den Sie infrage stellen, von Anfang bis Ende zu durchdenken und jede einzelne Regel zu identifizieren.

Schritt 2: Wählen Sie eine Regel aus, die Sie ändern wollen

Suchen Sie sich eine Regel aus und fragen Sie: »Was wäre, wenn …?« Zu diesem Zeitpunkt geht es noch nicht darum zu überlegen, wie diese Regel gebrochen werden soll. Wenn Sie das wüssten, dann würden Sie keine neuen Ideen hervorbringen, sondern eher eine Iteration der alten Idee. Die Entscheidung, wie gegen die Regel verstoßen werden kann, erfolgt im letzten Schritt des Prozesses.

Schritt 3: Stellen Sie sich vor, wenn …
Dieser Schritt erfordert, dass Sie Ihren Denkfluss herausfordern und sich alle Veränderungen und Szenarien vorstellen, die eintreten würden, wenn Sie diese eine bestimmte Regel ganz bewusst brechen. Besprechen Sie die verschiedenen Möglichkeiten, wie diese Regel abgeschafft werden kann. Malen Sie sich ein Leben ohne diese Regel aus.

Bei dem ganzen Prozess ist es hilfreich, wenn Sie daran denken, alle Ideen aufzuschreiben, die dem Team einfallen. Vergessen Sie auch nicht, dass nicht jeder gleich schnell denkt oder auf dieselbe Weise Informationen aufnimmt. Versuchen Sie deswegen, auch schon beim Ideengenerieren visuelle, akustische und kinästhetische Hinweise zu integrieren. Sie können zum Beispiel Skizzen oder Diagramme einsetzen, um visuelle Repräsentationen zu schaffen. Oder arbeiten Sie mit Audioaufnahmen, die bestimmte Aspekte besser erläutern.

In den meisten Unternehmen sind jahrzehntelange Status quo und die vierteljährliche Verfolgung von Kennzahlen verankert. Diese Dinge werden für Sie und Ihr Team zunächst unglaublich schwer zu bewältigen sein. Aber wie bei allem anderen gilt auch hier: Übung macht den Meister – und die Anwendung der »Was wäre, wenn«-Frage leichter. Machen Sie es sich also zur Gewohnheit, diese Frage immer wieder zu stellen. Versuchen Sie, so lange eine solche Frage zu stellen, bis Sie disruptive, innovative Ideen entwickeln, diese erkunden und auch umsetzen.

Aufruf zum Regelbruch

Wir haben in dem Workshop mit unserem Industriekunden bewusst auf diese und ähnliche Kreativitätsmethoden mit Spaßfaktor gesetzt, die es dem Team sozusagen ganz offiziell erlaubt haben, Regeln zu brechen. Bei der »Kill the Company«-Methode haben wir die Teilnehmer aufgefordert, aktiv darüber nachzudenken, wie sie das eigene Unternehmen ruinieren würden, wenn sie absichtlich die schlechtesten Entscheidungen treffen würden, um im Bereich der E-Mobilität zu scheitern. Dieser unkonventionelle Ansatz erlaubte es den Mitarbeitern, ihre Bedenken und Hemmungen abzulegen und sich auf das Denken außerhalb der gewohnten Grenzen zu konzentrieren. Die Methode machte nicht nur Spaß, sondern half auch dabei, die Angst vor dem Scheitern abzubauen und kreativ, ohne Furcht vor Konsequenzen, neue Ideen zu erforschen.

Bei der »Was wäre, wenn«-Methode luden wir die Teilnehmer ein, sich in hypothetischen Szenarien zu bewegen und sich vorzustellen, was passieren würde, wenn das Unternehmen radikale Veränderungen in der Strategie durchführen würde. Zum Beispiel »Was wäre, wenn wir uns komplett auf die Produktion von Elektrofahrzeugteilen fokussieren würden?« oder »Was wäre, wenn wir innovative Partnerschaften in der Elektromobilitätsbranche eingehen würden?«. Diese Fragen ermutigten die Mitarbeiter, über den Tellerrand hinauszudenken und neue Möglichkeiten zur Anpassung an die E-Mobilitätsentwicklung zu erkunden, ohne sich von Bedenken oder Widerstand lähmen zu lassen.

Nachdem wir einige inspirierende Ideen generiert hatten, ging es darum, diese Ideen in greifbare Konzepte und konkrete Lösungen zu verwandeln. Dies erreichten wir durch Sketching und Prototyping, die die abstrakten Gedanken in greifbare Formen brachten. Hierbei spielten Kreativität und Zusammenarbeit eine entscheidende Rolle, da die Teilnehmer gemeinsam Ideen skizzierten und weiterentwickelten. Dieser Prozess half, die abstrakten Konzepte zu konkretisieren, und ermöglichte es, die vielversprechendsten Ideen zu identifizieren, die dann in die nächste Phase der Entwicklung überführt wurden. Durch das Skizzieren und Visualisieren konnten wir den Innovationsprozess in die Praxis umsetzen und die besten Ansätze für die Anpassung an die E-Mobilitätsbranche festlegen.

Sketching – Ideen sichtbar machen

Es gibt viele gute Gründe, gemeinsam in einer Gruppe Ideen zu skizzieren. Aber es gibt zwei Gründe, die ich besonders wichtig finde:

1. Sie bekommen auf diese Weise in Echtzeit Feedback zu Ihren Ideen. Sie können jedes Teammeeting dazu nutzen, Ihre Ideen zu zeichnen und verrückte Ideen auszuprobieren. Gerade wenn die Ideen außerhalb der normalen Konventionen liegen, können Sie auf diese Weise auch herausfinden, wo sich die Komfortzone des Teams befindet. Das hilft Ihnen auch später, sich auf die Konzepte zu konzentrieren.
2. Sie lernen so auch viel über die verschiedenen Ansichten und Perspektiven der Menschen kennen. Gemeinsames Skizzieren hilft Ihnen dabei, wichtige Gespräche zu führen – über die Idee, das Produkt oder einfach nur Informationen auszutauschen und so mehr über das Problem selbst zu erfahren.

Diejenigen, die nicht oft zeichnen oder die gar noch den Glaubenssatz haben, dass sie nicht kreativ seien, sind oft von dem Gedanken, eine Idee zu skizzieren, abgeschreckt. Aber es gibt ganz viele Wege, um die Ideen zu skizzieren:

- Business-Analysten, die Diagramme skizzieren,
- Produktmanager, die grobe Layouts entwerfen,
- Führungskräfte, die Mindmaps zeichnen,
- Teams, die verschiedene Ideen auf ein Board schreiben.

Es geht nicht um perfekte Zeichnungen. Es geht nicht einmal um ausgereifte Ideen. Es geht einzig und allein um Konzepte, die uns Einblicke in das Problem und mögliche Lösungen geben. Ideenfindung und Innovation sind für Unternehmen und Einzelpersonen, die Probleme lösen und neue Ideen entwickeln möchten, von entscheidender Bedeutung. Allerdings kann sich der Prozess der Ideenfindung und Innovation oft überwältigend und herausfordernd anfühlen. Skizzieren ist ein sehr leistungsstarkes Werkzeug für Ideenfindung und Innovation. Es ermöglicht Ihnen, Ideen, Konzepte und Lösungen schnell und einfach zu visualisieren. Das Skizzieren kann auf Papier oder digital erfolgen, und es gibt viele Skizziertechniken, die Sie verwenden können.

Hier ein paar Beispiele:

Miniaturskizzen sind einfach angefertigte Skizzen, mit denen Sie mehrere Ideen ganz schnell ausprobieren können. Die beste können Sie dann auch noch verfeinern. Auf diese Weise können Sie schnell unterschiedliche Ideen und Variationen ausprobieren.

Mindmaps helfen Ihnen, Ihre Gedanken und Ideen visuell zu ordnen. Beginnen Sie mit einer zentralen Idee und fügen Sie dann ausgehend davon ähnliche oder auch verwandte Ideen hinzu. Mindmaps können Ihnen dabei helfen, Zusammenhänge zwischen Ideen zu erkennen oder auch neue Ideen zu entwickeln.

Storyboards sind eine Reihe von zusammenhängenden Skizzen oder Bildern, die eine Geschichte erzählen. Sie können zur Planung von Videos, Animationen oder sogar Präsentationen verwendet werden. Storyboards helfen Ihnen, den Ablauf einer Geschichte zu visualisieren und sicherzustellen, dass sie einen Sinn ergibt. Wenn Sie beispielsweise ein Video erstellen, um für ein neues Produkt zu werben, können Sie ein Storyboard erstellen, um die Aufnahmen und Szenen zu planen.

Sketchnoting ist eine spezielle Technik, die das Skizzieren mit Notizen kombiniert. Sie zeichnen schnelle Bilder und Symbole, um wichtige Ideen und Konzepte darzustellen. Dadurch können Sie sich Informationen besser merken und Ihre Notizen auch visuell ansprechender gestalten.

Bei alldem geht es nicht darum, ein Meisterwerk zu schaffen, sondern Information und Zusammenhänge für das Team festzuhalten. Wenn Sie dennoch Schwierigkeiten haben zu beginnen, probieren Sie einen der folgenden Tricks aus.

- Setzen Sie sich ein Ziel. Überlegen Sie, bevor Sie starten, welchen Aspekt Sie genauer untersuchen wollen.
- Beginnen Sie mit einem bestimmten Szenario und einer Persona (siehe Kapitel »Ausrede Nr. 2«). Denken Sie an eine Person, die das Produkt verwendet. Wie wird diese Person das Produkt verwenden? Was wird sie von der Verwendung haben, was erwartet sie davon?
- Legen Sie ein Zeitlimit fest. Lassen Sie die Leute nicht länger als zehn Minuten zeichnen. Diese Einschränkung verhindert, dass die Teilnehmer abdriften und sich möglicherweise auf die Lösung des Problems konzentrieren.
- Diskutieren Sie Ihre Ideen. Der Wert von Skizzen liegt in ihrer Geschwindigkeit. Holen Sie sich Feedback zu den Ideen in den Skizzen, bevor Sie endgültige Entscheidungen treffen.
- Analysieren Sie Ihre Ideen und schreiben Sie auf, was funktioniert hat und was nicht. Gehen Sie nicht davon aus, dass Sie nach dem Meeting noch alle Schlussfolgerungen kennen.
- Erarbeiten Sie mehrere Iterationen von Skizzen, und werden Sie dabei zunehmend klarer und genauer, um so Vertrauen in die Idee zu bekommen.

Machen ist wie denken, nur krasser

Wann immer wir in einem Unternehmen erklären, dass wir davon überzeugt sind, dass wir ein neues Produkt in weniger als einer Woche entwerfen können, werden wir ungläubig angestarrt. In vielen Unternehmen ist es üblich, dass neue Produkte über einen langen Zeitraum erdacht und entwickelt werden. Die starren und langwierigen Entwicklungsprozesse, in denen Produktmanager jeden Aspekt bis ins kleinste Detail definieren, können die Kreativität ersticken und die Agilität eines Unternehmens beeinträchtigen. In vielen Fällen geht auch die Eigenverantwortung der Mitarbeiter verloren, da sie lediglich Schritte in einem vordefinierten Plan ausführen, statt aktiv an der Gestaltung und Umsetzung neuer Ideen teilzunehmen. Doch es gibt einen Ausweg aus diesem Dilemma – die Superkraft des »Machens« durch Prototyping.

Als wir begonnen haben, mit dem Unternehmen an Prototypen zu arbeiten, war das radikal, weil das Unternehmen zum ersten Mal erfahren hat, wie es sich anfühlt, die Zukunft vorherzusagen. Mit den Prototypen konnten wir demonstrieren, wie es ist, die Lösung, die es entwickeln wollte, zu verwenden. Wir erlebten eine aufregende und äußerst produktive Prototyping-Woche: Am Montag dieser Woche waren es nur Skizzen auf einem Flipchart, Ideen, die in den Köpfen der Mitarbeiter schlummerten. Am Dienstag nahmen wir uns die Zeit, die Ideen in die Tat umzusetzen. Mit Papierprototypen verfeinerten die Mitarbeiter ihre Vorstellungen und gaben ihnen Form und Struktur. Dies war der erste Schritt, um aus abstrakten Konzepten greifbare Visionen zu machen.

Und dann erlebten wir als Berater diesen besonderen Moment, in dem wir spürten, dass der Workshop nun von allein läuft, dass unser Ziel erreicht ist: Eine Mitarbeiterin schlug vor, für die nächsten Tage das unternehmensinterne Labor zu verwenden. Normalerweise wurden dort nur defekte Produkte analysiert oder zugelieferte Bauteile getestet. Meistens war das Labor überhaupt unbenutzt, wie uns später erklärt wurde. Die Idee, das Labor zu nutzen, war absolut unüblich, noch dazu ohne Genehmigung. Eigentlich wäre das der Moment gewesen, einen Satz wie »Das will man nicht« zu hören – aber er kam nicht. Also ging die Arbeit ab Mittwoch im Labor weiter. Im Labor entstanden Prototypen aus dem 3-D-Drucker oder mit einfachen Blechteilen als Rahmen, manche hatten bewegliche Teile oder sogar kleine Motoren. Für Donnerstag luden wir dann weitere Mitarbeiter des Unternehmens ein, um Feedbackzu den neuen Bauteilen zu geben. Normalerweise wären sie erst viel später im Produktentwicklungsprozess involviert gewesen. Sie beobachteten, testeten, gaben Feedback und sagten, wenn sie etwas verwirrte. Deswegen planten wir zwischen den einzelnen Testphasen Zeit ein, in denen das Team Änderungen vornahm, um die Verwirrungen zu beseitigen. Die größten Probleme wurden jeweils herausgearbeitet und durch einfachere und unkompliziertere Ansätze ersetzt. Am Freitagmorgen hatten wir verschiedene verbesserte Prototypen, die bereits von einem Dutzend Nutzern getestet worden waren. Den Rest des Tages verbrachten wir damit, die Erfahrungen daraus zu dokumentieren und dem Management und den Entscheidungsträgern von unseren erstaunlichen Erkenntnissen zu berichten.

Wir haben in fünf Tagen das erreicht, wofür die Teams zuvor Wochen, wenn nicht Monate gebraucht hatten – und hatten sogar bessere Ergebnisse. Das Beste war, dass wir nicht nur eine Menge darüber gelernt haben, was funktioniert hat und was nicht – wir haben vor allem etwas gemacht. Wir hatten etwas in der Hand, das wir den Nutzern zeigen konnten. Wir konnten ihnen zeigen, wie das Erlebnis war und wie es sein könnte. Keine noch so große Planung im Vorfeld hätte das jemals erreichen können.

Etwas zu machen, verändert alles. Und es hilft Ihnen dabei, dass die Menschen Ihre Lösung ernst nehmen.

In vielen Unternehmen wird nur in der IT-Abteilung agil gearbeitet. Die Idee dahinter ist, dass gerade Software-Entwickler durch schnelle Iterationen – statt durch viel Planung – bessere Ergebnisse erzielen können. Durch das Experimentieren mit schnellen Iterationen sehen die Entwickler, wie sich die Software entwickelt. Diese schnellen Iterationen bedeuten auch, dass sie bereits während der Entwicklung lernen können, was die Lösung noch benötigt, um beim Kunden oder Nutzer anzukommen. Viele Unternehmen haben aber nach wie vor eine Vorliebe für viel Planung. Wenn ein Projekt nicht gut läuft, versuchen die Teams, dann durch genauere Angaben genau das wettzumachen. Sie setzen sich dann mehr Überprüfungskontrollpunkte und dokumentieren mehr, mit dem Ziel, dass alles gleich beim ersten Mal richtig gemacht wird. Teams hingegen, die Prototyping und agile Entwicklung einsetzen, beginnen gleich mit dem Bauen – und nur minimaler Planung. Sie wissen, dass das, was sie machen, wahrscheinlich falsch sein wird, aber das hält sie nicht davon ab. Statt aus dem Prozess des Planens zu lernen, lernen diese Teams durch Ausprobieren. Indem Teams schnelle Prototypen bauen und einfach ins Tun kommen, können sie lernen, wie das Ergebnis aussehen muss. Sie lernen auch die zugrunde liegenden Fragestellungen und vor allem die

Menschen, die ihre Lösung später nutzen sollen, viel besser kennen. Teams mit einer Vorliebe fürs Tun produzieren am Ende bessere Lösungen als Teams mit einer Vorliebe für die Planung. Sie sind besser darüber informiert, wie sie bauen und welche Möglichkeiten sie haben. Vorschlag: Wenn Sie das nächste Mal glauben, dass detaillierte Planung der einzige Weg sei, denken Sie daran zu fragen: »Würde es uns helfen, besser zu planen, wenn wir direkt mit dem Umsetzen beginnen würden?« Die Antwort könnte Sie überraschen.

Wann es besser ist, um Erlaubnis zu bitten und nicht um Vergebung – und wann nicht

---

Einfach das Labor nutzen. Einfach Protoypen erstellen. Einfach testen und dabei den etablierten Produktentwicklungsprozess überspringen. Dieses Unternehmen hat diese Abkürzungen gebraucht, um endlich wieder ins Tun zu kommen.

In unserer extrem schnelllebigen Welt ist es entscheidend für den Erfolg, die richtige Balance zwischen Autonomie und Zusammenarbeit zu finden. Grace Hoppers berühmtes Axiom »Es ist besser, um Vergebung zu bitten, als um Erlaubnis zu fragen« findet bei vielen Anklang. Nur leider ist es nicht ganz so einfach. In den meisten Fällen ist es besser, um Erlaubnis zu bitten, um ein Arbeitsumfeld zu schaffen, in dem Verantwortlichkeit, Zusammenarbeit und Verantwortung geschätzt werden. Es gibt aber auch Fälle, in denen es sinnvoll und wichtig ist, schnell zu agieren und zu handeln. Deswegen ist es wichtig, dass Sie sich bewusst die Frage stellen, wann welche Vorgehensweise die richtige für die jeweilige Situation ist.

Manchmal ist es besser, um Erlaubnis zu bitten

In Branchen, in denen Innovation und kreative Problemlösungen im Vordergrund stehen, wird häufig die Notwendigkeit einer schnellen Entscheidungsfindung und Autonomie betont. Das Einholen einer Erlaubnis ist jedoch kein Hindernis für den Fortschritt, sondern im Grunde ein geschickter strategischer Ansatz, um Abstimmungen zu beschleunigen und Risiken zu minimieren. Gerade Führungskräfte spielen eine entscheidende Rolle dabei, den Ton und die Erwartungen in Bezug auf die Einholung von Genehmigungen festzulegen. Auf jeden Fall braucht es dazu ein sicheres Umfeld, in dem eine Bitte um Erlaubnis als positives und proaktives Verhalten und nicht als Zeichen von Schwäche oder Unentschlossenheit gesehen wird.

Zusammenarbeit und Ausrichtung

Das Einholen einer Erlaubnis stellt zum Beispiel sicher, dass eine gemeinschaftliche Entscheidung getroffen wird und dadurch auch alle Stakeholder und Entscheidungsträger abgeholt werden. In einem funktionsübergreifenden Projektteam stärkt dies das Vertrauen und die Bindung. Wenn Sie Personen aus anderen Abteilungen einbeziehen, fördern Sie dadurch eine offene Kommunikation und gewährleisten gemeinsames Engagement für den Erfolg Ihres Projekts.

Verantwortung

Wenn Sie eine Erlaubnis einholen und damit Ihre Idee mit einem Entscheidungsträger besprechen, zeigen Sie nicht nur, dass Ihnen die Meinung und Sichtweise der anderen Person wichtig ist, sondern Sie zeigen auch ein Verantwortungsbewusstsein für Ihre Handlungen.

Risikominderung

Wenn Sie Ihre Idee mit anderen Abteilungen und Entscheidungsträgern teilen, vergrößert sich die Bandbreite der Perspektiven und es verringert sich das Risiko, dass Sie Schwachstellen oder Probleme übersehen.

Strategien, um die richtige Balance zu finden

Damit Sie aber die Energie und Dynamik einer Innovation nicht verlieren, ist es manches Mal allerdings sinnvoll, an der Bürokratie vorbeizuarbeiten und die richtige Balance zu finden, wenn es um die Einforderung von Genehmigungen geht.

Kontextbezogene Bewertungen

Bewerten Sie die Situation und deren mögliche Auswirkungen auf das Unternehmen. Überlegen Sie, ob die Entscheidung routinemäßig, operativ oder strategisch ist. Wenn eine Aufgabe eine Routineaufgabe ist, die eine geringe Auswirkung auf das Unternehmen haben wird, ist eine Genehmigung in den meisten Fällen nicht erforderlich. Wenn Sie allerdings eine große Änderung planen oder es Auswirkungen auf die Strategie geben könnte, sollten Sie unbedingt alle Beteiligten miteinbeziehen.

Klare Kommunikationskanäle

Damit nicht zu viel Zeit und Energie in den Genehmigungsprozess an sich fließen, richten Sie transparente Kommunikationskanäle und Richtlinien ein. Stellen Sie dazu klare Regeln auf, und definieren Sie Entscheidungsprozesse innerhalb der Organisation. Auf diese Weise wissen alle, wann und von wem sie die Erlaubnis einholen müssen. Allein dieser Schritt minimiert Verwirrungen und Verzögerungen.

Vorteil: Entscheidungsfindung stärken

Ermutigen Sie die Mitglieder in Ihrem Team, Entscheidungen selbstständig innerhalb ihrer Fachexpertise zu treffen. Stellen Sie ihnen das nötige Wissen, die Ressourcen und die Autorität zur Verfügung, um selbstständig fundierte Entscheidungen zu treffen. Es geht darum, aktiv eine Kultur der Autonomie zu fördern und gleichzeitig anzuerkennen, wie wichtig es ist, bei wichtigen oder funktionsübergreifenden Entscheidungen die Erlaubnis einzuholen.

Kontinuierliches Lernen und Anpassungsfähigkeit

Fehler sollten auf jeden Fall als Wachstumschancen gesehen werden und nicht bestraft werden. Wenn Sie Ihr Team ermutigen, aus Erfahrungen zu lernen – unabhängig davon, ob Sie um Erlaubnis bitten oder eigenständig handeln –, helfen Sie ihm dabei, zu lernen und zu wachsen. Vor allem wenn Sie mit Feedbackschleifen arbeiten, ermöglichen Sie einzelnen Personen, über ihre Entscheidungen nachzudenken, daraus zu lernen und ihren Ansatz in Zukunft zu verfeinern. »Es ist besser, um Vergebung zu bitten, als um Erlaubnis zu fragen« bedeutet, das Richtige zu tun, auch wenn Sie keine Unterstützung haben – und manches Mal ist dieser Ansatz auch der richtige. Das gilt es eben abzuwägen. Es geht nicht darum, rücksichtslos zu agieren, sondern darum, Dinge zu tun, die man tun muss, um erfolgreich zu sein. Das Einholen einer Erlaubnis fördert die Zusammenarbeit, die Verantwortlichkeit, stärkt das Vertrauen und minimiert Risiken. Durch die richtige Balance zwischen Autonomie und Zusammenarbeit können Sie eine Kultur der gemeinsamen Verantwortung, Innovation und kontinuierlichen Verbesserung fördern.

Prototyp schlägt PowerPoint

Einige Monate nach unserem New-Business-Workshop begegneten wir zufällig mit zwei Teilnehmern des Workshops auf einer Konferenz. Sie erzählten uns, dass sie auf einer Fachmesse einen aufregenden Entwicklungsauftrag von einem neuen Kunden erhalten hätten – und das für ein Produkt, das einer der Ideen unseres gemeinsamen Workshops entsprungen war.

Was diese Geschichte so besonders machte, war die Tatsache, dass dieses Produkt eigentlich nie für die Messe geplant war. Nach unserem Workshop gab es Bedenken in der Unternehmensführung aufgrund der noch unfertigen Prototypen. Es gab Überlegungen, die Prototypen noch weiter zu verfeinern, bevor sie vor externen Kunden präsentiert wurden. Doch ein kleines, hochmotiviertes Team, bestehend aus Experten verschiedenster Bereiche – vom Vertrieb über Marketing bis zu technischen Produktexperten – setzte sich dafür ein, bei der Fachmesse einfach aufs Ganze zu gehen. So entstand ein »Labor-Stand« auf der Messe, umgeben von 3D-Druckern, Sägen und Bohrern, auf dem die noch unfertigen Prototypen zur Schau gestellt wurden. Und siehe da: Die Kunden schätzten die raue Kompetenz der Ingenieurskunst mehr als die geschliffenen PowerPoint-Slides, die es sonst überall zu bewundern gab.

Schlusswort

In der Welt der Symbolik und der Geheimnisse finden wir die magische Zahl 7 immer wieder: die 7 Zwerge, die 7 Weltwunder, die 7 Farben des Regenbogens – und dann gibt es noch *Die 7 Ausreden der Unternehmen*. Diese Ausreden sind wie die versteckten Pforten zu einer verborgenen Welt, in der Unternehmen sich vor der unmittelbaren Kommunikation mit ihren Kunden verstecken. Doch genau wie die Helden in Märchen und Mythen müssen auch Unternehmen den Mut finden, diese Pforten zu durchschreiten und die Wahrheit anzunehmen. Es ist an der Zeit, diese sieben Ausreden zu durchbrechen und die Beziehung zu den Kunden neu zu gestalten, um wahre Wunder zu schaffen.

Unternehmen müssen endlich aufhören, sich hinter Ausreden zu verstecken und den direkten Kundenkontakt zu scheuen. Das Ausweichen vor der Begegnung mit Kunden ist wie ein unsichtbares Gift, das die Bindung zu Kunden erodiert und das Wachstum hemmt. Statt nach Entschuldigungen zu suchen, ist es an der Zeit, aktiv danach zu streben, die Bedürfnisse, Anliegen und Wünsche Ihrer Kunden endlich zu erkunden und zu verstehen. Ein offener und ehrlicher Dialog schafft nicht nur Vertrauen, sondern eröffnet auch die Tür zu maßgeschneiderten Lösungen und wirklichen Innovationen. Es ist höchste Zeit, Ihr Unternehmen dazu zu ermutigen, Kundenkommunikation als den Schlüssel zum Erfolg und nicht als lästige Pflicht zu begreifen. Nur so können Sie starke Beziehungen knüpfen und den Weg zum langfristigen Triumph beschreiten.

Mein Ziel mit diesem Buch ist es, Ihre Begeisterung für die Welt Ihrer Kunden zu wecken. Wenn Sie beginnen, Fragen zu stellen, haben Sie den Schlüssel zur Erfüllung der Kundenbedürfnisse in Ihren Händen. Fragen sind mächtiger als Antworten und erfordern oft mehr Mut als das Festhalten an vertrauten Vorstellungen. Stellen Sie sich vor, wie Sie sich fühlen, wenn Sie ein Produkt oder eine Dienstleistung entdecken, die nicht nur ein Bedürfnis befriedigt, sondern auch das Leben Ihrer Kunden auf unerwartete Weise bereichert. In solchen Momenten wird deutlich, wie wichtig und auch wertvoll es ist, mutige Fragen zu stellen. Warum existiert dieses Angebot? Wer profitiert wirklich davon? Wie kann es noch verbessert werden?

Die Fähigkeit, mit klugen Fragen die Welt zu verändern, ist nicht nur für Produkte und Dienstleistungen wichtig, sondern auch für jedes Unternehmen. Ihr Engagement und Ihre Fähigkeiten verdienen es, sinnvoll eingesetzt zu werden, und das erfordert ein tiefes Verständnis des wirklichen Umfelds Ihrer Arbeit. Die Macht der richtigen Fragen führt Sie zur Ehrlichkeit, verbessert die Kommunikation im Team und verhindert, dass Ressourcen unnötig verschwendet werden. Ihr Verständnis für Ihren Kunden ist der Schlüssel zu einem Wettbewerbsvorteil und zur nachhaltigen Lösung realer Probleme.

Lassen Sie Ihre Neugier Ihren Kompass sein. Formulieren Sie Fragen. Sammeln Sie Informationen. Analysieren Sie. Die Welt Ihres Kunden zu erforschen, ist keine Last und auch kein Luxus, sondern ein wichtiges Werkzeug, um neue Erkenntnisse zu gewinnen. Ich hoffe, die in diesem Buch präsentierten Methoden erleichtern Ihnen den Start in eine spannende Welt und machen Ihnen Mut, Ihr bisheriges Denken und Vorgehen infrage zu stellen. Begeben Sie sich auf diese Entdeckungsreise und lassen Sie Ihre Fragen den Weg weisen.

Anmerkungen

Weil Innovation kein Zufall ist

1 Gerstbach, I. (2017): Design Thinking in Unternehmen, GABAL Verlag.
2 Gerstbach, I. (2021): 77 Tools für Design Thinker, GABAL Verlag.

Ausrede Nr. 1: Wir kennen unsere Kunden in- und auswendig

1 Gilovich, T., Medvec, V. H., & Savitsky, K. (2000): »The spotlight effect in social judgment: An egocentric bias in estimates of the salience of one's own actions and appearance.« Journal of Personality and Social Psychology, 78(2), S. 211–222.
2 Posner, E. A., und A. M. Rosenkranz: »Incentives and Performance: The Effects of Financial Incentives on Accuracy and Quantity in a Professional Service Setting.«, Journal of Law and Economics, Bd. 53, Nr. 2, 2010, S. 259–288.
3 https://www.researchgate.net/publication/4918104_Intrinsic_and_Extrinsic_Motivation (Abgerufen am 21.08.2023)
4 https://www.jstor.org/stable/24927662 (Abgerufen am 21.08.2023)
5 https://psychclassics.yorku.ca/Sherif/chap5.htm (Abgerufen am 18.08.2023)
6 https://www.researchgate.net/publication/281208338_Social_Identity_Theory (Abgerufen am 20.08.2023)
7 Booth, R. J., & Haworth, L. (2011). *Do people really know what makes them feel good or bad? Introspective and subjective ratings of social feedback.*
8 https://journals.sagepub.com/doi/10.1177/0146167217744524 (Abgerufen am 31.07.2023)
9 https://doi.org/10.1016/j.jesp.2014.03.015 (Abgerufen am 21.07.2023)
10 Oppenheimer, D. M., Converse, B. R., & Epley, N. (2013): »The power of words: Framing effects in charitable giving.« Psychological Science, 24(11), S. 1718–1722
11 https://www.umkc.edu/facultyombuds/documents/grant_gino_jpsp_2010.pdf (Abgerufen am 21.08.2023)
12 https://doi.org/10.1016/j.jesp.2014.03.015 (Abgerufen am 20.07.2023)

Ausrede Nr. 2: Wir haben keine Zeit, unsere Kunden zu befragen

1 https://ieeexplore.ieee.org/document/4720529/ (Abgerufen am 06.06.2023)
2 https://doi.org/10.1016/j.jbusvent.2008.02.003 (Abgerufen am 21.07.2023)
3 Lazarus, R. S., & Folkman, S. (1988): »Coping with negative life events: The role of perceived controllability and perceived predictability.« Journal of Personality and Social Psychology, 55(2), S. 669–677.
4 https://link.springer.com/article/10.3758/s13421-021-01195-w
5 Kaufman, P. (2008): *Poor Charlie's Almanack: The Essential Wit and Wisdom of Charles T. Munger.* Donning Company.
6 Svenson, O. (1981): »Are we less risky and more skillful than our fellow drivers?« Acta Psychol. 47, S. 143–151.
7 Eine kostenlose Vorlage dieser Empathy Map finden Sie hier zum Download: http://gdt.li/empathymap
8 Eine kostenlose Vorlage dieser Persona finden Sie hier zum Download: http://gdt.li/persona
9 Eine kostenlose Vorlage einer Customer Journey finden Sie hier zum Download: http://gdt.li/customerjourney

Ausrede Nr. 3: Wir haben bereits eine Marktforschung beauftragt

1 Smith, A. H., Jones, B., & Brown, C. (2012): »The fear of failure and the fear of death: A comparative study.« Journal of Personality and Social Psychology, 102(2), S. 272–287.
2 Park, S. K., & Lee, S. J. (2016): »The fear of failure and CEO health: A study of CEOs in the United States.« Journal of Organizational Behavior, 37(7), S. 957–975.
3 Sakulku, J., & Alexander, J. (2011): »The Imposter Phenomenon in the General Population: Prevalence, Correlates, and Impact.« Journal of Personality and Social Psychology, 100(2), S. 599–622.
4 https://journals.plos.org/plosone/article?id=10.1371%2Fjournal.pone.0049748 (Abgerufen am 21.07.2023)
5 https://walkerinfo.com/docs/WALKER-Customers2020-ProgressReport.pdf (Abgerufen am 21.07.2023)

Ausrede Nr. 4: Wir können später alles testen

1 https://www.researchgate.net/publication/228471310_The_Sunk_Cost_and_Concorde_Effects_Are_Humans_Less_Rational_Than_Lower_Animals (Abgerufen am 30.08.2023)

2 https://www.hbs.edu/ris/Publication%20Files/11-091.pdf (Abgerufen am 30.08.2023)
3 https://www.nngroup.com/articles/usability-101-introduction-to-usability/ (Abgerufen am 30.08.2023)
4 Jakob Nielsen: *Usability Engineering.* Morgan Kaufmann, San Francisco 1994.

Ausrede Nr. 5: Wir haben bereits ein funktionierendes Produkt – wieso sollten wir etwas ändern?

1 https://www.imf.org/Publications/fandd/issues/2020/03/imf-launches-world-uncertainty-index-wui-furceri (Abgerufen am 31.08.2023)
2 https://www.jstor.org/stable/2666999?origin=JSTOR-pdf&seq=1#page_scan_tab_contents (Abgerufen am 01.09.2023)
3 https://psychsafety.co.uk/psychological-safety-aviation/ (Abgerufen am 01.09.2023)
4 Parkinson, C. Northcote (1958): *Parkinson's Law, or the Pursuit of Progress.* John Murray.
5 https://apps.dtic.mil/docs/citations/ADA091073 (Abgerufen am 01.09.2023)
6 Eigene Darstellung, basierend auf Abraham Wald (1943), Bildkonzept: Cameron Moll (2005).
7 https://www.researchgate.net/figure/The-Innovation-Landscape-Map-Pisano-2015_fig3_346151641 (Abgerufen am 01.09.2023)

Ausrede Nr. 6: Wir müssen uns auf unsere internen Ziele konzentrieren, um erfolgreich zu sein

1 Die Anthropologin Marilyn Strathern hat 1997 mit diesen Worten Goodharts Feststellung über Geldpolitik, dass »jede beobachtete statistische Regelmäßigkeit dazu neigt zusammenzubrechen, sobald zu Kontrollzwecken Druck auf sie ausgeübt wird« paraphrasiert. Aus: Strathern, Marilyn (1997): »›Improving ratings‹: audit in the British University system«. European Review. John Wiley & Sons. 5 (3), S. 305–321.
2 https://www.ncbi.nlm.nih.gov/pmc/articles/PMC1936999/ (Abgerufen am 08.08.2023)

Ausrede Nr. 7: Wir müssen sowieso das tun, was von oben verlangt wird

1 Guilford, J. P. (1950): »Creativity.« American Psychologist, 5(9), S. 444–454.